国家重点研发计划资助(National Key R&D Program of China)
(项目编号：2019YFA0906300)

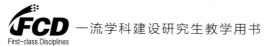 一流学科建设研究生教学用书

本书获华东理工大学研究生教育基金资助

微藻生物合成与转化

Microalgal Biosynthesis and Biotransformation

范建华　主编

华东理工大学出版社

EAST CHINA UNIVERSITY OF SCIENCE AND TECHNOLOGY PRESS

·上海·

图书在版编目（CIP）数据

微藻生物合成与转化／范建华主编. -- 上海：华东理工大学出版社，2024.8. -- ISBN 978-7-5628-7436-2

Ⅰ. Q949.2

中国国家版本馆 CIP 数据核字第 202492FW10 号

内 容 提 要

微藻是古老的原核或真核光合生物，光合作用效率高，是地球上的主要初级生产力。微藻细胞作为"天然的绿色工厂"，可以合成先进燃料与高值化学品，在合成生物制造领域具有独特优势。本书作者多年来密切跟踪微藻合成生物技术研究的前沿和进展，并结合自身的研究实践和体会，组织课题组成员共同对现有信息进行了归纳整理和总结，希望能够为我国微藻生物技术研究开发尽绵薄之力。本书首先对微藻、微藻生物产业的发展、碳中和背景下的微藻生物技术发展机遇与挑战进行了概括，随后介绍了微藻基础生物学、微藻的光合固碳属性、微藻的生长与繁殖、微藻基因编辑技术与合成生物学、微藻生物质下游处理技术、微藻生物转化与合成高价值产品，最后本书还介绍了代表性的经济微藻，以及典型的微藻绿色低碳产品与应用。

本书可作为高等学校生物工程相关专业本科高年级学生、研究生的学习用书，以及教师、科技工作者和企业专业技术人员的参考书；尤其对从事微藻研究的科研人员将具有很好的指导意义。

项目统筹 ／ 韩　婷

责任编辑 ／ 韩　婷

责任校对 ／ 陈婉毓

装帧设计 ／ 徐　蓉

出版发行 ／ 华东理工大学出版社有限公司

地址：上海市梅陇路 130 号，200237

电话：021 - 64250306

网址：www.ecustpress.cn

邮箱：zongbianban@ecustpress.cn

印　　刷 ／ 上海新华印刷有限公司

开　　本 ／ 710 mm×1000 mm　1/16

印　　张 ／ 14.5

字　　数 ／ 256 千字

版　　次 ／ 2024 年 8 月第 1 版

印　　次 ／ 2024 年 8 月第 1 次

定　　价 ／ 128.00 元

前言 | Foreword

　　微藻是古老的原核或真核光合生物，光合作用效率高，是地球上的主要初级生产力。微藻细胞作为"天然的绿色工厂"，可以合成先进燃料与高值化学品，在合成生物制造领域具有独特优势。此外，微藻也是水体生态系统中的重要组成部分，是增加陆地/海洋碳汇和解决环境问题的有效手段，对固碳减排、土壤/水体修复、水生动物健康以及生态系统的平衡具有重要的意义。微藻绿色生物制造研究可开辟以光能和 CO_2 为原料的新型绿色细胞工厂，微藻生物质正成为提供战略蛋白、脂质，以及具有重要营养价值和保健功能的食品、食品添加剂、化妆品等产品的重要组成成分，支撑着大健康产业和大水产行业的持续发展。

　　当今是前沿生命科学蓬勃发展、尖端生物技术层出不穷的时代，微藻生物合成技术的研究范畴更是大幅拓展，研究内容不断深化，产业转型升级迫在眉睫。最近，农业农村部发布了农发〔2023〕1号文件，其中明确要求要"培育壮大藻类产业"；《"健康中国2030"规划纲要》中提出要"支撑微藻类产业顺利转型"；《科技支撑碳达峰碳中和实施方案（2022—2030年）》中提出要"重点研发微藻肥技术，研究盐藻/蓝藻固碳增强技术"。这些文件纲要为广大藻类科技工作者指明了方向。

　　微藻相关研究和产业化开发，契合国家重大需求。微藻是研究光合作用的重要领域，也是极具潜力的光驱固碳制造平台，现今亟须开发基因操作工具、揭示科学规律、开展工程应用示范；微藻培养与 $CO_2/N/P$ 的资源化利用互相结合，有望为高端生物制品进口替代、饲料蛋白短缺，以及养殖减抗行动等"卡脖子"问题提供一体化解决方案，加快我国生物资源的开发利用，促进我国合成生物技术产业的转型升级和可持续发展，实现"双碳"目标。

　　在18年的文献阅读、教学积累以及科研摸索中，作者密切关注微藻合成生物技术研究的前沿和进展，并结合自身多年的研究实践和体会，组织课题组成员共同对现有信息进行了归纳整理和总结，希望能够为我国微藻生物技术研究开发尽绵薄之力。在此，感谢各位成员的辛勤付出，也要感谢帮助审阅本书的专家学者。适逢国家发布《"十四五"生物经济发展规划》和对健康中国的战略需求，作者的研究工作得到了教育部、科技部、基金委以及上海市各类科技项目等的大力支持，在此一并致谢。

此外，感谢马可、季亮、魏凯欣、吴萍、邱晟、曲高品、罗叶玲、周左东、何宇龙、张颖秋、袁雨晨、胡田幽子、赵晨妮等对本书的帮助。

由于学识眼界有限，尽管我们慎之又慎，但难免会有疏漏，不当之处敬请读者批评指正。

范建华

2024 年 1 月　于上海

目录 | Contents

第 1 章

绪　论

1.1　微藻分类学特征与属性

微藻（Microalgae），顾名思义是指微小的藻类，为单细胞体或多细胞体，包括原核生物和真核生物。微藻不同于生活中常见的大型海藻，如石莼、马尾藻、龙须菜、紫菜等，这些大型海藻有的可达几米至上百米。微藻种类繁多，据不完全统计，有数万种之多，分布极为广泛，其主要生活在各类水体环境中，也有少数生活在土壤和岩石上，甚至在沙漠、温泉、冰川等环境中也有微藻的踪迹，因此从生活环境来说，微藻可以分为水生、气生和陆生三大生态类群。大部分微藻的直径为 $2 \sim 50 \ \mu m$（如同灰尘悬浮微粒大小），通常情况下无法直接以肉眼辨识微藻，需要借助显微镜才能观察到单一细胞。与高等植物一样，单细胞微藻具有光合色素（均含有叶绿素 a，部分类群还含有叶绿素 b、叶绿素 c 或藻胆蛋白），可以进行光合作用，即利用阳光、二氧化碳和水合成生物质并进行生长。微藻和同样具有光能合成能力的光合细菌不同，后者是在厌氧条件下进行不放氧光合作用的细菌类群。图 1-1 为微藻主要类别在地球生物圈中的归类。

随着生物信息的不断积累，微藻的分类也具有多样性，可以根据实际需要进行参考和归类。相关分类的主要依据包括：（1）形态和结构；（2）细胞核的构造和细胞壁的结构及化学成分；（3）色素体的结构及所含色素种类；（4）细胞中贮藏营养物质的类别；（5）鞭毛的有无和数目，以及结构类型和附着位置；（6）生殖方式等。由此可见，微藻不是传统意义上分类学的名词，它们是浮游植物的重要组成部分。微藻具有不同的大小、结构和形态。根据色素组成、特征产物的储存状况和超微结构特征的多样性，微藻可分为十几类。除了部分有鞭毛或纤毛等突起外，该群体具有圆形、椭圆形、圆柱形、梭形、三角形等各种各样的形态。从颜色外观上看，有蓝色、红色、绿色、黄色、褐色，等等。

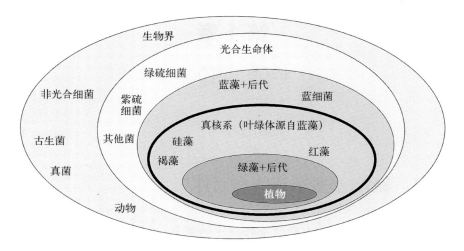

图1-1　微藻在生物圈的地位

目前普遍认为,微藻有超过五万个物种。常见的一些物种如发菜、螺旋藻、地木耳、葛仙米等也归属于其中。微藻细胞通常富含营养物质,某些种类的微藻在特定的环境中还可以积累两个以上的高附加值代谢产物,是人类未来重要的食品及生物质能源来源。除了初级代谢物(如蛋白质、碳水化合物、多不饱和脂肪酸和维生素)含量较高之外,微藻对健康的益处主要与其高价值的次级代谢物的存在相关。次级代谢物是植物中产生的非营养性化合物,可作为抵御环境胁迫的防御剂。针对微藻的研究表明,微藻中含有大量的多种次级代谢产物,例如色素(如酚类、类胡萝卜素等)、藻胆素、植物甾醇和藻毒素等(图1-2)。需要强调的是,微藻代谢物由于其抗氧化、抗菌、抗肿瘤和抗炎能力而具有广泛的医学应用价值。

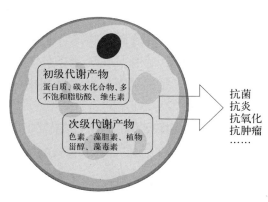

图1-2　微藻活性物质及其健康价值

1.2　微藻生物产业的发展简史

微藻作为地球上最常见的生物资源,是绿色地球的启动者和奠基者,为生命演化提供了氧气和食物。微藻资源的规模化开发利用的历史相对较短,可追溯到第二次世界大战时期,经过几十年发展目前尚处于起步阶段。目前已形成生产规模的微藻种类还不多,只有少数几种,其中包括商业化生产的各类营养健康制品,如螺旋藻、小球藻、盐生杜氏藻(简称盐藻)、雨生红球藻(简称红球藻)和隐甲藻等,还有几种水产饵料微藻,如微拟球藻、金藻以及硅藻中的三角褐指藻和角毛藻等。目前水产饵料微藻的制备工艺相对简单,产品主要为浓缩藻液,可作为水产育苗鲜活饵料或水生态调节制剂,维持水产养殖业的健康发展。

在国际上已成功商业开发的微藻中,螺旋藻、小球藻、盐藻主要借助开放式跑道池技术发展起来。微藻的产业化大致起步于 20 世纪 70—80 年代,技术成本低廉、相对成熟,年产量总量基本较稳定地维持在 $1.5 \times 10^4 \sim 2.0 \times 10^4$ 吨藻粉的生产规模。就具体种类的微藻产量而言,螺旋藻(以钝顶螺旋藻为主)的总产量最大,占整个微藻总产量的 6～7 成;其次为小球藻(以蛋白核小球藻为代表),其产量占微藻总产量的 1～1.5 成;再次,为盐藻、红球藻等其他微藻种类。我国微藻资源开发在国际上占有重要地位,所生产的微藻量占全球微藻总产量的 5～6 成。其中,螺旋藻产量多年来一直在 8 000～10 000 吨内波动,仅此 1 项占国际微藻总产量的 40%～50%。需要指出,目前我国微藻尚以藻粉生产和原料出口为主,产品的深加工、市场开拓和营销环节相对比较薄弱,微藻产值仅占国际微藻总产值的 1/5～1/4。

进入 21 世纪后,雨生红球藻在微藻产业中异军突起,成为微藻资源开发中的新生力量。该藻的产业化起步于 20 世纪 80 年代的中后期,美国 Cyanotech 公司率先在夏威夷利用开放式跑道池技术,探索商业化开发红球藻资源。经过国内外微藻业界十余年的工作积淀,红球藻资源的开发已获得突破。近年来,逐渐构建起以封闭式光生物反应器为主要特征,基于细胞周期调控的二步串联培养的红球藻资源开发模式,且已在美国、以色列、日本和我国等先后实现了该藻的产业化生产,不仅产量呈快速增长的趋势,其产品质量也取得了大幅度提升,藻粉中虾青素含量成倍增加。小球藻是我国开展规模化养殖最早的微藻种类,可追溯到 20 世纪 50 年代末和 60 年代初的困难时期,但受当时技术落后和生产条件等多种因素的限制,小球藻规模培养并未成功。随后日本、韩国、我国台湾地区等逐渐开始规模化生产。近年来,小球藻的国内养殖技术逐渐成熟,在传统的开放式跑道池的基础上,利用发酵罐进行高密度培养技术取得了突破,使我国大陆地区小球藻、裸藻、雨生红球藻等的年产量和品质迈上新的台阶,全部小球藻的年总产量已超过千吨,我国与日本成为国际上主要的小球藻生产国。

近年来,随着政府科技项目资助以及产业引导,微藻种质资源逐渐被人类广泛挖掘,现已被用于能源、食品、医药、美妆、农业、环境等多个细分领域。藻类细胞含有许多代谢物和生物活性成分,如多糖、蛋白质、脂质、色素,这些物质具有功能特性,除了开展学术研究外,在产业上也有多个应用,具体包括生产生物燃料(乙醇、柴油、沼气、氢气等),食品营养品(动物饲料、营养保健品等),药物(抗病毒药物、抗真菌药物、神经保护药物、皮肤抗衰老剂、紫外线保护剂等),肥料和土壤改良剂,以及化学原料(颜料、染料、着色剂、生物聚合物、生物塑料、纳米颗粒等),也可用于环境修复(碳捕获、去除营养物质、吸附重金属等)。

微藻在各领域中的应用日益广泛,微藻生物质的高效大量获取势在必行。想要实现微藻的规模化培养,首先需要对微藻株系进行纯化和选育,明晰生物学属性;其次需要深入了解微藻的生长营养方式,设计合适的光生物反应器,探究影响微藻繁殖的各种因素。近年来,微藻已被广泛应用于水产养殖、营养保健品、药用化妆品、转基因药物、生物能源、环境净化、太空站等领域,产业需求越来越大。当前全球市场的趋势表明,消费者对天然、生物活性、营养和功能成分的需求推动了微藻基创新功能食品、化妆品和药品的持续开发。近年来,微藻在绿色生物打印、透气伤口敷料、微型机器人、靶向递送系统、仿生多功能治疗、艺术建筑等一些新兴领域也展露出很高的应用价值。除此之外,在全球可持续发展的背景下,微藻一方面可以固定空气中的 CO_2,缓解全球气候变暖,另一方面可以生产生物质原料,符合绿色生物制造的持续发展的理念。

1.3 碳中和背景下的微藻生物技术发展机遇与挑战

1.3.1 碳中和背景下微藻生物技术的发展机遇

藻类在生态环境中非常重要。蓝藻是地球上最早的光合放氧生物,对地球表面的大气环境从无氧变为有氧起了巨大作用。地球刚形成时,大气中缺乏氧气,二氧化碳的含量是如今的 $10\sim100$ 倍。在相当长时间内,蓝藻作为唯一利用大气中丰富的二氧化碳进行光合放氧的有机体,在地球上大量繁殖。在漫长的地球演化中,它们不断消耗二氧化碳,制造氧气,大气中的氧气逐渐积累,在紫外线作用下,一部分分氧气可转变为臭氧。因此,大气层上空才会出现臭氧层,保护其他生命不被紫外线伤害,从而为地球上需氧生物的演化包括人类的进化和发展创造了必要条件。

微藻也是现今固碳的主要贡献者。据估算,藻类(包括大型海藻和微藻)每年可固定二氧化碳约 9.5×10^{10} 吨,占全球净光合作用产量的 50% 左右。浮游藻类还是水中溶解氧的主要供应者,它启动了水域生态系统中的食物链,在水域生态系统的能量流动、物质循环和信息传递中起着至关重要的作用。

伴随着生物质能的发展与兴起,微藻因其高光合固碳效率和易于工业化放大的优势,被认为是最具潜力的下一代生物质提供者。微藻可以通过光合作用的二氧化碳浓缩机制有效地固定二氧化碳,并通过异养同化固定有机碳。微藻能利用污水污泥、农业或食品工业废水中的营养物质,将有机碳回收与微藻培养相结合。微藻可以把生物质转化为更环保的生物燃料、生物材料和生物肥料,以替代化石燃料、塑料和肥料,降低碳排放。此外,化石燃料燃烧产生的大量二氧化碳也是微藻"细胞工厂"的原料,可推动实现工业的绿色生产,源源不断生产高附加值的化学品和大宗生物质。

随着核工业的发展,含有放射性物质的废水产生量越来越大,须进行妥善处理与处置。微藻吸附技术是近年来放射性废水处理领域的研究热点,早在 2014年,据相关报道,法国研究人员发现一种能够在极端条件下生存的耐辐射水藻,可能能够用来净化核设施产生的污水。在当前的严峻形势下,发现并筛选优势藻种,用其进行生物降解处理核污染水是有效的方法,有利于环境保护,成本也比较低廉。

1.3.2　微藻固碳产业面临的挑战

二氧化碳捕集、利用与封存技术(CCUS),是我国减少二氧化碳排放的重要战略技术。微藻在成为有竞争力的技术方面尚面临着重重挑战,包括藻类种质的选育,优势微藻规模化培养,绿色生物质的下游加工(预处理、采收和纯化)等,尤其是在量能以及封存技术上还无法体现其竞争优势。

在微藻种质选育方面,增强光合活性和提高捕光效率是提升微藻在碳中和领域的应用经济性的关键。微藻的优势藻种的选育需借助物理方法(渐进光照)、化学方法(化学诱变)和遗传方法(截短补光天线等)的实施,以提高捕光效率,提高生物炼制能力,同时通过合成生物学手段开发生长速率快及环境适应性强的新藻株。基因编辑技术可以快速、精确地对微藻进行遗传改造,使其获得目标产物的特性,比起物理方法和化学方法的选育,基因编辑技术更易于实现个性化定制(如获得不同长度的补光天线),有望得到更广泛的应用。预计未来会有更多尖端的基因组编辑技术出现在微藻生物技术领域。需要注意的是,为了避免转基因光合微藻破坏自然生态系统的平衡,需要谨慎对待微藻的基因改造,亟须引入无抗筛选和标记技术。

在微藻规模化培养方面,传统的跑道池培养虽然因其操作简单、易于放大、运行成本较低而被广泛应用,但对光照的要求较高,这类规模培养中,CO_2的利用率低,整体传质效率较低。另外,开放式跑道池对于环境要求较高,占地面积大,染菌风险高,也会进一步增加分离纯化产物的成本。封闭式光合生物反应器的种类很多,有管状、板状、螺旋状等,可应用于微藻大规模培养、微藻生物活性物质的开发与生产等。近年来,封闭式光生物反应器的升级和兴起虽然能显著改善上述问题,但目前仍然存在固定投入及运行成本高的难题,设计规模化且低成本的光生物反应器对降低成本和促进产业化都至关重要。

除了培养,下游加工过程如采收、提取和纯化也是生产过程中耗费能量较多的环节。发展新型的采收、提取技术能显著改善碳排放。微藻的培养需要大量的能量进行生物质回收,这与几乎高达30%的高生产成本有关。微藻生物质收集和脱水的过程可以达到总生物质收获成本的50%。在生物精炼概念中,对高附加值产品进行"吃干榨尽"式开发,可能会减少这种限制和依赖。苛刻的分离过程意味着高压和强溶剂,对于所需化合物的生产非常重要,因此,需要具有最小压力的温和技术,并且需要温和的溶剂,以便对其他馏分的影响较小。自絮凝技术的采收率可达到90%,有望发展成为一种可行的方法。此外,微藻和产生生物絮凝剂的细菌共培养也被认为有利于采收。总体来说,微藻产业在生物固碳经济中可以占据一定的地位,在产业上需要考虑各种资源,比如土地、水、气、电、气候等,这些资源是否合理匹配对生产过程的经济性的高低至关重要。

参考文献

[1] Levasseur W, Perré P, Pozzobon V. A review of high value-added molecules production by microalgae in light of the classification[J]. Biotechnology Advances, 2020, 41: 107545.

[2] Orejuela-Escobar L, Gualle A, Ochoa-Herrera V, et al. Prospects of microalgae for biomaterial production and environmental applications at biorefineries[J]. Sustainability, 2021, 13(6): 3063.

[3] 孙韬,张卫文,胡章立,等. 合成生物学助力碳中和:新底盘、新策略与新技术[J]. 合成生物学,2022,3(5): 821 - 824.

［4］Dawiec-Liśniewska A，Podstawczyk D，Bastrzyk A，et al. New trends in biotechnological applications of photosynthetic microorganisms ［J］. Biotechnology Advances，2022，59：107988.

［5］章真,刘晓军,陈夏,等.微藻生物技术在碳中和的应用与展望[J].中国生物工程杂志，2022,42(S1)：160－173.

［6］Daneshvar E，Wicker R J，Show P L，et al. Biologically-mediated carbon capture and utilization by microalgae towards sustainable CO_2 biofixation and biomass valorization-A review[J]. Chemical Engineering Journal，2022，427：130884.

［7］Wu W B，Tan L，Chang H X，et al. Advancements on process regulation for microalgae-based carbon neutrality and biodiesel production ［J］. Renewable and Sustainable Energy Reviews，2023，171：112969.

第2章

微藻基础生物学

微藻在陆地、海洋中分布广阔,光合效率较高。微藻类群形体大小在微米级别,构造单一,没有像高等植物演化成根、茎、叶等器官,因而只能在显微镜下才可以分辨。尽管微藻主要生活在水体中,但在地球各种环境中几乎都可以发现它。在大多数生态环境中,它被认为是食物链的主要生产者,可以将光、二氧化碳和水转化为有机物与氧气。它们大多为单细胞个体或多细胞的丝状体、球状体、片状体、枝状体。藻细胞可以进行营养繁殖,也可通过无性生殖或有性生殖繁衍后代。

2.1 微藻的基本特征

藻类细胞的基本类型有两种:真核和原核。原核细胞缺少膜包被的细胞器(叶绿体、线粒体、细胞核、高尔基体等),主要存在于蓝藻中(也被称为蓝细菌,图 2-1)。其余的藻类都是含有细胞核和细胞器的真核细胞(图 2-2),如红藻、绿藻、硅藻等。

(1)原核微藻(蓝藻)

胶质鞘:胶质鞘存在于蓝藻的细胞壁中,与蓝藻的细胞壁紧密结合,鞘的主要成分是果胶质,并且鞘中有纤维状的结构分布在基质中。胶质鞘可以保护蓝藻,使其在高盐、高碱、高温等极端环境下生存。

细胞壁:蓝藻细胞膜外有细胞壁,主要成分是肽聚糖,有的蓝藻的细胞壁还含有纤维素,并且与革兰氏阴菌十分相似,肽聚糖层薄,外面由外膜所包被,与革兰氏阴菌不同的是,其细胞壁内层含有纤维素层。

类囊体:类囊体是位于细胞质内的一部分结构,其主要功能是可以进行光合作用。蓝藻的光合色素存在于类囊体的表面,主要包括 3 类:叶绿素 a、藻胆素和类胡萝卜素,因而蓝藻门细胞主要呈现蓝绿色。

细胞质内含物：蓝藻细胞质里还含有许多内含物,例如可以作为氮源的多肽和储存磷的多聚磷酸酶体等。这些内含物在光镜与电镜下观察,形态各异,它们的形态与多种因素有关(细胞的生理状态、发育及环境因素)。有的蓝藻细胞质中还含有气泡,里面充满气体,这种气泡是适应浮游生活的一种结构。

异形胞：常见于丝状蓝藻,其细胞壁比较厚,是一种缺乏光合结构、常比普通营养细胞大的厚壁特化细胞。异形胞含有包被层,可以阻挡氧气,胞内含有丰富的固氮酶,是蓝藻固氮的场所。

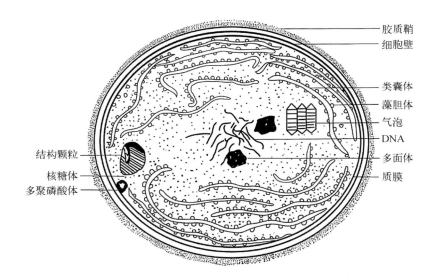

胶质鞘
细胞壁
类囊体
藻胆体
气泡
DNA
多面体
质膜
结构颗粒
核糖体
多聚磷酸体

图 2-1　典型蓝藻细胞亚显微结构示意图

(2) 真核微藻

细胞壁及质膜：细胞中,一般有一层由多糖组成的细胞壁,多糖由高尔基体所产生和分泌。通常,藻类的细胞壁由两种成分组成：纤维组分和无定形组分。质膜是一种活性结构,负责原生质体中的物质的流入与流出,质膜包裹细胞的其他部分。

鞭毛：鞭毛是一种运动器官,其能够借助自身的摆动而驱动细胞通过介质。鞭毛包裹在质膜中,它由环绕两个中心微管的 9 个二联体微管的鞭毛轴丝构成,所有的微管都嵌入质膜中。在细胞内,两个中心微管在一个密板处终止,而 9 个外围的二联体微管一直深入到细胞中,与另一结构结合形成三联体。鞭毛通常是两根,有的物种有四根或八根不等。

细胞器：叶绿体中具有称为类囊体的膜囊结构,含有环状 DNA,是进行光合作用的场所。类囊体包埋在基质中,基质是碳固定中进行暗反应的场所。叶绿体由双层叶绿体膜包裹,有些藻类的质体被三层或更多的膜结构包裹(如红色系的藻,一般为四层膜结构),这也是内共生学说成立的有力证据。双层膜包裹的线粒体含有 DNA,是进行呼吸作用的场所。高尔基体由许多囊泡堆积而成,其主要功能是产生和分泌多糖。细胞质中也含有较多的核糖体和脂质体。

伸缩泡:大多数藻类鞭毛在细胞的前端有两个伸缩泡,一个伸缩泡会充满水溶液(舒张),然后将溶液排出细胞并收缩。伸缩泡有节奏地重复这一过程,一方面可以为保持细胞中水平衡,另一方面它们能从细胞中移除废物,藻类利用收缩泡和渗透调节一起来控制细胞内水的含量。

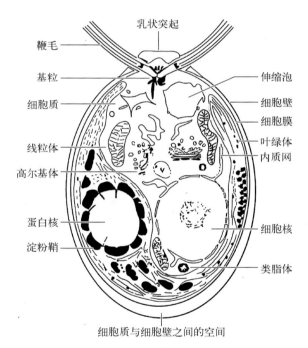

图 2-2   典型真核绿藻细胞超显微结构图

2.2   藻类系统发生与分类

2.2.1   系统演化过程

按照内共生学说的说法,真核藻类起源于初级质体内共生,其中含有线粒体的单细胞真核生物吞食并保留蓝藻细胞,最终成为光合细胞器或质体。随着蓝藻的产生,光合细菌逐渐退居次要地位,而单细胞蓝藻逐渐成为优势物种,释放的氧气逐渐改变大气性质,使整个生物界进化朝着更节能的含氧生物方向发展。进一步地,产生了具有真核结构的红藻,同时类囊体组成叶绿体,但捕光色素基本相同,始终以藻胆素和叶绿素 a 为主。蓝藻及红藻的色素和藻胆蛋白,必须用大量能量和物质合成,是不经济的原始类型,因此它们只能发展到红藻,进入进化盲枝。

藻类植物发展的第二个方向是在海洋中产生含有叶绿素 a 和叶绿素 c 的杂色藻类。叶绿素 c 取代藻胆蛋白,进一步解决了如何能更有效利用光能的问题。起初,藻胆蛋白仍存在,如隐藻,但在进化过程中,效率较低的藻胆素逐渐被消除。因此在比隐藻更先进的物种如甲藻和硅藻中,只含有叶绿素 a 和叶绿素 c,而并不存在藻胆蛋白,取而代之的是叶黄素家族,如岩藻黄素和多甲藻黄素等。迄今为止,海洋中的藻类仍然以含有叶绿素 c 的物种为主,包括浮游生物和底栖藻类等。值得注意的是,这些类群不能离开水体,在进化上发生多次不同的内共生事件,离开水体的类群在系统演化中都走入盲枝。

藻类演化的第三个方向是在海洋浅处成为绿色植物。除叶绿素 a 外,它们还产生叶绿素 b。科学家推测,叶绿素 a+b 系统的光合作用效率是叶绿素 a 和藻胆蛋白系统的三倍。近些年发现的原绿藻(Prochlorophyta)很可能是这类植物的祖先。由于大气光照条件和水体中光衰减现象,杂色藻类大量生长,而原绿藻保持其原始状态。后来,环境条件变得更有利于叶绿素 b 的生长,真核绿藻演化成功,最终登陆并进化成苔藓植物、蕨类植物和种子植物。

2.2.2　分类和繁殖

目前,据不完全统计,大约有超过 50 000 种微藻种类,它们主要分布在淡水和海水中,包括蓝藻门、绿藻门、裸藻门、甲藻门、金藻门、褐藻门等(表 2 - 1)。有单细胞、群体、丝状体及叶状体(多细胞);有些类型有一定的组织分化。

表 2 - 1　不同门类藻的特征对比

门类	藻体形态	细胞壁	细胞核	光合色素	鞭毛	繁殖方式	生活环境
蓝藻	单细胞,群体丝状体	肽聚糖	原核	叶绿素 a,藻红素,藻蓝素	无	细胞分裂无性生殖	淡水海水

续　表

门类	藻体形态	细胞壁	细胞核	光合色素	鞭毛	繁殖方式	生活环境
裸藻	单细胞	无壁	真核	叶绿素 a, 叶绿素 b	2 条	细胞分裂	淡水
甲藻	单细胞	具纤维板片	真核	叶绿素 a, 叶绿素 c	2 条	细胞分裂	淡水海水
金藻	单细胞, 群体	无或具硅质壁	真核	叶绿素 a, 叶绿素 c	1～3 条	细胞分裂	淡水海水
褐藻	多大型, 片状, 枝叶状等	纤维素、藻胶	真核	叶绿素 a, 叶绿素 c	2 条	有性生殖无性生殖	海水
红藻	单细胞, 片状丝状体	纤维素、果胶质	真核	叶绿素 a, 叶绿素 d 藻红素, 藻蓝素	无	有性生殖无性生殖	淡水海水
绿藻	单细胞, 片状丝状体	纤维素、果胶质	真核	叶绿素 a, 叶绿素 b	2～8 条	有性生殖无性生殖	海水淡水

具体如下文所示。

(1) 类群 1：原核藻类

蓝藻门（Cyanophyta）：蓝藻门早期又被称为蓝绿藻门。蓝藻门没有细胞核和其他细胞器，与细菌等都是原核生物。色素除了叶绿素、胡萝卜素外，还含有几种特殊的叶黄素和大量藻胆素。储存物主要是蓝藻淀粉。无色的中心区域只包含细胞核的区域，没有核膜和核仁，称为"中心体"。蓝藻的繁殖方式主要有两大类，一是营养繁殖，包括细胞直接分裂、群体破裂和丝状体产生连锁体等；另一类是形成内生孢子或外生孢子，以进行无性生殖。大多数物种在富含氮的碱性水体中生存，有些物种可以在温泉中生长。蓝藻的代表性种属有螺旋藻、念珠菌（图 2-3）、鱼腥藻等。

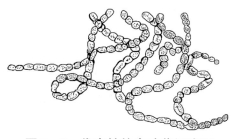

图 2-3　代表性的念珠藻细胞图

(2) 类群 2：叶绿体被双层叶绿体被膜包裹的真核藻类

绿藻门（Chlorophyta）：绿藻门通常为草绿色，有单细胞和多细胞两种，呈球状、丝状、层状和管状等,形成如蕨类植物分枝的藻类。细胞壁主要由纤维素组成。质体中所含色素组成与高等植物相同。许多属和种的叶绿体中都有蛋白核(Pyrenoid)。绿藻的繁殖方式是细胞分裂和产生各种类型的游动和不动孢子,游动细胞通常有 2 或 4 个等长的末端鞭毛。绿藻门中的单细胞物种、种群和游动的类群组成常见的浮游藻类。绿藻的代表性种属有莱茵衣藻、小球藻、雨生红球藻等。

红藻门(Rhodophyta):红藻门主要是多细胞体,长度从几厘米到几十厘米不等。红藻一般为紫红色,也有褐色或绿色。红藻中除叶绿素和胡萝卜素外,还含有藻胆蛋白。红藻的繁殖方式是产生孢子和卵配繁殖。其有性生殖过程是复杂的,雌性生殖器被称为果胞,其前端有一个称为受精丝的延伸部,精子附着在该延伸部上受精。大多数红藻有世代交替。红藻门在微藻中的代表性种属有紫球藻、温泉红藻等。

(3) 类群 3:叶绿体被叶绿体内质网单层膜包裹的真核藻类

裸藻门(Euglenophyta):裸藻门主要是单细胞,没有细胞壁,俗称眼虫。裸藻门中的一些物种具有弹性表质膜,细胞可以收缩以改变形状,还有一些物种具有固定形状的囊膜(图 2-4)。其所含色素类似于绿藻门,有些物种无色或着色为红色。游动细胞有 1～3 个顶升鞭毛。它们的无性生殖是纵向分裂的,有性生殖是罕见的。裸藻大多数生长

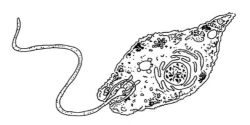

图 2-4　代表性的裸藻细胞图

在富含有机物的小型静水体中,特别是在温暖季节,当阳光充足时,会形成膜状水华,使水呈现绿色、红色或其他颜色。尽管一部分裸藻会造成水华,近年来其合成多糖也被广泛开发,代表性种属有血红裸藻、纤细裸藻等。

甲藻门(Pyrrophyta):甲藻门多数为具有双鞭毛的单细胞个体,细胞壁含纤维素,常由许多固定数目的小甲板按一定形式排列组成,也有不具小甲板的。其色素体除含叶绿素、胡萝卜素外,还有几种叶黄素,如硅甲黄素、甲藻黄素及新甲藻黄素等。甲藻细胞大多呈棕黄色,也有粉红色或蓝色的。它们生态习性多样,大约有一半的甲藻是光合自养型,其他一部分是异养型,另一部分专营寄生。有些种类细胞内有特殊的甲藻液泡和刺丝胞等构造。甲藻的繁殖方法为细胞分裂或产生游孢子;有性生殖为同配或异配,但较为少见。尽管为单细胞生物,甲藻却拥有巨大且多样的基因组(11 亿～2 450 亿个碱基对),相当于人类单倍体

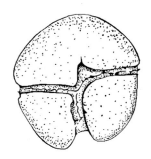

图 2-5　代表性的甲藻细胞图

基因组的 1～80 倍。甲藻细胞图如图 2-5 所示,代表性的种属有虫黄藻、强壮前沟藻等。

(4) 类群 4:叶绿体被叶绿体内质网双层膜包裹的真核藻类

金藻门(Chrysophyta):金藻门大多数是单细胞或群体,多数浮游物种没有细胞壁;有细胞壁的物种主要由果胶组成,壁上有少量硅或钙质的小片。除了含有叶绿素、胡萝卜素外,金藻门的色素还有岩藻黄素及硅甲藻黄素。贮藏物主要是糖和油,以昆布多糖(Laminarin,一种 β-1,3-葡萄糖聚合物)为主要碳水化合物贮存形式。金藻通过分裂产生孢子进行繁殖;有性生殖主要是同配繁殖。金藻门中代表性种属为等鞭金藻,其不饱和脂肪酸含量高,常用作于水产饵料,因其油脂含量高也被用于生物能源研究。

硅藻门(Bacillariophyta):硅藻门(图 2-6)通常是单细胞的,细胞壁含有果胶和二氧化硅,它的分布极为广泛,贡献了一半以上的海洋初级生产力。硅藻的外壳类似于由两个上下壳花瓣组成的小盒子,壳表面有花纹,有角状、刺状的突出物,构造奇特,绚丽多彩。其色素除了叶绿素和胡萝卜素,还有岩藻黄素、墨角藻黄素等。贮藏物主要是油。硅藻通常通过细胞分裂繁殖;有性生殖是不动配子的结缔或卵配生殖。代表性的硅藻种属有三角褐指藻、角毛藻等,其多用于水产饵料,近些年也用于生产岩藻黄素等。

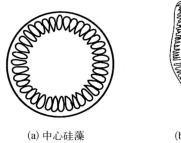

(a) 中心硅藻　　　　　　(b) 羽纹硅藻　　　　　(c) 双眉藻属

图 2-6　代表性硅藻细胞图

褐藻门(Phaeophyta):褐藻门都是多细胞体,有些物种体型较大,结构也更复杂,最简单的是丝状体,有类似根、茎、叶的分化,有的甚至具有气囊构造。褐藻的生命周期具有多样性,以检验生命周期进化的假设。它们的色素体是褐色的,除了叶绿素和胡萝卜素外,还含有大量墨角藻黄素。贮藏物由褐藻淀粉和甘露醇组成。褐藻以产生游动孢子或不动孢子作为繁殖方式,有性繁殖是同配繁殖、异配繁殖或卵配繁殖。游动细胞呈梨形,两侧有两个长度不等的鞭毛。许多大型褐藻是资源丰富的冷水藻类,如海带,其在中国北部和东南部海岸被广泛种植。褐藻多糖、褐藻胶等已被广泛开发利用,具有优异的天然活性。代表性的褐藻种属有海带、裙带菜等。

2.3　全球分布与生态影响

微藻是光合自养生物,需要简单的无机分子才能生长并完成其生命周期,这些分子通常存在于大多数栖息地。藻类在环境要求方面并不严格,它们分布广泛,适应性强,甚至可以在非常低的营养浓度、光强和温度下生存。它们不仅可以在江河、湖泊和海洋中生长,也可以在潮湿或干旱的地方繁衍。藻类几乎无处不在,从白雪皑皑的冰川到温泉,从潮湿的地表土壤到贫瘠的沙漠,广泛的生态适应范围,使微藻成为荒凉原始栖息地最有效的“殖民者”。

2.3.1　藻类对河流湖泊池塘等生态系统的影响

藻类可以通过吸收水中的氮、磷等元素进而合成自身所需要的物质,通过光合作用将无机碳固定,从而转化成碳水化合物,降低水体中的碳、氮、磷的含量,使河流、湖泊的水体生态环境得到较好的改善。与此同时,藻类在进行光合作用时,会进行氧气的释放,从而增加水中的溶氧量,使水中的有机污染物得到氧化分解,因此水生动植物的生命活动得以正常地维持。对于那些容易被鱼、虾、蟹、贝等水生动物消化利用的有益藻类而言,在池塘等地的繁殖和生长时,既降低了水体中的碳、氮、磷等营养盐的含量,又能为水生动物的生长提供天然的饵料和充足的氧气,从而改善养殖水体生态环境系统,使池塘的初级生产力和水产养殖产量得到较大程度的提高。

然而,如果水体的环境条件发生了变化,有害藻类的生长会急剧加速,进而会导致水华的暴发,使水体生态系统遭到破坏,例如水质恶化、溶解氧浓度下降,严重的话会导致水生生物大量死亡。有些藻类还会产生毒素,导致生活在池塘内的水生动物体内毒素积累,人食用后可能会引发疾病,更有可能导致中毒,甚至死亡。有害藻类的过度增长给池塘生态系统、水生动植物的健康和水产品的质量安全带来了严重的影响。因此,在水体养殖过程中要控制微囊藻、鱼腥藻等有害藻类的生长繁殖。

近年来，国内外在监测和预测有害藻类方面取得了突破性的进展。藻类能够迅速对水体中营养状态的变化做出响应，其群落结构与生态系统中的环境因子关系密切，尤其是营养盐、温度、光照、pH 等的变化对藻类的群落结构有直接的影响。因此，如何通过调节水体环境因子进而实现促进有益藻类的繁殖和抑制有害藻类的生长，并最终实现利用有益藻类调节改善养殖生态环境、提高水体的生产力是水产养殖是否能够获得成功的关键问题所在。目前对改善水体环境有效的方法主要是通过定期施肥、使用微生物制剂、添加有益藻类等措施来对水体中藻类系统进行维持，从而实现自然水体和养殖的环境友好。

2.3.2　微藻对海洋生态系统的影响

藻类在海洋生态系统中具有非常重要的作用，不管是浮游微藻还是大型海藻都可以通过自身的生理作用对海洋的理化性质进行转变，促进地球元素循环，甚至能够导致整个地球的生态圈发生变化。早期有研究发现，藻蓝素、叶绿素等光合色素的光合作用会使整个大气层中 CO_2 浓度逐渐减少、O_2 浓度逐渐增加，以此促进好氧型生物的生长繁殖，直至演化出如今如此繁荣多样的地球生态环境。据统计，迄今为止海洋释放的 O_2 与吸收 CO_2 的量比陆地植被要多很多，同时使海洋的 pH、盐度等得到改变。

微藻对海洋污染具有净化作用，目前对海水的净化主要停留在物理及化学方法上，这些方法投资大，耗能高，对设备条件要求高，还需要较高的技术水平，故需要较多的人力、物力及资金。藻类植物作为污染水体的净化者，能够通过吸收、富集作用降低水中的污染物含量，同时还使某些污染物变废为宝。由于污水中的有机化合物是藻类生长所需的重要碳源，所以可以利用污水养殖藻类，这样不仅可以净化水，还能收获有益的藻类。因此，培养藻类并在适当的时机投放到已经被污染的海水中，不仅可净化污水、改良环境，还可拓展藻类生长繁殖范围，从而取得更大的社会效益及经济效益。

然而，浮游藻类的大量繁殖，会导致照射到海中的光照强度降低，海中需要光合作用以及有氧呼吸的生物由于缺氧少光，无法进行正常的生命活动，逐渐死亡。由于食物链的缘故，每一营养级的生物减少，都会影响到下一营养级，形成恶性的连锁反应。各种生物的相继死亡，也会污染海水，并将恶性循环，海洋生态系统将遭到严重破坏。因此，如何让藻类在广袤的海洋中发挥更大的生态作用，需要科研人员的深入研究。

参考文献

［1］ 王健,孙存华. 简介蓝藻细胞的亚显微结构［J］. 生物学教学,2015,40(5)：70－71.

［2］ Kim J K, Kottuparambil S, Moh S H, et al. Potential applications of nuisance microalgae blooms［J］. Journal of Applied Phycology, 2015, 27(3)：1223－1234.

［3］ Sharma N K, Rai A K. Biodiversity and biogeography of microalgae：Progress and pitfalls［J］. Environmental Reviews, 2011, 19(NA)：1－15.

［4］ Brodie J, Ball S G, Bouget F Y, et al. Biotic interactions as drivers of algal origin and evolution［J］. The New Phytologist, 2017, 216(3)：670－681.

［5］ Heesch S, Serrano-Serrano M, Barrera-Redondo J, et al. Evolution of life cycles and reproductive traits：Insights from the brown algae［J］. Journal of Evolutionary Biology, 2021, 34(7)：992－1009.

［6］ Bai T Y, Guo L, Xu M Y, et al. Structural diversity of photosystem I and its light-harvesting system in eukaryotic algae and plants［J］. Frontiers in Plant Science, 2021, 12：781035.

［7］ Lian J, Wijffels R H, Smidt H, et al. The effect of the algal microbiome on industrial production of microalgae［J］. Microbial Biotechnology, 2018, 11(5)：806－818.

［8］ 邵瑜. 微藻对养猪废水氮磷的资源化利用研究［D］. 杭州：浙江大学,2016.

［9］ Russell C, Rodriguez C, Yaseen M. High-value biochemical products & applications of freshwater eukaryotic microalgae［J］. The Science of the Total Environment, 2022, 809：151111.

［10］ 胡鸿钧,魏印心. 中国淡水藻类：系统、分类及生态［M］. 北京：科学出版社,2006.

第3章

微藻的光合固碳属性

科技的发展给人们的生活带来了便利,同时也产生了不可忽视的负面影响。近年来,随着全球气候变化导致的生态环境改变以及其对人类生产生活造成的不利影响加剧,环境保护意识的提升促使温室气体减排成为全球化的社会性问题。目前,国际上普遍认同、倡导并已经开始实施"碳捕集、利用和封存"(CCUS)政策,这是将 CO_2 从工业过程、能源利用或大气中分离出来,直接加以利用或注入地层封存以实现 CO_2 永久减排的策略。研究人员提供了多种针对 CO_2 的低温、中温和高温的吸附捕集材料和技术方法,比如利用碳酸酐酶催化 CO_2 水合反应进行碳捕集,但目前最主要、最高效环保的碳捕集方法仍然是生物生长过程中的碳固定。

诺贝尔奖委员会在 1988 年宣布光合作用研究成果获奖的评语中称"光合作用是地球上最重要的化学反应"。利用太阳能,光合作用每年能够以多碳生物质的形式固定超过 1 000 亿吨的 CO_2,将其转化为富能有机物,同时释放氧气。参与卡尔文-本森-巴沙姆(Calvin-Benson-Bassham,CBB)循环(下文简称"卡尔文循环"),该反应中的 1,5-二磷酸核酮糖羧化酶/加氧酶(Rubisco)是固碳反应中的关键酶,介导了几乎全部的生物固碳活动。但是,Rubisco 催化效率极低,每个 Rubisco 每秒钟仅能催化 3~10 个 CO_2 分子的转化和固定。同时 O_2 的竞争性抑制也大大降低了植物的光合效率。尽管和植物一样,藻类也具有光合固碳的能力,但是两大类群还有较多的差别(表 3-1)。

表 3-1　藻类和植物光合固碳属性差别

指　标	藻　类	植　物
光能利用效率	8%~20%/13%~14%	5%/1%~2%
光谱吸收	宽幅,可利用黄绿光和远红外光	一般红蓝光

续　表

指　标	藻　类	植　物
捕光元件	叶绿素、藻胆素、类胡萝卜素家族	以叶绿素为主
CO_2 识别能力	强	较强
CO_2 转运能力	强	较强
CCM 机制	部分存在	部分存在
固碳通路	卡尔文循环、其他	卡尔文循环
固碳酶作用	功能多样	功能较少
Rubisco 类型活性	类型多,活性强	类型少,活性弱
光暗反应偶联	紧密	相对紧密

3.1 CO_2 浓缩机制

二氧化碳浓缩机制(carbon concentrating mechanism, CCM)是光合生物为了改善关键固碳酶 Rubisco 的催化效率,抑制光呼吸的干扰,而将无机碳以不同的形式转运并富集在 Rubisco 活性位点附近,以达到高效固碳目的而进化出的生物机制。

高等植物中的 CCM 属于生物化学型。在 C4 植物中,无机碳由叶肉细胞中的磷酸烯醇式丙酮酸羧化酶(PEPC)催化完成初级固定,产生的四碳酸被泵入维管束鞘组织中脱羧生成 CO_2,束鞘细胞的环境能够很好地保存气体,从而在 Rubisco 附近聚集高浓度的 CO_2,抑制 Rubisco 的加氧酶活性,但这种 CCM 需要额外的能量需求。景天酸代谢(Crassulacean acid metabolism, CAM)是 CAM 植物进化出的一种 CCM,CAM 植物将叶肉细胞中的 PEPC 和 Rubisco 两套系统分别储存在细胞质和叶绿体中。夜间,PEPC 催化 CO_2 固定在磷酸烯醇式丙酮酸(PEP)中生成草酰乙酸(OAA),OAA 被苹果酸脱氢酶迅速转化为苹果酸运输到液泡中。白天,CO_2 在叶绿体中从苹果酸脱羧被释放在 Rubisco 周围聚集。

微藻中的 CCM 属于生物物理型。无机碳被以 HCO_3^- 的形式碳运输至富含 Rubisco 的隔室中,在 Rubisco 附近 HCO_3^- 脱水释放 CO_2。在细胞内无机碳的转运依赖于膜上的转运蛋白和膜两边的不同的 pH 以及 HCO_3^- 浓度。虽然在不同的生物体中,CO_2 的浓缩方式有所不同,但微藻中的 CCM 都包含三个必不可少的部分:一是负责在细胞内积累高浓度无机碳的摄取系统;二是催化碳源在 CO_2 和 HCO_3^- 之间相互转化并辅助转运蛋白运输的酶系统;三是富含 Rubisco 且能够阻碍 CO_2 扩散,富集 CO_2 在高浓度 Rubisco 附近的隔室。

微藻中的 CCM 主要存在两种形式,一种是原核蓝藻中基于羧基体的 CCM,还有一种是真核微藻中基于蛋白核的 CCM。在蓝藻中,高浓度的 Rubisco 被蛋白质外壳包裹形成一个二十面体,称为羧基体。CO_2 通过水通道蛋白扩散进入细胞质和羧基体中,通常蓝藻中有两种 CO_2 摄取系统——组成型的 CO_2 低亲和力摄取系统 $NDH-1_4$,和低 CO_2 诱导性高亲和力的系统 $NDH-1_3$,以及三个作用于体内转运 HCO_3^- 的转运蛋白——sulP 型钠依赖性转运蛋白 bicA、钠依赖性 HCO_3^- 共转运蛋白 sbtA 和 ATP 结合性 ABC 型转运蛋白 BCT1。不同环境中的蓝藻的 CCM 的组成也有所不同,大多数海洋蓝藻中缺乏 $NDH-1_3$ 系统和 BCT1 转运蛋白,嗜热蓝藻中的转运蛋白呈现较高的多样性,但 CO_2 摄取和 HCO_3^- 转运系统的目的都是将无机碳输送至羧基体内完成固碳活动。根据组成和进化的不同,羧基体有两种类型,但执行相同的生物学功能。α-羧基体存在于 α 蓝藻和一些化能自养细菌体内,其研究模型那不勒斯硫杆菌(*Halothiobacillus neapolitanus*)的羧基体外壳由六种蛋白构成,六聚体蛋白(BMC-H)CsoS1A、CsoS1B 和 CsoS1C 构成二十面体的每个平面;五聚体蛋白(BMC-P)CsoS4A 和 CsoS4B 构成二十面体的顶点;三聚体(BMC-T)CsoS1D 的中心孔比其他壳蛋白更大,通常可以介导大分子代谢物的通过。羧基体壳中包封着高浓度的 Rubisco 和连接蛋白 CsoS2,此外还有碳酸酐酶 CsoSCA 和 Rubisco 活化酶 CbbO 和 CbbQ。β-羧基体的组成蛋白功能性和分类与 α-羧基体类似,且 BMC-T 类蛋白(CcmO)在结构组成中也不是必需的。

与蓝藻不同,真核微藻具有叶绿体等细胞器,HCO_3^- 在体内的跨膜运输条件更为复杂,除了需要 HCO_3^- 的浓度梯度外,还需要跨膜 pH 的调节。以绿藻模式生物莱茵衣藻为例,主要进行固碳的场所是蛋白核,蛋白核是位于叶绿体中的一个相分离结构区域,周围有被淀粉颗粒围绕形成的淀粉鞘包裹,类囊体膜从淀粉鞘中间的间隙延伸到蛋白核基质中形成膜小管,蛋白核基质中聚集着 Rubisco、Rubisco 激活酶(RCA)和连接蛋白等。外界的 CO_2 被细胞周质中的碳酸酐酶 CAH1/CAH2 转化为 HCO_3^-,后被细胞质膜上的吸收蛋白 LCI1 和 HLA3 输送至细胞质内,叶绿体膜上的转运蛋白 LCIA 将胞质内的 HCO_3^- 转运

到 pH 较高的叶绿体基质中，叶绿体内膜上的转运蛋白 BST1/2/3 又将 HCO_3^-
运输到 pH 更低的膜小管中，最终由碳酸酐酶 CAH3 将 HCO_3^- 转化为 CO_2 输
送至蛋白核基质中的 Rubisco 附近进行固碳反应。

真核微藻的 CCM 的组成是类似的（图 3-1），但由于生长环境以及进化机
制导致组成的成分起源和功能的多样化，如硅藻是次级内共生体，具有四层叶绿
体膜系统，其膜上无机碳的转运蛋白的起源和工作原理与绿藻不尽相同。此外，
不同藻类体内的蛋白核结构也是大相径庭的，由此也造成不同藻类的 CCM 效
率有所不同。同为单细胞藻类，相比之下，小球藻的 CCM 效率较低而硅藻的
CCM 效率较高，甲藻的 CCM 效率介于二者之间。

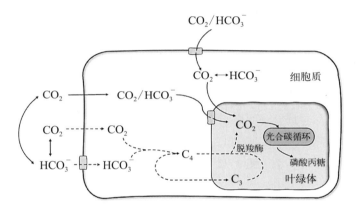

图 3-1　真核微藻细胞的 CCM 示意图

蛋白核是生物物理型 CCM 中最关键的组成部分，存在于所有的真核藻类
和大多数角苔植物中。蛋白核在不同的物种中的形态是多种多样的，大致可以
分为两类，一类是深埋在叶绿体内的球形或亚球形状的嵌入型蛋白核，其与叶绿
体的关系就像核仁和细胞核；还有一类是贴附在叶绿体内表面的突起型蛋白核，
有时可能会通过一个短柄连接在叶绿体上。有些物种中的蛋白核位置和形态较
为特殊，不属于上述任意一种，例如甲藻中长柄连接网状叶绿体的中心蛋白核，
以及隐藻中由两个蛋白核物质桥连接而成的像肺叶一样的叶绿体。

在大多数藻类中，蛋白核是一种无膜的细胞器，一般由区别于叶绿体基质的
高浓度蛋白质的基质，形成在叶绿体内的液-液相分离（liquid-liquid phase
segregation，LLPS）结构，多种藻类中发现的蛋白核溶解和 Rubisco 动态定位再
次聚集的活动能够证实蛋白核的这种 LLPS 结构。嵌入型蛋白核在不同物种的
叶绿体中可能存在一个或者多个，通常情况下，仅有一个的蛋白核一般位于中

心,多个蛋白核则会随机分布。嵌入型蛋白核,如莱茵衣藻,虽然没有传统意义上的膜包被,但其外周被一层有间隙的淀粉鞘结构包裹,以防止释放在 Rubisco 附近的 CO_2 的外溢,同时通过蛋白核必须组分 1(EPYC1)的作用下浓缩 Rubisco 形成 LLPS 结构,莱茵衣藻的 CCM 如图 3-2 所示。突起型蛋白核通常在叶绿体中单独出现,被延伸的叶绿体内膜包裹。

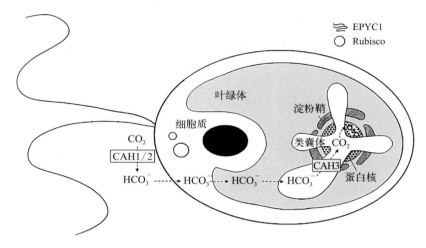

图 3-2 莱茵衣藻的 CCM

除上述主动的 CCM 之外,光合生物中还存在着一些被动 CCM(passive CCM, pCCM),分为基于光呼吸系统的 pCCM 和基于呼吸系统的 pCCM。pCCM 需要符合 4 个要求:① 除了已经用于呼吸或光呼吸代谢的能量外,不应额外消耗能量;② pCCM 由植物对环境的特定适应产生,从而使 CO_2 浓度高于大气扩散的最终浓度;③ pCCM 的产生由叶绿体活动的组织或细胞区块代谢局部释放 CO_2,或是将呼吸作用产生的 CO_2 引导至叶绿体引起结构适应而产生;④ 在高浓度 CO_2 区域和气孔附近的空间应存在扩散屏障限制呼吸产生的 CO_2 漏出,达到积累 CO_2 的目的。

CCM 介导的蓝藻和藻类光合作用约占全球净初级生产力的一半,且其推动"生物泵"将碳从上层海洋输送到深海进行长期储存,在缓解人类活动产生的过多的 CO_2 导致的全球变暖方面发挥着至关重要的作用。此外,目前的研究表明,用生物物理型 CCM 改造作物可以显著提高其光合性能。如果这些改进转化为产量,那么生物物理型 CCM 可使水稻、小麦和大豆等作物的产量提高 60%,这是推动 2050 年养活全球人口这一目标的重要助力。

3.2　固碳反应的关键酶 Rubisco

核酮糖 1,5-二磷酸羧化酶/加氧酶（Rubisco）是光合作用固碳的关键酶和限速酶,催化自然界无机碳的主要反应进入生物圈的碳循环,但催化效率低,且反应受 O_2 的竞争性抑制,部分生物进化出了 CCM 以弥补这一缺陷。真核微藻的蛋白核是其生物物理型 CCM 的核心,主要成分是 Rubisco 和连接蛋白,相比于生物化学型 CCM,更容易被异源体系表达和利用。因此,异源系统研究 Rubisco 的组装条件和构建蛋白核液-液相分离结构,对于人类理解 CO_2 固定机制、提高作物产量和改善全球气候具有重要意义。

Rubisco 也是地球上丰度最高的酶,其总质量高达 7 亿吨,占据了植物叶片或微生物内部总可溶性蛋白的 50%。Rubisco 根据蛋白结构和亚基数量可以分为 4 种类型,这 4 种类型的 Rubisco 全酶在结构形式上是独特的,但都含有 Rubisco 大亚基（LSU）二聚体单位,其中活性位点由一个亚基的 N 端结构域和第二个亚基的 C 端结构域的 α/β 桶之间的界面形成。Ⅰ型 Rubisco 的分布范围最广,存在于大多数化能自养细菌、微藻和所有高等植物中,包含了 8 个大亚基（50～55 kDa）和 8 个小亚基（12～18 kDa）。4 个 LSU 二聚体组成大亚基催化核心（L8）,8 个小亚基（SSU）分别结合在八聚体核心的顶部和底部,通过影响 L8 的构象影响催化活性。基于Ⅰ型酶的氨基酸序列,将Ⅰ型 Rubisco 分为绿色型 Rubisco（包括ⅠA 和ⅠB）和红色型 Rubisco（包括ⅠC 和ⅠD）,目前绿色型 Rubisco 的研究主要集中在位于高等植物、绿藻和含有 β-羧基体的蓝藻中的ⅠB 型,拟南芥的 Rubisco 和 β-羧基体已经完成了在大肠杆菌中的异源组装;莱茵衣藻 Rubisco 的组装元件的探索不断有新的进展,其主要原因是研究对象模式生物如拟南芥、莱茵衣藻、集胞藻 PCC 6803 的 Rubisco 都是ⅠB 型。存在于部分化能自养细菌和有 α-羧基体的蓝藻中的ⅠA 型 Rubisco 研究相对较少,通过对 α-羧基体和 β-羧基体的对比发现,二者在进化和结构上虽然存在差异,但其氨基酸序列和个体生理参数上有许多相似之处,不同的羧基体类型对菌株的生理功能不会造成显著的影响。红色型 Rubisco（ⅠC 和ⅠD 型）存在于非绿色藻类（红藻、褐藻）及其次内共生体和一些变形菌体内,相比于绿色型 Rubisco,红色型 Rubisco 的小亚基 C 端延伸出的 β 发夹结构可以通过与 L8 的相互作用达到组装全酶的目的,无须伴侣蛋白的辅助。此外,真核红色型 Rubisco 某些亚型表现出优于绿色型的更高的特异性和催化效率,但更远的亲缘关系导致其难以在叶绿体中完成功能表达以促进绿色植物的光合固碳。

Ⅱ型 Rubisco 是大亚基二聚体的多聚物 $(L2)_n$，不含有小亚基，首次发现于红色螺旋菌（*Rhodospirillum rubrum*）中，因为其简单的 L2 结构，至今一直是 Rubisco 结构和功能的研究模型。部分化能自养菌也依赖Ⅱ型 Rubisco 实现固碳，但细菌中的Ⅱ型 Rubisco 表现出低 CO_2 亲和力和低 $CO_2 ：O_2$ 选择性。Ⅱ型 Rubisco 也存在于核心甲藻中，在一些衍生的甲藻中，含有Ⅱ型 Rubisco 的质体在三级内共生的过程中被ⅠB型和ⅠD型取代。

随着对 Rubisco 的探索，结构不同于Ⅰ型和Ⅱ型的 Rubisco 在古细菌中被发现，并被归类为Ⅲ型 Rubisco，大多数Ⅲ型 Rubisco 来自极端厌氧的细菌，因其对 O_2 亲和性极强，一些嗜热细菌中的 Rubisco 的固碳反应不依赖于 CBB，也有一些嗜酸细菌中的 Rubisco 参与 CBB 完成自养。在系统发育的分析中，古细菌是一个较为松散的类群，其 Rubisco 的四级结构多种多样，但都是基于大亚基多聚体的 L_X 结构。

Ⅳ型 Rubisco 实际上是 Rubisco 的同系物，由于必需的活性位点残基被取代，无法催化 CO_2 的固定，也被称为 Rubisco 样蛋白（Rubisco-like-proteins，RLPs）。因此，Rubisco 被分为 3 个真正的 Rubisco 谱系（Ⅰ、Ⅱ、Ⅲ型）和 6 个 RLP 分支（Ⅳ - Photo、Ⅳ - NonPhoto、Ⅳ - AMC、Ⅳ - YkrW、Ⅳ - DeepYkr、Ⅳ - GOS），RLPs 存在于一些低等藻类和细菌中，参与硫代谢，甚至在近期的研究中发现，根瘤菌中的 RLP 也参与 CO_2 的固定。

相比于其他类型，Ⅰ型 Rubisco 分布范围广，囊括陆地植物和水生植物，与人类的生产生活息息相关，相对较高的 CO_2 亲和力和特异性也更有研究价值（表 3 - 2）。Rubisco 在 CBB 中催化第一个主要的固碳反应，在叶绿体基质中，Rubisco 催化 CO_2 整合至其底物 1，5 二磷酸核酮糖（Ribulose - 1，5 - bisphosphate，RuBP）的第二位碳原子上，形成一个极其不稳定的中间产物，随后分解为两分子的 3 - 磷酸甘油酸（3 - phosphoglycerate，3 - PGA），进入卡尔文循环完成碳固定的第一步。同时，Rubisco 也能催化 O_2 与 RuBP 结合，生成磷酸乙醇酸酯（Phosphoglycolate，PG），进入光呼吸链最终消耗能量，释放 CO_2（图 3 - 3）。而且，Rubisco 催化效率极低，每个 Rubisco 每秒钟仅能催化 3～10 个 CO_2 分子的转化。O_2 的竞争性抑制和酶本身的低催化能力大大降低了植物的光合效率，为了实现高效固碳，降低光呼吸的抑制，除了过量表达 Rubisco，光合生物还进化出了 CO_2 浓缩机制，通过将 CO_2 富集在 Rubisco 活性中心附近，

提高催化环境中的 CO_2：O_2 比例降低光呼吸的影响。

表 3-2　Rubisco 的分类及其特征参数

类型	结构	物　　种	K_{cat}/s^{-1}	$K_m/$ $(\mu mol/L)$	$S_{C/O}$
I	L_8S_8	Land Plants(陆地植物)	2～6	7～23	70～100
		Synechocystis PCC 6803(集胞藻)	14.3	/	/
		Chlamydomonas reinhardtii(莱茵衣藻)	2.3	35	63
		Thiobacillus denitrificans(脱氮硫杆菌)	1.4	105	53.4
		Rhodobacter sphaeroides(类球红细菌)	3.7	59.7	58.4
		Griffithsia monilis(凋毛藻)	2.6	9.3	167
		Galdieria sulphuraria(嗜硫原始红藻)	1.2	3.3	166
		Phaeodactylum tricornutum(三角褐指藻)	3.4	27.9	113
		Porphyridium purpureum(紫球藻)	1.4	22	143.5
II	L_2	*Rhodospirillum rubrum*(红螺菌)	/	6	15
III	L_2	*Thermococcus kodakaraensis*(嗜热球菌)	0.25	52	`0.5
III	L_{10}	*Archaeoglobus fulgidus*(古生球菌)	23.1	51	310
IV	L_2	*Bacillus subtilis*(枯草芽孢杆菌)	56	13	/

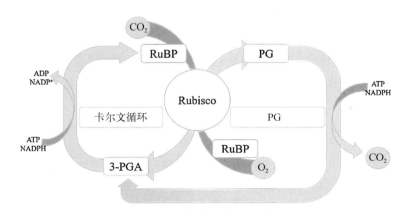

图 3-3　Rubisco 在机体内发生的催化反应

真核微藻,如硅藻、红藻,不仅含有催化效率较高、CO_2 特异性较强、组装条件更为简单的 R-type Rubisco,还拥有固碳效率更高的生物物理型 CCM。因此,克服异源体系中伴侣蛋白不兼容的困难,实现功能性真核红色型 Rubisco 在高等植物叶绿体中的表达和积累,是构建生物物理型 CCM 的前提,对于提高植物光合效率、增强固碳能力,从而增加作物产量、缓解温室效应造成的生存压力具有重要的意义。

3.3 光合作用与叶绿体进化

叶绿体(chloroplast)是质体的一种,是一种能进行光合作用的细胞器,广泛存在于高等植物和真核藻类中。从进化上看,叶绿体曾经是一类独立生活的光合微生物,但后来被另一种微生物吞噬而形成内共生体。共生现象是最罕见的进化现象之一,在 40 亿年里只发生过 6 次,因为它不仅需要在先前存在的细胞中加入外源的基因组,而且还需要通过新的蛋白质靶向系统的进化将宿主和共生体的遗传膜整合在一起。共生现象涉及线粒体和叶绿体的起源,以及叶绿体从一个真核生物向另一个真核生物的二次迁移,在生物进化上具有深远而重大的影响。

内共生学说的起源可以追溯到 20 世纪初,俄罗斯生物学家 Konstantin Mereschkowsky 发现苔藓中藻类和真菌的内共生关系,因而提出叶绿体内共生起源学说。1970 年,美国生物学家 Margulis 在《真核细胞的起源》一书中正式提出了这一理论。她认为,一些原核生物,例如细菌和蓝藻,被一些大型的、具有吞噬能力的原始真核细胞所吞噬后,随着时间的推移,由于没有被分解消化,原核生物逐渐从寄生过渡到共生,被还原为双膜结合质体并垂直传递给后代,成为宿主细胞中的细胞器。例如,好氧细菌被变形虫状的原始真核生物吞噬后,经过长期内共生成为线粒体,蓝藻被吞噬后经过共生变成叶绿体(图 3-4),螺旋体被吞噬后经过共生形成原始鞭毛。内共生是一个非常古老的事件,通过多基因数

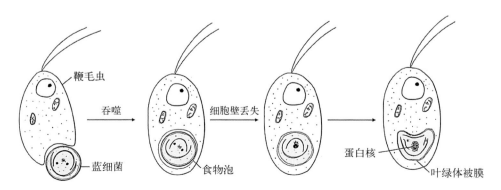

图 3-4 原生动物吞噬蓝细菌形成内共生体图解

据集和"宽松分子钟"方法(如罚似然函数、贝叶斯方法)分析,表明植物初级内共生是真核生物进化中的一个古老事件。尽管仍有争议,但一些数据分析表明,初级质体发生在大约 15 亿年前的中元古代。

随着现代生物学技术的发展,不断涌现的研究从细胞、遗传、分子几个不同层次上为叶绿体内共生起源学说提供了越来越多的证据。叶绿体 DNA 有着许多与和真核生物细胞核中的 DNA 不同,但却与细菌 DNA 类似的特征,比如在化学结构上不含有 $5'$-甲基胞嘧啶,且不与组蛋白形成复合物。在 DNA 测序技术问世后,通过基因组序列比对,发现高等植物和藻类的叶绿体基因组序列与真核基因序列差异很大,而与细菌和蓝藻的序列具有更高的相似性,这也是支持内共生学说的一大有力证据。此外,叶绿体中的许多代谢途径,比如氨基酸的合成和类胡萝卜素的合成等,也与胞质中的代谢途径大相径庭,而与蓝藻有着更高的相似性。

目前,叶绿体的起源问题依然存在着很多争议。有学者认为它是单系起源,有学者则认为是多系起源。质体单系起源学说认为,蓝藻作为猎物被"植物"祖先吞噬了无数次,在其中一些细胞中,蓝藻没有在食物液泡中被消化,而是作为一种内共生体维持着,并且只有一次,古老的原生质体内共生维持存在至今。质体单系性的主要证据来自分子系统发育和其他质体和核基因以及参与质体功能的基因的比较分析。实际上,藻类植物各类群的演化关系是非常复杂的。紫红紫菜(*Porphyra purpurea*)的叶绿体基因中发现其包含超过 70 个陆生植物和绿藻都不含有的基因,显然以叶绿体单系起源来解释这一结果是存在疑问的。此外,很多科学家认为藻类可分为红色藻类和绿色藻类两大谱系,即红、绿两大谱系所吞噬的原核生物是不一样的。绿色藻类主要包括绿藻门(chlorophyta)和裸藻门(euglenophyta)。叶绿体 DNA 在陆生植物和绿色藻类之间基因是相对保守的,这在一定程度上论证了陆生植物是由绿藻演变而来的推论。

还有学者认为有的藻类植物的叶绿体发生了不止一次内共生。根据叶绿体内共生学说,当一个远古真核生物吞噬了蓝细菌,在共生过程中蓝细菌演变为叶绿体,此过程称为一次内共生,叶绿体都有 2 层膜,然而一些生物的叶绿体却具有 3~4 层膜结构。因此有学者提出了二次内共生假说,即认为多层膜的叶绿体并非直接由蓝细菌进化而来,而是含叶绿体的藻类被其他生物吞噬所进化形成的。在这种情况下,被吞噬的藻类细胞几乎被完全消化,只留下叶绿体,从而导致了叶绿体多层膜的结构。

在裸藻中发现了有 3 层膜包裹的复杂叶绿体,为二次内共生(图 3 - 5)假说提供了依据。裸藻也被称为眼虫,是一大类介于动物和植物之间的水生单细胞真核生物,具有眼点和鞭毛。其中大约有一半营养方式为自养,其有 3 层膜包裹的叶绿体,能够进行光合作用。目前普遍认为它们的叶绿体起源于绿藻的二次内共生,即裸藻的祖先吞噬了绿藻,该绿藻在逐渐进化的过程中被消化,仅剩下了叶绿体和叶绿体双层膜外的 1 层吞噬泡膜或内质网膜,最终形成了裸藻细胞中 3 层膜包裹的叶绿体。大量的证据,如叶绿体形态、光合色素成分、叶绿体基因组分析及其他分子生物学证据(如 psbA、rbcL、rbcS 序列亲缘性等),都表明裸藻叶绿体来源于二次内共生的绿藻的叶绿体。不仅如此,在裸藻的细胞内,除了主要的寄主细胞核以外,还存在着一个残余的藻类的细胞核,被称为核形体,这一现象也为叶绿体的次共生假说提供了有力的证据。此外,一种属于胶须藻属的小型藻类 *Bigelowiella natans* 也是研究二次内共生的模式物种,它含有 3 套基因组:宿主核基因组、变体核基因组和叶绿体基因组。因此推测在进化的过程中,某一蓝藻类的原核生物首先被真核藻类吞噬,从而使该真核藻类植物具有了进行光合作用的能力。该真核藻类生物在进化过程中可能再度被另一种真核藻类吞噬,就形成了具有 4 层膜包裹的叶绿体。在此过程中,一些重要的叶绿体蛋白基因会从变体的核基因组逐渐转移到二次内共生的宿主的核基因组中。

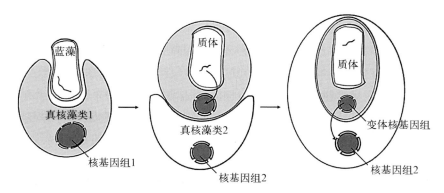

图 3-5　二次内共生模式图

随着 DNA 测序技术的发展,越来越多的高等植物和藻类的叶绿体 DNA 的结构和序列被公布。一般的叶绿体 DNA 是共价闭合双链环状分子,少数为线状分子。高等植物的叶绿体基因组大小为 120~160 kb,而藻类叶绿体基因组序列则差异较大(表 3-3)。目前发现的分子量最小的叶绿体 DNA 是一种绿藻门螺旋孢子虫属的寄生性微藻 *Helicosporidium* sp.,只有 37 kb。此外,藻类和高等植物的叶绿体结构也有很大差异。高等植物的叶绿体 DNA 基因图谱可分为 4 个区域,2 个反向重复区 IRa 和 IRb,1 个大单拷贝区及 1 个小单拷贝区,其中 IRa 和 IRb 所含基因完全相同,但排列方向相反。藻类的叶绿体 DNA 结构更为复杂,往往会缺少一个或多个上述区域结构。一些藻类叶绿体 DNA 缺失反向重复序列,这一类缺失是最常见的。第二类含有反向重复序列,但大单拷贝区或小单拷贝区缺失,比如纤细裸藻的叶绿体 DNA 含有 3 个成串联方式排列的重复序列和 1 个 LSC。有的藻类叶绿体 DNA 没有固定的结构,既没有反向重复序列,也没有大单拷贝区或小单拷贝区。

表 3-3 部分藻类叶绿体基因组的物理性质

物 种		基因组大小/kb	形状
绿藻门	*Codium fragile*(刺松藻)	85	环状
	Chlorella vulgaris(小球藻)	150	
	Chlorella ellipsoidea(椭圆小球藻)	174	环状
	Chlamydomonas reinhardii(莱茵衣藻)	195	环状
	Chlamydomonas eugametos(衣藻的一种)	243	环状
	Chlamydomonas moewussi(衣藻的一种)	292	环状
	Polytoma obtusum(素衣藻的一种)	约 200	
	Acetabularia acetabulum(伞藻的一种)	约 2 000	
	Acetabularia mediterranea(地中海伞藻)	约 2 000	
	Acetabularia cliftonia(伞藻的一种)	约 2 000	
	Olisthodiscus luteus(金黄滑盘藻)	154	环状
	Scenedesmus obliquus(斜生栅藻)	161	
	Nephroselmis olivacea(橄榄肾形藻)	200	
	Stigeoclonium helveticum(淡黄毛枝藻)	223	
	Oedogonium cardiacum(心形鞘藻)	196	
黄藻门	*Heterosigma akashiwo*(赤潮异弯藻)	159	
	Vaucheria sessilis(无柄隔离藻)	125	环状
灰藻门	*Cyanophora paradoxa*(蓝载藻的一种)	127	环状
隐藻门	*Rhodomonas salina*(盐水隐藻)	135	
蓝藻门	*Bigelowiella natans*(胶须藻的一种)	69	

续　表

物　种		基因组大小/kb	形状
异鞭藻门	*Dictyota dichotoma*（网地藻）	123	环状
	Sphacelaria sp.（黑顶藻的一种）	150	多环
	Odontella sinensis（中华盒形藻）	120	
裸藻门	*Euglena gracilis*（纤细裸藻）	130～152	环状
	Astasia longa（长型变胞藻）	73	
红藻门	*Gracilaria tenuistipitata*（细基江蓠）	183	
	Porphyrapur purea（紫红紫菜）	191	

　　质体内共生和叶绿体起源与进化事件的发生在生物进化史上意义重大,但由于它们的古老发生,相关研究依旧充满困难与阻碍。但随着现代生物技术的发展,革命性的新测序技术的出现,人们对微生物生物多样性的日益重视和测序成本的下降,越来越多生物的基因组信息得以公布,对原生生物基因组的大规模和系统分析正在如火如荼地进行,许多如衣藻等成熟模型的建立也为研究提供了强大助力,人们终有一天能揭开叶绿体进化这一古老发生过程的神秘面纱。

3.4　光合生理生化测定与分析

　　微藻的光合速率(photosynthetic rate)是指光合作用固定 CO_2（或产生 O_2）的速率。一般情况下,CO_2 的固定速率与光照强度成正比,直至饱和,因此出现了以下两个名词(图 3-6)。

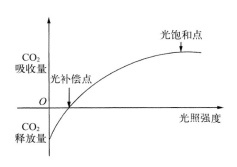

　　(1)光补偿点:光合作用吸收和呼吸作用释放的 CO_2 量达到平衡状态时的光照强度点。在光补偿点时,光合生物有机物的形成和消耗相等,不能积累干物质。

图 3-6　光补偿点和光饱和点示意图

　　(2)光饱和点:光合速率不再随光照强度的上升而增大的光照强度点。当光强超过光饱和点时候,一些光合生物会发生光抑制的现象。

　　叶绿素荧光参数是一组常见的、用于描述光合作用机理和光合生理状况的变量或常数值，主要与光系统Ⅱ相关联，能够反映光合生物"内在线"的特点，因此被视为研究光合作用与环境关系的内在探针。

叶绿素荧光参数的测定的基本原理是光合作用的能量转换主要是通过（光系统Ⅰ和Ⅱ）反应中心的电荷分离来实现的，也就是特殊的叶绿素分子将电子传给电子受体的过程。植物和藻类吸收的光能主要分为 3 个部分：光化学作用（photo-chemistry，P）、叶绿素荧光（fluorescence，F）和热耗散（heat dissipation，D），它们之间存在如下关系：$P + F + D = 1$。

一些常用到的主要荧光参数及其定义如下。

（1）F_o：初始荧光产量（original fluorescence yield），也称为基础荧光，是指经过充分暗适应后，PSⅡ的反应中心处于完全开放状态时的荧光产量。该参数通常与叶绿素浓度相关。

（2）F_m：最大荧光产量（maximal fluorescence yield），是指 PSⅡ反应中心完全关闭时的荧光产量。

（3）$F_v = F_m - F_o$：可变荧光，反映 PSⅡ的电子传递最大潜力。经暗适应后测得。

（4）F_v/F_m：暗适应下 PSⅡ反应中心完全开放时的最大量子产量，代表 PSⅡ反应中心最大光能转换效率。该参数反映叶绿素分子将光能转化为化学能的效率，在一般条件下变化较小，在胁迫条件下该比值下降。

（5）F_v/F_o：反映 PSⅡ潜在的光化学活性，与有活性的反应中心的数量成正比关系。

（6）F_o'：光适应下的初始荧光。

（7）F_m'：光适应下的最大荧光。

（8）$F_v' = F_m' - F_o'$：光适应下可变荧光。

（9）F_v'/F_m'：光适应下 PSⅡ最大光化学效率，它反映有热耗散存在时的 PSⅡ反应中心完全开放时的光化学效率，也称为最大天线转换效率。

（10）F_t（或 F_s）：稳态荧光产量（steady-state fluorescence yield）。

（11）$\varphi PSⅡ = (F_m' - F_s)/F_m'$：PSⅡ实际光化学效率，它反映在照光下 PSⅡ反应中心部分关闭的情况下的实际光化学效率。

（12）$q_P = (F_m' - F_s)/(F_m' - F_o')$：光化学猝灭系数（photochemical quenching），反映 PSⅡ天线色素吸收的光能用于光化学反应电子传递的份额，也在一定程度上反映了 PSⅡ反应中心的开放程度。

（13）$1-q_p$：用来表示 PSⅡ反应中心的关闭程度。

（14）α：光能的利用效率。

（15）$NPQ=F_m/F'_m-1$：非光化学猝灭系数。当光合系统从环境中吸收的光能超出光合作用光能利用能力时，植物或藻类会将过剩的光能转化为热能，调节和保护光合作用不受损伤，这一机制被称为非光化学猝灭。其基本原理是通过分子振动以非辐射热的形式猝灭单线激发态叶绿素分子，该过程存在于几乎所有的光合真核生物中。

参考文献

[1] Kusmayadi A, Leong Y K, Yen H W, et al. Microalgae as sustainable food and feed sources for animals and humans — Biotechnological and environmental aspects[J]. Chemosphere, 2021, 271: 129800.

[2] Chen C, Tang T, Shi Q W, et al. The potential and challenge of microalgae as promising future food sources[J]. Trends in Food Science & Technology, 2022, 126: 99 - 112.

[3] Garzon R, Skendi A, Antonio Lazo-Velez M, et al. Interaction of dough acidity and microalga level on bread quality and antioxidant properties[J]. Food Chemistry, 2021, 344: 128710.

[4] Robertson R C, Gracia Mateo M R, O'Grady M N, et al. An assessment of the techno-functional and sensory properties of yoghurt fortified with a lipid extract from the microalga *Pavlova lutheri*[J]. Innovative Food Science & Emerging Technologies, 2016, 37: 237 - 246.

[5] Sales R, Galafat A, Vizcaíno A J, et al. Effects of dietary use of two lipid extracts from the microalga *Nannochloropsis gaditana* (Lubián, 1982) alone and in combination on growth and muscle composition in juvenile gilthead seabream, *Sparus aurata*[J]. Algal Research, 2021, 53: 102162.

[6] Luo A G, Feng J, Hu B F, et al. *Arthrospira* (*Spirulina*) *platensis* extract improves oxidative stability and product quality of Chinese-style pork sausage[J]. Journal of Applied Phycology, 2018, 30(3): 1667 - 1677.

[7] Kahraman G, Özdemir K S. Effects of black elderberry and spirulina extracts on the chemical stability of cold pressed flaxseed oil during accelerated storage[J]. Journal of Food Measurement and Characterization, 2021, 15(5): 4838 - 4847.

[8] Žugčić T, Abdelkebir R, Barba F J, et al. Effects of pulses and *microalgal* proteins on quality traits of beef patties[J]. Journal of Food Science and Technology, 2018, 55(11): 4544 - 4553.

［9］Alejandre M，Ansorena D，Calvo M I，et al. Influence of a gel emulsion containing microalgal oil and a blackthorn (*Prunus spinosa* L.) branch extract on the antioxidant capacity and acceptability of reduced-fat beef patties［J］. Meat Science，2019，148：219 - 222.

第 4 章

微藻的生长与繁殖

　　微藻是一种生物形态微小的藻类,能够进行光合作用,在维持地球生态系统的平衡和稳定方面扮演着重要的初级生产者的角色。另外,由于微藻具有个体小、种类多样、生长快、适应性强、容易培养,以及含有丰富的活性物质等特点,因此其被认为是一个巨大的资源宝库。许多微藻富含蛋白质、油脂、多糖、色素、多不饱和脂肪酸等活性成分,如 DHA、EPA、虾青素和叶黄素,具有极高的营养和药用价值。微藻种质资源作为我国重要的战略生物资源,具有种类繁多并且保藏稳定的优点,同时,微藻种质资源是产业化的基础,通过选育一系列优良的微藻种质资源,可以提高微藻的培养与生产效率,丰富微藻产品的多样性。

4.1　微藻种质资源采集与纯化

4.1.1　国际主要藻类资源库的保藏和共享利用

　　从 20 世纪 50 年代起,藻类学研究开始从传统的分类和形态学向更广泛的领域扩展,包括藻类生态和生理等。同时,国外如日本等藻类学者开始研发藻类的大规模养殖技术,作为植物和动物蛋白的替代来源,微藻有望解决食品短缺和蛋白质来源短缺的问题,这进一步导致对活体微藻资源的需求明显增加,从而推动了藻种保藏机构的兴起和发展,比如德国哥廷根的 SAG - collection、英国的 CCAP,以及美国的 UTEX - collection。这些保藏库都是从 20 世纪 50 年代开始兴起的,其中前两个由德国藻类学家 Ernst - Georg Pringsheim(1881—1970 年)创建,而 UTEX - collection 藻种库起初位于美国 Indiana 大学,创始人 Starr 教授也收藏了 Pringsheim 赠予的藻种。

　　受益于各国对微藻研究和产业化的关注,藻种资源库与研发部门合作增加了库存数量和品种类型,提高了藻种资源库的功能建设和服务水平。欧盟、巴西、印度、韩国和南非等国家和地区积极支持微藻种质资源的收集与储存,推动微藻资源的研发和产业化。藻类作为实验材料,不仅在生物学、环境科学等领域起重要作用,还在法医学、物理学和新材料等领域发挥支撑作用。2019 年,第七届欧洲藻类学大会设立了藻种资源库分会场,来自全球 20 多个藻种保藏库的代表介绍了各自的情况(表 4 - 1)。近年来,藻类保藏机构在世界范围内逐渐增多,多个国家将藻类生物资源提升到国家战略资源或保护生物多样性的高度,并给予持续的经费和项目支持。这从侧面反映了藻类资源库在促进藻类学科进步和藻类产业发展方面具有无法被代替的作用。

表 4 - 1　国际主要藻类种质保藏机构(数据记录于 2023 年 9 月 6 日)

藻种库代号	藻种库名称、位置及链接	资源数量	国家
ACOI	Coimbra Collection of Algae, Coimbra (PRT) http://acoi. ci. uc. pt/	超过 1 000 属 3 000 种	葡萄牙
ALGOBANK	The microalgal culture collection at the University of Caen Basse-Normandie (FR) http://www. unicaen. fr/algobank/infos/apropos. html	353 株	法国
ANACC	CSIRO Australian National Algae Culture Collection of Living Microalgae, Hobart (AU) https://www. csiro. au/en/about/facilities-collections/Collections/ANACC	超过 300 种 1 000 株	澳大利亚
BCCM/DCG	Diatoms Collection at Gent University (BE) http://bccm. belspo. be/about-us/bccm-dcg	超过 60 种 500 株(以硅藻为主)	比利时
CAUP	Culture Collection of Algae at Charles University Prague (CZ) http://botany. natur. cuni. cz/algo/caup. html	248 种藻类和蓝藻菌株	捷克
CC	Chlamydomonas Center, St. Paul, Minnesota (US) http://www. chlamy. org/	以衣藻为主	美国
CCAC	Culture Collection of Algae at the University of Cologne (DE) http://www. ccac. uni-koeln. de/	约 7 500 株	德国
CCALA	Culture Collection of Autotrophic Organisms, Trebon (CZ) http://ccala. butbn. cas. cz/index. php	/	捷克
CCAP	Culture Collection of Algae and Protozoa, Oban (GB) http://www. ccap. ac. uk/	超过 3 000 株藻类和原生动物	英国

藻种库代号	藻种库名称、位置及链接	资源数量	国家
CPCC	Canadian Phycological Culture Centre（former UTCC），Waterloo, Ontario（CA）https://uwaterloo.ca/canadian-phycological-culture-centre/	/	加拿大
FACHB	Freshwater Algae Culture Collection at the Institute of Hydrobiology，Wuhan（CN）http://algae.ihb.ac.cn/	169 属 3 000 余株	中国
KU-MACC	Kobe University Macro-Algal Culture Collection（JP）https://ku-macc.nbrp.jp/locale/change?lang=en	182 属 307 种	日本
NCMA	National Center for Marine Algae and Microbiota（former CCMP），East Boothbay, Maine US https://ncma.bigelow.org/	9 属 32 种 229 株	美国
NIES	Microbial Culture Collection at the National Institute for Environmental Studies，Tsukuba（JP）http://mcc.nies.go.jp/	约 1 300 株	日本
PCC	Pasteur Culture Collection of Cyanobacterial Strains，Paris（FR）http://cyanobacteria.web.pasteur.fr/	超过 750 株	法国
RCC	Roscoff Culture Collection，Brittany（FR）http://roscoff-culture-collection.org/	约 6 000 株海洋微藻、大型藻类、原生生物、细菌和病毒	法国
UTEX	The Culture Collection of Algae at The University of Texas，Austin（US）https://utex.org/	超过 500 属 3 000 株	美国
NORCCA	The Norwegian Culture Collection of Algae（NO）https://norcca.scrol.net/	超过 2 000 种蓝藻、微藻和大型藻类	挪威

4.1.2　我国藻类资源保藏现状

从 21 世纪开始，我国将生物资源提升为战略性资源。科技部自 2006 年开始陆续支持建立了多个生物资源活体保藏平台，其中包括国家微生物资源平台、水产种质资源平台和国家农作物种质资源平台等。这些平台成为科技基础条件平台的重要组成部分。到了 2019 年,经过优化调整,我国形成了 30 个国家生物种质与实验材料资源库,包括国家重要野生植物种质资源库、国家菌种资源库和国家水生生物种质资源库等。淡水藻种库成为国家水生生物种质资源库的重要部分,它依托于中国科学院水生生物研究所,位于湖北省武汉市,专注于丰富藻种的库藏,注重保藏水华微藻、经济微藻和荒漠微藻,并提供藻种资源服务和信息共享。在微藻产业化方面,我国以螺旋藻为代表的微藻产业快速发展,带动了其他工业微藻的规模化培养。近些年,一些大学和研究机构都逐步建立了自己的微藻种质库,不同的研究机构注重保藏不同种类和生境的微藻,比如中国科学院水生生物研究所注重保藏水华藻种、经济藻种和荒漠藻种,中国科学院海洋研究所注重保藏大型海藻和海洋微藻,中国科学院南海海洋研究所注重经济藻种的保藏和筛选,中国科学院烟台海岸带研究所注重海岸带藻种的保藏,中国科学院武汉植物园专注于经济藻种和能源藻种的保藏和筛选。此外,中国海洋大学和宁波大学注重海洋饵料微藻的保藏和筛选,而厦门大学和暨南大学则主要保藏我国海洋赤潮藻种。值得一提的是,我国西北有广袤的沙漠,新疆师范大学率先成立沙漠藻研究院,服务"丝绸之路经济带"和"西部大开发"的国家战略,以沙漠藻生物结合治沙技术为主攻方向,联合当地企业建成了中国第一家也是全球第一家沙漠藻种质资源库。

近年来,我国积极支持微藻生物能源和固碳研究,并带动大型企业关注和投资,这一研究热潮直接或间接推动了我国微藻种质资源库的建设。比如在"973 计划""863 计划"以及国家重点研发计划等多个重要专项中,都涉及了支持优良微藻的筛选评价、育种和养殖技术研究,以实现高效扩繁优质微藻的目标。这些项目的实施还将进一步推动和促进对国内微藻种质资源的保护、筛选、研究和开发利用。

4.1.3　微藻样品的采集

微藻种质资源有数万种,遍布世界各地。为了分离藻种,首先需要采集水样或土样,不同环境中含有需要分离的目标微藻。对于个体较大的微藻,可以使用细密的浮游生物网来捞取,通过过滤可获得大量的微藻样品。然而,对于个体很小的微型藻类来说,无法通过浮游生物网进行采集,因此需要将样品带回实验室进行处理。

水样可以从天然水域中取得,无论是开阔水域还是小池塘都可以进行采水。但是需要特别注意岸边的小水洼,这些小水洼可能在涨潮时被海水淹没,但大部分时间与大海隔绝,其盐度略高于当地海域的盐度,在盐场区尤为普遍。在这些小水洼中,常常生长着适于在静水体中培养的微藻,种类相对较少,有一种或几种微藻占主导地位,因此容易进行分离。此外,用于水生生物培养或储水的各种容器和水池也可能孕育大量的浮游或附着微藻,因此是采样的理想场所。例如,如果要分离底栖硅藻,可以刮取潮间带的"油泥",加入海水搅拌后,将泥沙去除,通过密筛绢进行过滤以去除大型藻类杂质,这样就可以获得细胞浓度很高的水样。另外,也可以将附着在大型藻体或共生生物体(如珊瑚、海葵等)上的附着微藻洗刷下来,作为待分离的水样。有时,一些特殊用途的藻种资源也可以在特定的生境中进行采集,比如需要到污水处理厂、畜牧养殖场、水产育苗厂、盐湖、沙漠等周围进行采样,这样可以有针对性地获得所需的种质。

　　用显微镜检查采集水样,若有需要分离的藻种,并且其数量较多,可立即进行分离。但如果数量很少,分离困难,必须先进行预培养。预培养时,应选择适合各大类微藻的不同培养液。绿藻、硅藻和金藻的培养液通常容易获取,对于难以培养的微藻,最好加入土壤提取液。如果水样中微藻种类较多,应准备几种不同的培养基,让不同种类的微藻在适合其繁殖的培养基中繁殖。

　　此外,在预培养阶段,每天只需摇动容器一次,但分离附着种类时则保持容器静止。在预培养过程中,要定期进行观察。如果培养液呈淡色,应立即使用显微镜检查。若发现需要分离的微藻种类占优势,则应立即进行分离。若没有需要分离的微藻种类,或者虽然有需要分离的微藻种类但数量不占优势,且分离困难,可以继续培养一段时间,等待优种占据主导地位。藻种的采集与保藏工作是比较耗时耗力的,需要细致认真,并且周期化、常态化地进行。

4.1.4　微藻的分离纯化

(1) 利用液体培养基进行分离纯化

　　① 运用稀释分离纯化法对样品进行处理。首先,在第一个试管中加入要分离的藻液样品,其他试管中加入相同体积的培养液。培养液的体积根据分离样品的需要而定(例如 10 mL)。接下来,从第一个试管中吸取与培养液等量的藻液样品(10 mL),加入第二个试管中,并充分振荡使其混合均匀。这样,藻液被稀释了 2 倍。然后,用一支新的消毒移液管,从第二个试管中吸取稀释藻液(10 mL),加入第三个试管中,并采用相同的方法进行振荡混合。这样,藻液被稀释了 4 倍。之后,继续使用同样的方法稀释后续的试管,直到每滴稀释样品中只含有 1 个细胞。稀释液分装到不同的无菌试管中,并用棉塞封好。放于适宜

光照下，并每日轻晃几次。一旦在试管中观察到藻色的现象，就进行镜检。如果发现只有一种藻类，则表示分离成功。

② 运用微吸管对样品进行分离纯化。使用医用乳胶管套在微吸管的顶部进行分离操作。在控制吸动作时，用手指压住乳胶管。将分离的水样放置在载玻片上，在显微镜下将微吸管口对准要分离的藻细胞。松开手指，藻细胞将被吸入微吸管。接下来，将吸出的水滴滴在另一片载玻片上，并使用显微镜检查水滴中是否只吸取了单一的藻细胞。如此重复进行，直至成功达到单一种类的分离目的。

③ 运用水滴对样品进行分离纯化。使用小烧杯将稀释的藻样倒入容器中，插入微吸管并提取，让多余的藻液滴出。然后将微吸管接触到消毒过的载玻片上，形成一个小水滴。每个载玻片可滴 3～4 滴水滴，滴与滴之间保持一定的间距。用显微镜观察载玻片下的样本。如果某个水滴中只有一个需要分离的藻细胞且没有其他生物混杂，则使用移液管吸取培养液，将该水滴冲入试管中，用棉塞封好试管口，在适宜的条件下培养。此方法的关键在于适当稀释藻样（每个水滴含藻细胞 1～2 个），保持合适的水滴大小，以便在低倍镜下能够完整且清晰地观察到水滴。

（2）运用固体培养基对样品进行分离纯化

在常规液体培养基中加入 1.0%～2.0% 的琼脂并加热溶解后，将其分装到三角烧瓶中。随后，将烧瓶放入高压蒸汽灭菌锅器中，进行 121℃ 以下的灭菌处理，时间为 20～30 min。当培养基冷却至 40℃ 左右后，进行无菌操作，将其倒入已灭菌的培养皿中备用。随后，在超净台上进行接种，有两种容易选择的接种方式，具体如下。

① 喷雾法：可以通过将藻样稀释到合适的浓度，然后装入消毒过的医用喷雾器中来处理。为了在培养基表面形成均匀的水珠层，我们需要打开培养皿盖，并将藻样喷射到培养基上。为了避免藻落长得太近而难以分离，应让喷射藻样相隔至少 1 cm。

② 划线法：在酒精灯上消毒接种环后，将其蘸取藻样，在培养基平面上轻轻画出最初的 3～4 条线。然后将培养皿转动约 45°，再次将接种环置于酒精灯上消毒，并通过第一条线进行第二次划线。接下来，重复相同的步骤进行第三次和第四次划线。第一条线上可能有大量的藻细胞，导致藻细胞在该区域可能过于密集而无法分离开来，但后续的划线有很大可能可以分离出单藻落。

上述喷雾法和划线法都是比较传统的纯化方法，存在通量低、时间长等弊端。近些年,一些在微生物中发展起来的高通量选育方式,值得借鉴。此外,大部分纯化工作通常需要液体培养和固体平皿培养交替进行。如果需要完全无杂藻或杂菌的种质,基本上需要数月的纯化时间才能满足要求,有时候需要辅以抗生素的添加才能达到纯种的目的。

4.2　微藻的营养模式

针对微藻营养模式的探究,科学家已从多个方向入手,但大多还处于探索阶段,目前已经取得了一些明显的进展。微藻培养可依赖于不同类型的碳源,一般分为三种类型:光自养模式、异养模式和混合营养模式。这些不同的培养模式与营养物质的代谢速率和代谢途径,在不同的微藻种质中并不完全一致。光自养模式是微藻在自然界中的基本生存模式,主要依靠外部环境的太阳能,通过光合作用提供其从大气中吸附二氧化碳所需的能量,这在很大程度上受到环境条件的影响。在异养模式下,微藻不依赖太阳作为能源,而是通过三羧酸(TCA)循环代谢获得生长能量,因此它们可以在黑暗条件下分裂生长。混合营养模式融合了光自养模式和异养模式,微藻利用光能吸收有机物和无机碳进行能量代谢。混合营养模式不仅是光自养模式和异养模式的总和,更是两者的互补模式。在某些情况下,混合营养模式下微藻的生物量、生产力和活性物质百分比都高于光自养和异养组合模式。这使得混合营养模式成为微藻工业生产、水产养殖、食品和医学领域的一种重要培养模式。然而,不同微藻混合营养培养的比能量和碳代谢是不同的,这使得不同微藻混合营养培养的具体协同机制仍然有待深入研究。

4.2.1　光自养模式

光合作用是微藻光自养模式生长过程中最基本的能量获取途径。在光自养模式中,微藻通过光吸收、电子转移、光合磷酸化和碳同化等步骤固定外部CO_2,将光能转化为可用的还原型辅酶[NAD(P)H]和ATP。光自养培养有几个优点,首先,微藻利用CO_2为其自身的卡尔文(CBB)循环提供底物,从而积累生物量。其次,与其他培养模式相比,在相同的细胞密度下,光自养模式下的微藻通常表现出最强的碳吸收能力,有效降低了空气中CO_2的含量。当微藻能够利用环境中的CO_2进行代谢时,生长过程加快了培养水中$HCO_3^- - CO_3^{2-}$的转化和吸收,这有助于维持稳定的水体 pH。此外,微藻在光自养模式下的主要能源是光能,这使得这种模式下的培养更具成本效益。然而,也存在与光自养模式相关的缺点。在这种模式下,微藻细胞繁殖会偏慢,淀粉、脂质、色素等含量和产率较低,远低于其他培养模式,不一定满足生产的经济性,这可能归因于微藻在缺乏有机碳源的情况下加速分解 CBB 循环中积累的有机营养物质。

4.2.2　异养模式

微藻异养模式是在黑暗条件下吸收外部有机碳源来合成其生物量和能量的培养模式。一些研究表明,微藻可以适应光照有限或没有光照的完全黑暗条件。然而,并非所有微藻都能异养生长。由于微藻的多样性,不同微藻细胞的生理结构和相同细胞器的功能差异明显。因此,异养培养受到多种因素的影响,主要原因是一些微藻吸收或利用胞外有机碳的机制尚未完善。具体而言,一些培养液中的有机物很难通过细胞膜进入细胞内,它们缺少转运蛋白或者缺乏浓缩有机物的能力。在某些微藻中,细胞内有机物代谢所需的酶系统不发达,因此,有机物没有得到有效利用,使有些微藻株系难以异养培养。此外,呼吸提供的能量不足以维持它们的生长,这也是有些微藻不能异养的原因。微藻的异养能力由以下生理特征决定:① 黑暗条件下的繁殖能力和生物量的积累程度;② 微藻在含有广泛有机碳条件下的适应性;③ 微藻与细菌共培养时的有机物利用率;④ 不同有机碳的利用率,包括丙酮酸盐、乳酸盐、甘油、葡萄糖、乙酸盐、木糖和阿拉伯糖等。

微藻的异养模式主要存在于天然湖泊的中下游水域,因为它消除了对光的依赖。这种模式具有显著的优势,特别是在水产养殖中,它被认为是微藻培养的主要方向。在这种模式下,微藻不再需要外部太阳能作为其主要能源。相反,它们依靠添加有机碳源的 TCA 循环。这种模式间接提供了 CBB 循环所需的无机碳,并支持细胞生物量的增长。异养模式下的微藻还会吸收深水中的有机碳,对细菌和真菌具有拮抗作用。因此,它可以抑制有害细菌的生长,使其有助于水产养殖水域的净化。与光自养模式相比,异养模式下的微藻不依赖外部无机碳和光源。因此,它们往往具有更高的细胞密度和生物量,生物量通常是光自养模式的数倍至数十倍,比如异养模式下小球藻的细胞密度最高可超过 200 g/L。此外,由于代谢机制不同,异养模式下获得的胞内淀粉、脂质等储能物质的含量也不一样。异养模式下的微藻对外部无机碳源更敏感,由于有氧呼吸产生的 CO_2 难以满足 CBB 循环,它们在相同的孵化水域中表现出更高的碳消耗率。

同时,异养模式也存在一些弊端。与其他模式相比,一方面,该模式中缺乏添加外源无机碳导致 CBB 循环代谢速率显著降低。这种减少反过来又导致叶绿体中产物的积累减少。另一方面,CBB 循环效率的降低使得 TCA 循环产生的能量闲置,导致线粒体中无法释放的多余能量受到反馈抑制。因此,TCA 循环代谢速率减慢,生物量积累减少。除此之外,在规模化培养时,若采用异养模式,则培养过程需严格无菌,对藻种扩培过程、工艺以及设备的要求比较高,否则容易染菌,导致生产受到影响。

4.2.3　混合营养模式

混合营养模式是微藻采用的一种策略,它们利用光能和外部无机碳来满足光合作用对 CO_2 的需求。同时,它们还吸收外部有机碳,以获得生长所需的能量。这种模式结合了光自养和异养的优点。在混合营养中,微藻利用光反应获得能量,类似于光自养。它们利用无机碳反应来储存光合产物,并将氧气用于 TCA 循环,而暗反应产物用于分解代谢。此外,微藻可以利用类似于异养的有机碳来获得更多的 CO_2 用于暗反应。据报道,微藻对有机碳和无机碳的吸收率在混合营养模式下降低。例如,佐夫色绿藻异养时的葡萄糖消耗约为 0.17 g/h,混合营养模式下的葡萄糖消耗为 0.14 g/h,而光自养时的 CO_2 消耗约为 0.82 g/h,混合营养模式下为 0.67 g/h。同样,金藻也表现出类似的模式,这可能是由于微藻在混合营养模式下的碳和能量代谢的协同作用,但具体机制尚不完全清楚。

与光自养模式和异养模式相比,混合营养模式中产生的生物量和脂质产量明显更高(表 4-2)。Heredia-Arroyo 等人在混合营养培养基中培养普通小球藻,以 4 g/L 葡萄糖作为初始有机碳源,空气作为无机碳源,所得生物量比相同条件下的异养培养物高 87%,是相同条件下光自养培养物的 2.5 倍;混合营养培养的脂质含量比光自养培养高 77%,比异养培养高 32%。此外,在各种不同微藻藻种中也观察到了类似的结果。

表 4-2　不同营养模式下微藻的生物量和脂质产量

藻　种	碳　源	光自养模式		异养模式		混合营养模式	
		生物量/ (g/L)	脂质/ (g/L)	生物量/ (g/L)	脂质/ (g/L)	生物量/ (g/L)	脂质/ (g/L)
Chlorella sp.	甘油(2 g/L), 空气(CO_2)	0.609	0.081	0.752	0.097	1.405	0.210

续　表

藻　种	碳　源	光自养模式		异养模式		混合营养模式	
		生物量/(g/L)	脂质/(g/L)	生物量/(g/L)	脂质/(g/L)	生物量/(g/L)	脂质/(g/L)
Chlorella sorokiniana	葡萄糖（6 g/L），空气（CO_2）	1.320	0.162	2.630	0.375	4.570	1.443
Chlorella vulgaris	葡萄糖（30 g/L），空气（CO_2）	0.42±0.069	0.079±0.021	1.062±0.206	0.1082±0.062	1.402±1.032	0.192±0.029
Chlorella protothecoides	乙酸（5 g/L），$NaHCO_3$（7 g/L）	1.032±0.072	0.102±0.056	3.985±0.105	0.609±0.047	5.092±0.423	1.17±0.082
Scenedesmus sp.	甘油（5 g/L），空气（CO_2）	0.820	0.068	2.043	0.326	2.780	0.792
Scenedesmus quadricauda	木糖（4 g/L），空气（CO_2）	1.236	0.061	2.423	0.769	3.689	1.402
Spirulina platensis	糖浆（0.75 g/L），空气（CO_2）	1.563±0.078	0.068±0.013	1.925±0.012	0.153±0.006	2.943±0.322	0.292±0.039
Haematococcus pluvialis	核糖（1.45 g/L），空气（CO_2）	0.678±0.074	0.089±0.009	0.869±0.077	0.105±0.035	1.150±0.025	0.168±0.026
Nannochloris sp.	甘油（10 g/L），空气（CO_2）	1.032±0.045	0.086±0.007	1.985±0.652	0.423±0.026	2.320±0.203	0.656±0.075

在混合营养模式下，栅藻和原始小球藻的光合作用和呼吸是独立的，不具有竞争性。因此，混合营养模式被认为是光自养模式和异养模式生长的总和。然而，Zhang 等人表明，以佐芬根色绿球藻为藻种的混合营养培养中，微藻的生长效率比光自养培养高 1.3 倍，比异养培养高 0.9 倍，所得的生物量干重比光自养和异养培养的总和高 32%。Wang 等人通过使用普通小球藻也获得了类似的结果。此外，Pang 等人发现核糖显著提高了混合营养培养下雨生红球藻的生长速度和细胞活性，在混合营养培养 2 天后，光合速率比光自养培养提高 1 倍。通过对碳吸收活性、光合氧释放、叶绿素含量等光合参数的分析，可以推断，在混合营养培养模式下，外源有机底物核糖有助于增强光系统 I 周围的循环电子流，这进一步提高了 CBB 循环的反应速率。这些发现表明，在混合营养模式下，某些微藻的光自养模式和异养模式之间存在协同效应。这种协同效应可能由多种原因引起，或许是微藻本身的性质，也可能是外部环境。

4.2.4   光异养培养

光异养培养,也称为光有机营养、光同化或光代谢,是微藻在使用有机化合物作为碳源的同时需要光照的一种培养条件。光异养和混合营养培养之间的主要区别在于,光异养生长过程中必须利用光能转化有机物来达到生长的目的,而混合营养培养可以使用有机化合物来达到这一目的,光照并不是必须的。因此,光异养培养同时需要糖和光源。使用光异养培养可以提高一些受光调节的有用代谢产物的产生,但使用这种方法生产生物油脂的情况却较少。与混合营养培养和异养培养条件类似,使用基于糖的有机化合物作为碳源,在光异养培养中会出现污染问题。此外,这种模式需要在放大过程中对作为培养容器的光生物反应器进行特殊设计,这增加了资金成本和操作成本,并且需要在不同的过程条件下使用不同的能源和碳源。因此,它们的性能指数(细胞密度)会随着营养来源的不同而不同。不同的系统放大程度各异,因为不同的培养要求需要及时调整操作条件和环境。

4.3   常见培养模式与设备

4.3.1   微藻培养模式

要推动微藻产业发展,必须确保获得足够的生物质原料。为了提高微藻的生物质产量,选择适当的培养模式至关重要,因此,微藻培养模式一直是国内外研究的热门方向之一。目前,通常采用的微藻培养模式包括批次培养、分批补料培养、半连续培养以及连续培养。

(1) 批次培养

自 19 世纪后期以来,批次培养是藻类在传代和扩大培养中最简单和最常见的培养模式。将大量无菌、营养丰富的液体培养基与低密度的细胞接种,这些细胞的生长曲线通常遵循 Logistic 模型。批次培养模式适用于维持藻类的培养以及做一些简单的实验,例如与未改变条件的培养组相比,改变某些环境因素对生长的影响。然而,批次培养不能完美解释限制藻类生产力的具体因素。正如 Monod 方程指示对细菌生长那样,估计总生长的实验条件必须有一个限制因素在起作用,这在批次培养中是非常困难的。这对藻类来说可能更加关键,因为光是一个额外的因素,光和营养物质的共同限制是可能且复杂的。

微藻的生长阶段与内部某些组分的合成密切相关。在不同生长阶段下,微藻的组分含量有很大的差异,例如某些藻类的总脂肪含量在静止期要比其他时期高。根据研究,纤细角毛藻在静止期末期的总脂肪含量是对数生长期的 9 倍;微拟球藻在静止期总脂肪含量是指数生长末期的 1.3 倍。微藻通常只在营养盐稀缺或缺乏(即营养胁迫)的情况下才会大量合成特定组分,这可以通过诱导来促成。批次培养在此情况下更具优势,因为它能严密控制诱导条件,并有助于获得目标产物。

微藻处理污水已成为近年来研究的热点之一。其主要目标是消除污水中的污染物,通过微藻培养将污染物降至符合排放标准的水平。在这种情况下,采用批次培养的方式可以最大限度地利用微藻的生长来有效去除污染物,特别是去除双价金属离子的能力优于其他培养方式。

总之,批次培养是一种简便、经济的方法,在微藻生长和物质积累的研究中得到了广泛应用。在批次培养过程中,微藻会快速消耗营养盐,尤其是氮和磷,导致培养液中的营养盐不足,从而限制了微藻细胞的持续生长和增殖。然而,这种条件下,微藻细胞可以积累特定的物质,例如油脂和类胡萝卜素。近年来,在"两步法"微藻细胞产物的大规模培养中,批次培养得到了广泛应用。第一步是提供足够的营养盐进行批次培养,以积累较高的生物量。第二步是通过限制或缺乏某种营养元素,从而增加特定目标产物的含量。因此,批次培养对于大规模培养能够生产高价值生物产物的微藻具有独特的意义。

(2) 分批补料培养

分批补料培养是批次培养的一种衍生培养模式,要定期(例如每天)添加新鲜培养基(或浓缩营养液),且不去除任何生物质。在分批补料培养过程中,培养物的体积和总生物量随着每次培养基的添加而增加,从而可以实现更长的生长期和更高的最终生物量产量。氮和磷是微藻生长过程中最关键的养分,也是最容易耗尽的养分,而单次添加过多的氮和磷会抑制和毒害微藻的生长。采用分批补料的培养方法可以有效地避免单次过量的氮和磷对微藻的抑制和毒害作用,并促进微藻的生长和代谢活动,从而可以获得更高的生物量和代谢产物。

分批补料培养模式能够显著提高微藻的细胞密度和最终生物量,与批次培养相比有明显的优势。例如,通过在分批补料培养中添加 KNO_3 和 K_2HPO_4,葡萄藻的生物量增加到了 1.9 g/L,这大大高于批次培养的生物量 1.3 g/L,并且葡萄藻的烃含量也从 22% 增加到了 29%。另外,与批次培养相比,分别饲喂葡萄糖、麦芽糖和乙酸钠的分批补料培养不仅能提高生物量,还能提高脂质产量。更重要的是,饲喂有机碳和调节培养方式可以在促进藻类生长和产脂的基础上,丰富脂肪酸的组成,提高饱和脂肪酸与不饱和脂肪酸的比例。

分批补料培养有两种方法:恒速补料和变速补料。恒速补料是以恒定的速度向培养液中逐渐添加营养盐。相比之下,变速补料根据生物的生长特点是以非线性的方式添加营养盐。变速补料可以根据藻细胞的生长状态调整营养盐的浓度,为微藻的生长和代谢产物合成提供更合适的条件。因此,相比恒速补料,变速补料更适合于高密度培养,更有助于生物量的积累。

分批补料培养,尤其是变速分批补料培养,可以有效调节营养盐浓度,使其保持在适当水平。这样一来,既可以减轻高营养盐浓度对藻生长的抑制和毒害作用,缩短生长的延迟期,又可以解决批次培养中营养盐限制的问题,确保营养盐的持续供给,从而提高生长速率。

(3) 半连续培养

在微藻培养过程中,定期去除小部分培养物,并用等体积的新鲜培养基替换,这样可以克服分批补料培养的一些局限性。每次稀释使培养物均恢复到与上次稀释后大致相同的细胞密度,该培养方式即半连续培养。通过定时用新鲜培养液替代原培养液,半连续培养过程中培养液中的营养成分增加,导致生物密度减少,透光率增加。这样,藻体的光合效率增加,生长速率也加快。这对于藻细胞保持良好的生长状态非常有利。在半连续培养模式中,更新率被认为是最重要的参数之一,对微藻的生长和细胞内生化组分都有重要影响。

当外界条件固定时,特定藻株的最佳更新率是恒定的。如果更新率过高,培养液中的藻细胞浓度就会很低,即使添加了足够的营养盐,单个细胞的生长速率也会达到最大,但单位体积培养液的生物量仍然很低。相反,如果更新率较低,会导致藻细胞需要的营养盐不足,光较弱会严重影响了生物量的积累,从而影响了藻细胞的产率。在许多情况下,半连续培养微藻的最佳更新率为 $20\%\sim30\%$。例如,雨生红球藻和缺刻缘绿藻(*Parietochloris incisa*)在更新率为 20% 时,其细胞的产率达到最大值,明显高于其他更新率下的细胞产率。

与分批补料培养一样,近年来多种半连续培养方法已用于提高商业生物质和脂质的生产速率,以及废水养分去除。比如,与 5 L 体积的分批补料培养相比,半连续培养的硅藻生物质生产速率要高出 26.37 倍。

(4) 连续培养

Myers 和 Clark 是最先将连续培养应用于藻类的人,他们认为如果可以不断稀释培养物,使其始终保持在生长曲线上的一点,那么就可能完全消除内部条件变化的影响。这使实验所用的藻种可以保持一种稳定的状态,以便系统地探索培养条件与光合作用行为的关系。值得注意的是,在连续培养中,只有一种营养物质(通常是氮、磷、硅或维生素)是限制性的(细胞内浓度按比例最接近其生存细胞配额),而非限制性营养物质对生长模式完全没有控制。因此,补加的培养基的组成决定了哪种营养是限制性的,从而决定了细胞的生理特性。

多数情况下,当微藻在一定稀释率范围内连续培养时,生物量随着稀释率的增加而增加。然而,当超过临界值后,藻细胞无法完全生长,而会被冲走,导致生物量反而下降。当微藻细胞以特定稀释率进行连续培养时,它们能够在一个稳定的环境中持续地生长,并且细胞代谢活动保持相对稳定,从而能够高效地产生某些重要代谢产物。相对于批次培养,连续培养模式对于一些微藻内代谢产物的积累更为有利。以单针藻($Monoraphidium$ sp.)为例,当稀释率为 0.64 d^{-1} 时,细胞内虾青素的含量能够达到 0.3～0.4 pg,明显高于批次培养的含量。同样地,对于富含 PUFA 的鲁兹巴夫藻($Pavlova\ lutheri$)而言,当稀释率为 0.297 d^{-1} 时,EPA 和 DHA 的产率均高于批次培养的产率。

当以最佳稀释率进行连续培养时,细胞的生长环境会保持相对恒定,从而使细胞处于优化的生长条件下,达到一种稳定的生理代谢状态。在这种生长状态下,微藻能够稳定地快速生长,并合成出一些重要的次生代谢产物。因此,连续培养在稳定高产微藻生物质或生产特定代谢产物方面,发挥着其他方法无法取代的重要作用。

4.3.2　培养设备——光生物反应器

光生物反应器(photobioreactor,PBR)是一种密闭或开放的照明培养容器,用于产生受控生物质。密闭的光生物反应器结构,与外部环境隔离,不可能与外部交换气体或污染物。光生物反应器提供了藻细胞生长的最佳环境(例如可控的 pH、温度、光和 CO_2),它们还能实现更高的细胞浓度和满足复杂的生物医药产品下游处理要求。一般来说,光生物反应器被认为是最适合微藻培养的系统。最初,光自养生物的大规模培养已经在开放式管道中进行了研究,因为它们的成本低,但这些系统有许多缺点,例如需要对温度和水位进行控制,被污染的可能性高等。为了消除这些缺点,封闭系统应运而生。封闭系统具有许多优点,包括污染风险低,微藻可以在最佳条件下生长而不受环境影响。现在,光生物反应器被认为是新型藻类培养装置的代表，成为解决光自养生物高效生产、保证其衍生产品质量的重要手段。光生物反应器可以分成密闭系统和开放系统两大类。

（1）密闭系统

密闭系统的反应器有垂直型光生物反应器、水平型光生物反应器、搅拌式光生物反应器、平板式光生物反应器4类（图4-1），具体如下。

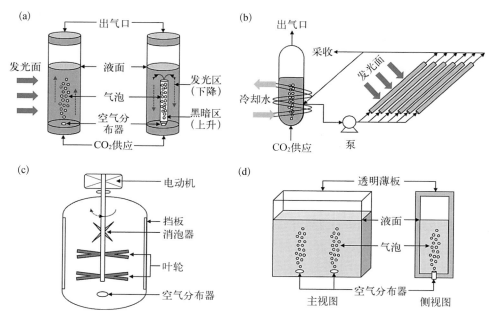

图4-1　密闭系统的反应器

（a）垂直型光生物反应器，气泡柱（左），气升柱（右）；（b）水平型光生物反应器；（c）搅拌式光生物反应器；（d）平板式光生物反应器

① 垂直型光生物反应器

垂直型光生物反应器有两种类型，即气泡柱和气升柱［图4-1（a）］。这两种类型的光生物反应器底部都有一个空气喷射器，通过产生气泡将藻类与培养基混合，从而增强传质。

气泡柱反应器类似于没有内部结构的圆柱形容器，其中流体流动主要由气泡产生的气流驱动。这种类型的光生物反应器还具有一些优点，包括令人满意的传质和高的表面积与体积比。通常，反应器的高度是其直径的两倍以上，光源由外部提供。"闪烁效应"通过促进藻类细胞从照明区域移动到轴向暗区，增强了藻类细胞的混合与光合效率。在这种装置中,控制气体流速至关重要,因为它会影响明暗循环。气泡柱反应器的改进设计为气升柱反应器,其对不同类型微藻的培养均具有较高的成本效益。气升式光柱反应器的内部有两个相互连接的区域,其由一个上升区和一个下降(辐照)区组成。在这种装置中,由于气泡将液体从同心管内的上升管区域驱动到外部的照明区域,从而导致液体在暗区和亮区之间循环,因此该过程被称为"气升"。这种类型的光生物反应器也有众所周知的优点,包括具有良好的混合效果和低剪切应力,有效的传质效果和理想的藻类固定化效果。

与没有气泡注入的系统相比,密闭系统的氧气水平将更低并且更快地达到稳定。气泡增加了水与气相接触的面积,并有效地将微藻产生的氧气排出。这有助于进一步提高微藻的生长速度,因为氧气含量的增加对其生长有负面影响。培养基中氧浓度过高会抑制氧向反应中心外扩散,使氧的扩散成为反应过程的限制步骤。由于垂直型光生物反应器表面入射光子通量密度较低,因此与水平型光生物反应器相比,垂直型光生物反应器往往具有更高的生物量面积产量。垂直型光生物反应器也具有最高的平均光合效率和体积生产力,可以进一步增强对光的拦截,从而最大限度地提高单位面积生产力和光合效率。这种有前景的特性,使垂直型光生物反应器成为大规模生产时的良好选择,但在工业规模实施之前,可能需要充分权衡其生产效率和高成本之间的关系。

② 水平型光生物反应器

水平型光生物反应器,也称为管式反应器,是最早建成的微藻培养密闭式反应器模型。它由长水平管组成,这些长水平管可以以多种形式放置,以形成墙体、螺旋形或面板[图 4-1(b)]。由于培养过程中所需的高表面积,这种装置需要占据较大的空间。使用这种装置时,由于光源对培养液的渗透距离又长又宽,因此管的直径可以更小。这种类型反应器只适用于某些需要阳光的微藻。在这种类型的反应器中,培养基在管内循环,同时暴露于光源下,并通过泵循环回到储存器。在这个过程中,重要的是保持反应器中的高度湍流状态,以避免微藻的絮凝。在介质循环之后,必须采收其中的一部分以使系统连续运行。研究表明,在另一个方向用人造光源代替自然阳光,效果要好得多,可以生产出更有价值的产品。虽然每根管子的光的可用性会稍微降低,但彼此靠近的管子放置方案可以提供更高的单位面积产量。较小的管径将提供更高的单位体积生产率,并且需要相应地调整管道长度以防止氧气积聚。使用水平型光生物反应器可以比垂直型光生物反应器更好地减少溶解氧含量,因为高度的增加会使管内压力增加,会将更多的氧气注入介质。

③ 搅拌式光生物反应器

微藻培养中使用的搅拌槽源于发酵罐的设计。搅拌式光生物反应器与发酵罐的基本结构是相似的,而微藻培养的不同之处在于需要在反应器的设计中添加额外的外部光源。对于反应器而言,搅拌器的机械运动有助于培养基的混合,这也确保了最佳的传热和传质[图 4 - 1(c)]。搅拌槽表现出良好的性能,是因为它在室内培养中能够非常好地混合和传递,其中添加曝气可以提供更好的气体溶解度。但是该反应器具有较低的表面积与体积比,这会降低微藻的光合效率。所用的培养基也需要考虑在内,不同培养基的使用可能会影响整体生产能力,盐浓度过高的培养基虽然会降低生物量的增长,但会增加脂质的积累,因此需要优化所用培养基的类型,以获得更高的产物产量。搅拌式光生物反应器目前仅在小型实验室规模中使用,因为较大的容器可能存在照明不足的问题。内光源的设计则会增加原位灭菌的难度。未来,可以通过进一步发展连续搅拌式光生物反应器,以提高接种培养物的生物量浓度,从而可能为这种类型的光生物反应器带来大规模的应用前景。

④ 平板式光生物反应器

平板式光生物反应器是光生物反应器中最常见的设计,其由两片透明或半透明的玻璃片组成,它们类似于一个矩形盒子,朝着光源层叠连接[图 4 - 1(d)]。它们可以垂直放置或以一定角度倾斜,以接收来自太阳或其他光源的最大强度的光照。它还具有非常短的光路,可以使光线容易地穿透藻液,因此适合室外和室内培养。光生物反应器中的空气喷射器产生气泡,这些气泡有泵的作用,可以帮助混合和循环培养基。该机制通过提升混合速率,提供适量的二氧化碳,同时通过废气排放去除积累的氧气,强化闪烁效应,从而有可能提高微藻生物量生产力。这将有利于从微藻中提取与光捕获复合物相关的生物分子,并将增加生物量产量。值得注意的是,平板系统的优点在于提高照明表面积与体积比,为放大工艺提供了灵活的设计以及较低的氧气积累量。然而,这种设计也具有一些已知的局限性,例如曝气会导致水动力应力和表面生物污垢的形成。此外,还存在生物质黏附在生物反应器壁上的可能性,以及曝气引起的潜在剪切力损伤。平板光生物反应器内的温度控制也是一个问题,但这可以使用洒水系统或热交换器系统来解决。

不同密闭系统光生物反应器的优缺点见表 4 - 3。

表 4-3　不同密闭系统光生物反应器的优点和局限性

光生物反应器类型	优　点	局　限　性
气泡柱	对藻类细胞的低物理应力	藻细胞沉积
	喷射导致的高传质	培养物随机流动
	气泡促进光散射和穿透	
气升柱	高面积生产和生物量集中	扩大规模的过程困难
	高效的光穿透和利用	气升过程的除氧能力限制了工作体积
	操作成本低廉	气升过程造成的湍流不足
	CO_2 利用率高	
水平型	通过泵送或气升技术实现细胞循环	难以扩大规模
	可有效监控和控制温度	长管道会导致氧气积聚
	可以通过安装内部混合器来改善传质	由于 CO_2 固定不充分,可能会发生酸化
		藻类密度高会遮挡管道中的光线穿透
搅拌式	良好的混合和光照供应	大规模培养的设计较难
	良好的曝气可以带来更高的气体溶解度	大规模培养中光穿透不足
		为了最佳生长,需要强烈和连续地混合
平板式	高照度表面积	放大生产过程需要更多材料支持
	生物质生产率高	藻壁黏附的可能性大
	溶解氧积累量低	曝气引起的高应力损伤
	廉价的运营和分期付款	难以控制培养温度

(2) 开放系统

　　开放系统通常是藻类大规模养殖最经济的选择。然而,由于它们在培养物和大气之间没有物理屏障,因此相比封闭的光生物反应器,开放系统受到的竞争生物和食草动物污染的影响要大得多,这对微藻产品的质量产生了负面影响。它们也更受气候条件的影响,碳(以 CO_2 的形式)和氮(以 NH_3 或 N_2 的形式)的剥离损失较高。最常用的开放池培养系统是一个圆环形的闭合水槽,槽内的培养液通过一组转桨驱动(图4-2)。营养物质可以在转桨前面添加,而已经成熟的生物质可以在转桨后面收获。转桨主要用于混合微藻及其所需营养物质、CO_2等气体,同时防止微藻细胞沉降。

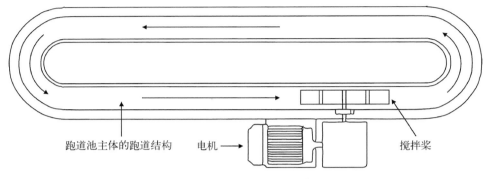

图4-2 跑道池结构示意图

自从开放式培养系统问世以来,尽管在混合及在线检测方面进行了一些改进工作,但其总体结构至今基本保持不变。它可以被看作是一种最古老的藻类培养反应器。该类培养系统在生产时,通常是一个占地面积为1 000~5 000 m²的环形浅池,培养液深度一般为15 cm。通过叶轮的转动,培养液得以在池内混合循环,防止藻体沉淀并提高光能利用率。为了增加混合效果并形成湍流,学者们进行了多方面的尝试,比如使用拖动挡板、连续流动槽、气升、液体喷射、螺旋桨搅拌、泵循环、重力差流动,甚至使用风和太阳等自然能源以及动物或人力多种手段。然而,该系统存在易受污染和培养条件不稳定等许多缺点,导致光合效率仍然较低,所以培养的藻类的细胞密度相对较低,一般只有0.1~0.5 g/L的细胞生物量,这对采收提出了较高的要求。

自开放式培养系统问世以来,国内外众多企业和研究者已对其设计和应用进行了全面研究和改善,从而在微藻培养中取得了一定成果。然而,开放式光生物反应器仍存在以下问题:① 容易受到外界环境的干扰,较难保持适宜的温度和光照;② 容易被灰尘、昆虫、杂菌杂藻、原生动物污染,难以实现高质量的单藻培养;③ 光能和CO_2利用率不高,无法实现高密度培养。这些问题导致细胞培养密度较低,使得采收成本较高。仅有少数在极端环境下能快速生长的藻种(如螺旋藻、小球藻和盐藻),能适应大池培养。此外,为了满足高卫生要求的微藻产品生产以及未来的基因编辑改造后的微藻扩培需求,开发高效且易于控制培养条件的新型光生物反应系统，并实现高密度纯种培养，已成为微藻培养技术的发展方向。表 4-4 总结了开放式和密闭式光生反应器的主要优缺点。

表 4-4　开放式与密闭式光生物反应器的主要优缺点

类　型	开　放　式	密　闭　式
结构特点	典型结构：跑道池式； 容易放大、易清洁、成本较低； 失水非常高，可能引起盐沉淀； 流体动力应力低	典型结构：密闭管式； 放大相对较难、不易清洁、成本较高； 失水低； 流体动力应力高
培养特点	由于连续自发释气，O_2 抑制足够低； 天气依赖性高； 污染控制难； 不易过热； 表面积体积比中等； 启动和培养时间长	O_2 抑制高； 天气依赖性低； 污染控制易； 易过热； 表面积体积比非常高； 启动和培养时间短
适用范围	仅适用于少数对极端环境耐受的微藻	适用于各种微藻的培养
发展前途	发展潜力小	发展潜力大，有很好的应用前景

4.4　影响生长繁殖的关键因素

4.4.1　培养基成分

(1) 氮源

微藻常常利用硝酸盐、铵盐、尿素以及一些氨基酸等作为氮源。氮源的种类会影响微藻的生长、脂肪酸的含量和色素等的产量。不同的藻种最适宜的氮源也有所差异。胡章喜等人研究发现，布朗葡萄藻在使用硝态氮培养时会产生更高的总脂和总烃含量，相比之下使用尿素的效果较差。王顺昌等人研究了硝酸氮、氨态氮和尿素氮对蛋白核小球藻的生长、中性脂肪积累和色素的影响，研究结果指出，尿素氮有助于蛋白核小球藻的生长和色素积累，而与氨态氮和尿素氮相比，硝酸氮更有利于蛋白核小球藻的中性脂肪积累。

氮源浓度的变化对微藻的生长和细胞内油脂积累有显著影响。研究人员 Lv 等人发现，在小球藻的培养基中，当硝酸钾浓度从 0.5 mmol/L 降低到 0.2 mmol/L 时，细胞内油脂含量增加。另外，Illman 等人的研究表明，在低氮培养基中培养小球藻能使油脂含量从 18% 增加到 40%。氮源浓度通常被用于微藻生物产油的相关研究中,是比较有效的调控手段。

目前广泛认为,微藻细胞积累大量油脂是由于缺乏氮元素。隐甲藻含有较高的油脂和DHA,通常在缺乏氮源时,中性脂肪的含量会增加。当氮元素成为限制因素时,蛋白核小球藻的生物量减少,但其细胞内油脂含量增加。1981年,Shifrin和Chisholm通过一个实验来比较15种绿藻在限氮培养和正常培养条件下的脂类含量变化。研究发现,在限氮培养时,这些藻类的总脂类含量能够提高13%～32%。尽管氮的缺乏通常会导致大多数微藻油脂含量的增加,但实验中也有几种藻类呈现相反的情况,这些藻类在氮限制条件下的培养中,会大量合成碳水化合物而不是优先积累油脂。

(2) 碳源

CO_2浓度对自养微藻的生长和油脂积累过程至关重要。在氮源缺乏的培养基中,当CO_2流量为0～20 mL/min时,藻体在对数生长末期的油脂产量高于正常培养中的藻体;随着CO_2浓度的继续升高,正常培养基中藻细胞的油脂产量较缺氮培养基中的高。这是因为使用高浓度的CO_2培养微藻时可以缩短培养时间,并提高油脂含量和产率。据Muradyan等人的研究,当CO_2通入量为2%时,杜氏盐藻培养7天后的总脂肪酸含量为4.97%;而当CO_2通入量增加至10%时,杜氏盐藻培养7天后的脂肪酸含量上升至13.31%。

其他常用的有机碳源,例如葡萄糖、甘油、乙酸盐等,这些物质通常在异养或混合营养培养时,被添加到微藻培养基中,它们的添加量需要根据种质的不同加以优化,过量的添加反而会造成胁迫,比如渗透压不适合等。合适浓度的添加,并且调整优化最适的碳氮比,可以有效地促进细胞的增长与胞内产物的积累。如刘晓娟等人研究了三角褐指藻细胞内油脂含量受葡萄糖、乙酸和甘油影响的情况,他们发现,相较于使用葡萄糖,在培养时使用乙酸钠和甘油时,细胞内油脂含量更高。

(3) 磷源

磷元素在微藻细胞中起着重要作用,它是构成微藻DNA、RNA、ATP和细胞膜所必需的元素。微藻能够主动吸收和储存磷元素,这与它们的生长代谢密切相关。当微藻缺乏磷时,会影响它们正常的新陈代谢。不同的微藻对磷元素的需求和油脂积累的反应不同。Reitan等人发现,让鲁兹巴夫藻和角毛藻在缺乏磷的培养基中生长时,它们的油脂含量会增加;相反,将融合微藻和微绿球藻在相同的条件下培养,油脂含量会下降。

磷在水生态系统和藻细胞代谢中扮演关键角色,涉及信号传递、能量转换和光合作用等重要生理过程,也是浮游植物竞争优势种群形成的原因之一。不同形态的磷酸盐对微藻的代谢机制有所不同,正磷酸盐最容易被吸收,并显著促进微藻生长。适度增加磷浓度可以提高微藻的生长速率,但过高的磷浓度反而抑制微藻生长,可能是因为过多的磷改变了氮/磷比例,从而阻碍了细胞分裂。磷酸盐添加也有助于培养液缓冲体系的平衡。

(4) 硅源

硅元素是硅藻细胞壁的重要组成元素之一,还参与多个生长和代谢过程,如硅藻细胞内蛋白质、DNA 和光合色素的生物合成及细胞分裂。当缺乏硅时,会引发硅藻细胞的油脂积累。Muradyan 等人研究发现,杜氏盐藻在缺硅条件下,其吸收的碳中用于合成脂类的量会增加。此外,早期的研究还显示,在缺硅条件下培养舟形藻,其细胞内油脂含量会迅速增加。

(5) 铁离子

铁离子在微藻细胞中具有多种功能。它是许多酶的活性中心,同时也是微藻细胞中一些氧化还原酶的辅基。铁离子可以通过改变价态来传递电子,并促进蛋白质、碳水化合物和叶绿素的合成。一些微藻对铁离子的浓度的变化非常敏感,在适宜的铁含量下,它们的生长非常旺盛,可以快速成长为优势种。缺乏铁元素则会影响微藻细胞的正常代谢,并抑制其生长。

Liu 等人研究发现了海洋小球藻油脂积累与培养基中 Fe^{3+} 浓度的关系。研究结果显示,当 Fe^{3+} 浓度为 1.2×10^{-5} mol/L 时,海洋小球藻细胞内的油脂含量是 Fe^{3+} 浓度为 1.2×10^{-6} mol/L 时的 3 倍。此外,Fe^{3+} 浓度还显著影响了海洋小球藻、球等鞭金藻和莱茵衣藻的生长和油脂积累。

研究表明,尽管高营养区域(如沿海水域等)存在着大量的浮游植物,但其生物量并不高,主要是因为缺乏铁元素。多年的现场实验进一步证明了Behrenfeld 等人的发现,即在高氮低叶绿素及贫营养的水域中,浮游植物依赖于溶解在水中的有机配合态铁来进行生长,可见铁在浮游植物的生长过程中起着关键的作用。

(6) 镁离子、锌离子、锰离子和维生素

镁离子是许多酶反应的辅助因子,同时也是构成叶绿素所必需的元素。此外,镁离子还有助于细胞膜、核糖体和核酸的稳定。因此,镁离子能够影响微藻细胞的生长,并且在一定范围内能够调节微藻细胞的油脂组成。根据王菊芳等人的研究,适当浓度的 Mg^{2+} 可以促进隐甲藻的生长并增加其细胞内 DHA 的积累。而镁离子供应不足则会抑制微藻细胞的生长。

锌离子在微藻的生长中扮演了关键的角色,参与了许多生理过程。它是微藻光合作用和相关代谢酶的组成部分,包括碳酸酐酶、碱性磷酸酶和磷酸性酸酶等。适量的锌离子能够提高微藻细胞中许多酶的活性,尤其是那些依赖于 NAD 或 NADP 的酶。

锰元素也是微藻生长所需的微量元素之一,它对微藻的生理调节起着重要作用,其可以活化微藻细胞中多种酶,例如脂肪酸合成途径中的酶。同时,锰元素还是叶绿素的必需元素之一,直接参与光合作用。因此,缺乏锰离子也会对微藻细胞的生长、内部的油脂积累产生影响。

尽管维生素不是微藻细胞生长的必需品,但它在某些酶的辅基作用下可以增强酶的催化活性,并以此促进海洋微藻细胞的生长,进而提高细胞内多不饱和脂肪酸的含量。在有些微藻在异养培养过程中,维生素的添加是必须的。

4.4.2 环境因子

(1) 温度

由于人类活动产生的气体失衡,全球平均气温正在上升,地球产生了温室效应。据预测,在 21 世纪末之前,全球海面平均温度将上升 $1.4 \sim 5.8 ℃$。温度在藻类的生长中起着至关重要的作用,为了优化生长,在涉及藻类的实验中控制温度至关重要。温度通过影响细胞分裂来影响微藻的总光合活性,这反过来又会影响微藻的生物质生产力。细胞分裂是由于与卡尔文循环相关的酶活性增加而发生的。一些研究已经开发了将生长速率与温度相关联的模型,最常用的表达式是阿伦尼乌斯方程。根据这个方程,温度每升高 $10℃$,生长就会加倍,直到达到最佳温度,之后生长速率就会下降。生长速率的降低是由于藻类经历的热应激,这导致蛋白质变性,以及参与光合作用过程的酶失活。

根据温度条件,应合理选择微藻株系,因为这会影响细胞的生长。微藻中营养物质的吸收和细胞的化学组成也受到温度变化的影响。在某些情况下,温度会限制各种营养物质之间的相互作用。在大多数情况下,温度升高会使微藻的生长速率达到最佳值,然后随着温度的进一步升高而降低。一般情况下,温度小于 $16℃$ 或大于 $35℃$ 时,对微藻生长有害。也有一些特殊生态环境中挖掘的藻类,比如温泉红藻等,它们的最适温度可以达到 $40℃$ 以上。

有研究表明,大部分绿藻生长的最适温度为 $25 \sim 30℃$,蓝细菌会略微偏高(如 $30 \sim 35℃$),海洋微藻会略微偏低(如 $20 \sim 25℃$)。在 $11 \sim 36℃$ 的温度内,科研人员对四种微藻(*Phaeodactylum tricormutum*、*Tetraselmis gracilis*、*Chaetoceros* sp. 和 *Minutocellus polymorphus*)的生长速率进行了分析。研究发现,在 16～26℃ 时,*Phaeodactylum tricormutum* 的生长速率最高;在 11～16℃ 时,*Tetraselmis gracilis* 的生长速率达到最大值;而 *Chaetoceros* sp. 和 *Minutocellus polymorphus* 在 31℃ 时生长最快。Ha 等人的研究表明,28℃ 最有利于 *Tetraselmis* sp. 的生长,在第 18 天可以达到最高的细胞密度,为 1.96×10^6 cells/mL,该微藻生长的适宜温度为 22～31℃。在培养的最初几天,藻类的生长在 34℃ 时开始迅速下降,这表明更高的温度不适合其生长。一项研究表明,小球藻在 28℃ 的环境温度下最适宜繁殖。Kessler 等人研究了 14 种不同小球藻菌株的生长速率与最佳温度的关系,发现它们在 26～36℃ 均能够较好地繁殖。

(2) 盐度

不同的微藻株系在适应盐度的能力方面表现出了差异。来自高浓度盐的压力会影响细胞的生长和脂质的形成。值得注意的是,随着盐度的增加,脂质的产量增加,但细胞生长速率降低。由于研究人员在选择微藻进行研究时寻找的两个重要特征通常是藻类产生高生物量和高产油的能力,因此在盐水环境中繁殖的微藻非常重要。与淡水物种相比,海洋微藻对盐度变化的耐受性特别强。

有研究表明,在较低浓度氯化钠(5.844～11.688 ppt)下,微藻的生长速率较高,而在较高浓度范围内(17.532～23.376 ppt),微藻的生长速率降低。杜氏盐藻就是一种嗜盐的单细胞真核藻类,是迄今为止发现的最耐盐的真核生物之一。它可以在饱和氯化钠的极端高盐环境下(NaCl 浓度高于 30%)生长,其最适宜生长的 NaCl 浓度为 22%。目前该藻株已经在澳大利亚、美国和以色列等国家实现了规模化养殖和工业化生产,在适当的条件下,该藻株体内合成的 β-胡萝卜素可达细胞干重的 10% 上。

微藻具有保持平衡细胞组成的能力,当外部环境发生巨大变化时,它的生长速度可以延迟,以保持细胞结构的平稳功能,从而不会改变细胞组成。这个过程被定义为体内平衡。然而,某些种类的微藻会因为适应环境而改变外部环境,从而改变其细胞组成。刺激体内平衡或适应反应的条件目前尚不清楚。盐度被认为是能够维持藻类细胞稳态的一个因素。例如,在 *Tetraselmis viridis* 中,Na^+ 转运 ATP 酶维持细胞质离子稳态,在增加这种藻类的耐盐性方面发挥了重要作用。简而言之,当盐度或任何其他外部因素发生变化时,保持细胞组成的平衡(体内平衡)是关键。

(3) 光照和光质

光照和光质是影响自养微藻藻细胞生长和生化组分变化的重要因子。光照强度可以直接影响微藻细胞的光合作用,微藻的生长会在光照强度过高时受到抑制,即光饱和效应。一般来说,在光照强度比较低的情况下,微藻会通过增加细胞内的光合色素及膜脂的合成量来提高对光的利用效率;而在光照强度较高的培养条件下,微藻对光的利用效率会降低,从而影响到微藻细胞内活性物质的合成。

光照是藻类进行光合自养的必备条件之一,不同光照强度会对藻类的生长和色素蛋白的产量产生影响。因此引入充足的自然光或人工光,满足细胞增殖对光的需求是很有必要的。在一定程度内(达到饱和光强之前),通常光照强度越高,对微藻生长越有利。高效的光传递是优化光合微生物大规模培养的重要参数。光子通量密度(photon flux density,PFD)与细胞代谢的活动有关,在低PFD时蛋白质增加,在高强度PFD下细胞外多糖含量增多,细胞内脂肪酸、多糖的变化也会随PFD的变化而变化。增加光照强度将有助于提高细胞的光吸收能力,从而提高生长速度。然而,在光子通量饱和的情况下,细胞生长将会受到抑制,这可能是由于暴露在高强度光下会引起叶绿体的损伤,或某些酶的失活,这些酶参与CO_2的固定。

暗呼吸在微藻中扮演两个重要的作用,它是黑暗环境下维持和生物合成的唯一能量来源;它为任何条件下的生物合成提供了必要的碳骨架。因此合适的光暗循环将对藻细胞的生长和代谢起到高效的推动作用。有研究表明当藻细胞处在光暗循环为12:12时,最高脂质积累量为19.3(%,质量分数);当以葡萄糖作为碳源异养时,最高脂质积累量达到10.9(%,质量分数);而以甘油作为碳源异养时,最高脂质积累量为2.2(%,质量分数),所以异养时脂质的积累与碳源有关。同时有研究认为连续的光照有助于藻细胞的生长,在光暗循环为18:6时,有助于多糖的生产。

根据Emerson和Brody的理论,补色适应可以提高细胞的光合能力,光可以缩短生长周期,使生长达到平稳阶段。光水平和质量在细胞生长和多糖生产中发挥着关键的作用。可被叶绿素和藻红蛋白同时利用的光的利用效率远高于仅能被叶绿素吸收或者藻红蛋白吸收的光的利用效率。蓝光和红光能够有效地促进光的利用效率,有益于藻细胞的生长,增加细胞外多糖的产量。也有研究报道,不同光谱间细胞生长无显著差异,绿光、自然光和黄光比蓝光和红光更适合增加多糖的产量。Coward等通过研究特定大小的发光二极管波长(红、绿、蓝)和LED波长组合(红、绿、蓝)对紫球藻生长的影响,分析了藻胆蛋白、脂肪酸、胞外多糖、色素含量及主要大分子组成,确定了波长对多种化合物的影响,结果表明绿光对紫球藻生长起重要的作用,这是由于紫球藻藻胆蛋白能在叶绿素吸收不良的情况下获取绿色波长,同时在绿光下也增加了胞外多糖、藻红蛋白等产物。Baer 等用 37 种光质研究了微藻的生长和代谢产物(藻红蛋白、藻胆蛋白和藻青蛋白)的生产力,当 $\alpha_{red} : d_{green} : e_{blue} = 40 : 40 : 20$ 时,细胞的生物量和代谢物产物最高。

(4) pH,溶氧和通气

pH 对藻细胞的快速增长和产物的合成的作用不言而喻。大多数微藻可以在一定的 pH 范围内生长,超过这个范围时其生长将受限甚至死亡。藻细胞在一定 pH 区间内(比如 5.0～9.0)均能进行正常的繁殖,不同的 pH 适合不同产物的生产,一般认为藻细胞快速繁殖的最佳 pH 为 7.5 左右。

除了光照、温度等培养条件外,溶氧在藻细胞代谢的许多过程中起着不可替代的作用,其参与脂质交换,即脂肪酸的去饱和和自氧化作用。此外,O_2 参与了光合细胞装置的形成和功能。Rogova 探索了不同 O_2 含量对藻细胞增长、产脂及脂肪酸组分的作用,研究结果显示,高浓度 O_2 不利于紫球藻细胞增长,然而在较短的时间内则有益于 EPA、ARA 及 TFA(total fatty acids)的生成,并能限制中性脂肪酸的生产;无 O_2 时,在 6 h 内紫球藻细胞的生长显著促进,之后藻细胞的繁殖和代谢均受到抑制。

通气在微藻培养中尤为重要,有些微藻例如紫球藻在生长过程中会产生大量黏性多糖,使得藻细胞易于聚集成团,从而导致藻生长得较差,而一定量的通气在一定程度上解决了此问题。一般认为较高的通气水平有助于藻细胞的快速增长,也有利于氧气的排出。但过高的通气水平也会造成培养液挥发过快,或者产生较大的剪切力,对细胞生长反而不利。

参考文献

[1] 胡鸿钧,魏印心. 中国淡水藻类:系统、分类及生态[M]. 北京:科学出版社,2006:556-558.

[2] Zhang Z, Sun D Z, Cheng K W, et al. Investigation of carbon and energy metabolic mechanism of mixotrophy in *Chromochloris zofingiensis*[J]. Biotechnology for Biofuels, 2021,14(1):36.

[3] Curien G, Lyska D, Guglielmino E, et al. Mixotrophic growth of the extremophile *Galdieria sulphuraria* reveals the flexibility of its carbon assimilation metabolism[J]. The New Phytologist, 2021,231(1):326-338.

［4］Barros A，Pereira H，Campos J，et al. Heterotrophy as a tool to overcome the long and costly autotrophic scale-up process for large scale production of microalgae［J］. Scientific Reports，2019，9：13935.

［5］Castillo T，Ramos D，García-Beltrán T，et al. Mixotrophic cultivation of microalgae：An alternative to produce high-value metabolites［J］. Biochemical Engineering Journal，2021，176：108183.

［6］Liu Y Q，Zhou J，Liu D，et al. A growth-boosting synergistic mechanism of *Chromochloris zofingiensis* under mixotrophy［J］. Algal Research，2022，66：102812.

［7］Ma R J，Wang B B，Chua E T，et al. Comprehensive utilization of marine microalgae for enhanced co-production of multiple compounds［J］. Marine Drugs，2020，18(9)：467.

［8］Rodríguez P D，Arce Bastias F，Arena A P. Modeling and environmental evaluation of a system linking a fishmeal facility with a microalgae plant within a circular economy context［J］. Sustainable Production and Consumption，2019，20：356－364.

［9］Přibyl P，Cepák V. Screening for heterotrophy in microalgae of various taxonomic positions and potential of mixotrophy for production of high-value compounds［J］. Journal of Applied Phycology，2019，31(3)：1555－1564.

［10］Li X E，Song M M，Yu Z，et al. Comparison of heterotrophic and mixotrophic *Chlorella pyrenoidosa* cultivation for the growth and lipid accumulation through acetic acid as a carbon source［J］. Journal of Environmental Chemical Engineering，2022，10(1)：107054.

［11］Sandeep K P，KumaraguruVasangam K P，Kumararaja P，et al. Microalgal diversity of a tropical estuary in South India with special reference to isolation of potential species for aquaculture［J］. Journal of Coastal Conservation，2019，23(1)：253－267.

［12］Fang L，Zhang J K，Fei Z N，et al. Astaxanthin accumulation difference between non-motile cells and akinetes of *Haematococcus pluvialis* was affected by pyruvate metabolism［J］. Bioresources and Bioprocessing，2020，7(1)：1－12.

［13］Tomar R S，Atre R，Sharma D，et al. Light intensity affects tolerance of pyrene in *Chlorella vulgaris* and *Scenedesmus acutus*［J］. Photosynthetica，2023，61(SPECIAL ISSUE 2023/1)：168－176.

［14］Latsos C，van Houcke J，Blommaert L，et al. Effect of light quality and quantity on productivity and phycoerythrin concentration in the cryptophyte *Rhodomonas* sp.［J］. Journal of Applied Phycology，2021，33(2)：729－741.

第5章

微藻基因编辑技术与合成生物学

　　微藻在生长过程中,能够利用光能和吸收二氧化碳进行繁衍,同时合成高价值的有机物质。野生型的真核或原核微藻可以生产多种优质生物活性物质,如多不饱和脂肪酸、烃类、类胡萝卜素、多糖、功能蛋白、活性多肽等,这些生物活性物质可用于食品、能源、医药产品等的开发。和原核表达体系相比,真核微藻可以完成复杂蛋白质的翻译后修饰和正确折叠,因此在开发疫苗、抗菌肽等基因工程产品领域也具有广阔的应用前景。此外,微藻在水产养殖领域是优质天然饵料来源,如用于生产鱼、虾、蟹、贝等水产动物的口服疫苗,也受到学术界和产业界的广泛关注。

　　然而,由于生产和加工成本高,商业微藻产品在现阶段的应用规模仍然十分有限。商业化的主要挑战之一是微藻生产成本和产量的不平衡。除了在生长条件控制和生物反应器设计制造等方面持续优化外,基因工程和合成生物学技术是解决上述问题的替代策略。将微藻中丰富的优质活性物质与不断发展的基因工程技术相结合,这一技术吸引了研究人员的更多关注。目前,已经开发了多种基因转移系统,包括玻璃珠搅拌、粒子轰击、电穿孔、农杆菌介导,以及自然转化等更实用的方法。同时,基因编辑技术在微藻中也取得了不同程度的进展。在真核微藻中,基因操作方法在代谢途径修饰、脂质生物合成途径和光合活性的操纵,以及碳同化机理的理解等方面逐步取得突破,有望实现更高的产量并获得更好更优的产物(图5-1)。

　　事实上,微藻除了在全球生态环境中占据重要的地位外,这一类群也是研究光合作用的重要模式体系,是极具潜力的微生物光合生物制造平台。开发微藻光合生物制造技术,可以同时达到固碳减排和绿色生物制造的效果,一站式实现光能驱动的二氧化碳资源化、高值化利用。目前,基因编辑技术和合成生物技术在细菌、酵母、高等植物等底盘中发展十分迅猛,也为微藻光合生物制造技术的发展应用提供了机遇。科技部在"973计划""863计划"等各类专项中均布置了微藻相关研究内容,但仍然面临着各种困难和挑战,比如在进一步提高模式藻株的工程应用效能、突破工业藻株的遗传改造屏障等方面与国外差距较大,在技术工具开发、科学规律揭示、工程应用示范等方面需要持续投入,尤其是亟须开发"可编辑、可控制、可应用、可放大"的新型光合微藻底盘。

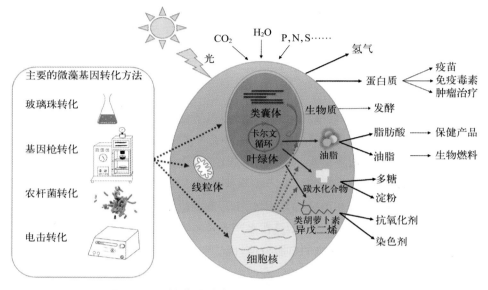

图 5-1　微藻遗传转化的主要工具和主要产物

5.1　基因转移技术

5.1.1　转化方法

在基因工程中,建立稳定可靠的转化和筛选方法至关重要。目前,微藻中最常用的转化方法包括用玻璃珠搅拌、粒子轰击、电穿孔和农杆菌介导的转化(表5-1)。在选择方法时,必须考虑许多因素,例如宿主细胞的结构和转化目标(细胞核或叶绿体)。

表 5-1　四种常用微藻转化方法对比

转化方法	玻璃珠转化	电击转化	基因枪转化	农杆菌转化
转化效率	++	+++	+	+++
致死率	+	++	+++	+

续　表

转化方法	玻璃珠转化	电击转化	基因枪转化	农杆菌转化
叶绿体转化	可用	可用	可用	未报告
预处理	原生质体	高渗浸泡	不需要	不需要
复杂性	+	+	+++	+++
成本	+	++	+++	+

用玻璃珠搅拌是最早建立的核转化方法之一,由于其简单性和对藻类细胞的损害较小而被广泛使用。使用玻璃珠和核整合已经成功转化了莱茵衣藻、小球藻和亚心型扁藻。细胞壁的存在会影响玻璃珠的搅拌效果,因此往往需要对藻细胞进行预处理以获得原生质体进行转化。由于其缺乏完整的细胞壁,野生型杜氏盐藻可以在没有预处理的情况下转化。近年来,用碳化硅晶须搅拌的方法已成功应用于真核藻类,如甲藻和莱茵衣藻。这种方法可以规避制备原生质体的限制,转化效率相当于用玻璃珠搅拌。

电穿孔法(图 5 - 2)则需要在专门设计的反应比色皿中进行。高强度电脉冲允许大分子(如 DNA)通过细胞膜的磷脂双分子层,以达到将外源性基因载体插入细胞的目的。该方法已用于莱茵衣藻、小球藻、佐夫色绿藻、杜氏盐藻、微拟球藻和其他藻类,具有成本低、速度快、转换效率高等优点。然而,一些藻类转化必须使用更极端的电击条件(高电压或长时间脉冲),这很容易导致细胞活性降低。

粒子轰击是最早建立的微藻基因转化方法之一。这种方法使用生物喷射装置来发射 DNA 涂层的金属(钨或金)颗粒,从而满足将外源基因递送到各种类型的细胞或细胞器所需的能量,通常用于叶绿体转化。粒子轰击法不受细胞壁的影响,因此广泛用于各种物种的转化,尤其是用于植物细胞的转化中。但是,这种方法会受到高成本的限制。最近的研究表明,电穿孔和粒子轰击不仅可用于将 DNA 转移,还可用于将蛋白质转移到藻类细胞中。最重要的应用是将预组装的 Cas 蛋白 - gRNA 核糖核蛋白复合体(RNP)引入藻类细胞中,历经不同的胞内过程,在 sgRNA 的导向下,完成靶基因的编辑进而发挥作用。

农杆菌介导法[图 5 - 2(c)]是一种广泛应用于高等植物基因转化的方法,近年来也已成功应用于微藻中。根癌农杆菌是一种土壤传播的病原体,可引起植物冠瘿病。农杆菌介导法在微藻中的应用成功地实现了莱茵衣藻的稳定核转化,同时也成功应用于杜氏盐藻、雨生红球藻、细小裸藻等多种微藻株系。

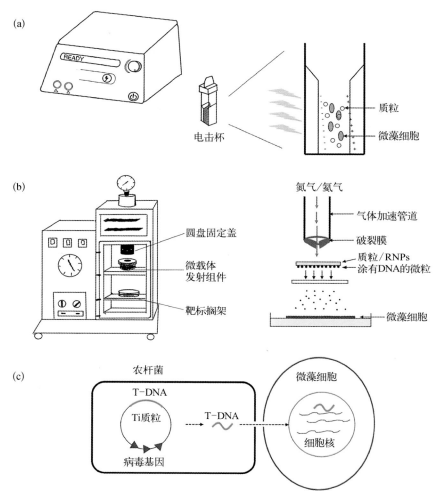

图 5–2　广泛应用于藻类基因工程的 DNA 递送装置和机制图解
(a) 电击转化;(b) 基因枪转化;(c) 农杆菌转化

　　除了上述四种常用的转化方法外,还有许多其他方法可将 DNA 引入微藻细胞中。例如,使用原生质体,借助一些试剂(如聚乙二醇和二甲基亚砜),也可以实现外源基因的转化。细菌偶联是另一个例子,这是一种新报道的转化真核微藻的方法。大肠杆菌中需要双质粒系统,包括共轭质粒(包含建立偶联所需的基因)和目的质粒,以在供体大肠杆菌和受体藻类细胞之间建立共轭桥,将目的质粒运输到受体细胞。目前该方法已成功在硅藻中开发,设计的游离载体可高效率转移到三角褐指藻中,并且可以在没有基因组整合的情况下稳定存在和表达蛋白质。此外,与大肠杆菌的结合也实现了不同绿藻(*Acutodesmus obliquus* 和 *Neochloris oleoabundans*)的稳定转化,拓宽了该方法在绿藻中的应用。显微注射是一种通过机械方式将细胞、遗传物质、肽、药物或其他外源物质利用毛细管直接注入细胞或组织的方法,该方法已成功应用于莱茵衣藻、裸藻等微藻的开发中。

5.1.2　微藻基因编辑技术

20 多年前开始发展的基因编辑技术,掀起了基因工程的新革命。过去使用最广泛的基因编辑工具是锌指核酸酶(ZFN)和转录激活剂样效应核酸酶(TALEN)。在设计位置进行特定切割后,任何 DNA 序列都可以插入宿主染色体的特定位置。然而,使用 ZFN 进行基因编辑在莱茵衣藻中只有少数成功的报道,这些报道描述了使用 ZFN 通过非同源末端连接靶向光感受器进行基因修饰和敲除。TALEN 技术已成功应用于三角褐指藻,其可以通过靶向 UDP -葡萄糖焦磷酸化酶来改善脂质积累。然而,早期基因编辑的效率相对较低(约16%)。近期,在三角褐指藻中使用 TALEN 的一些新尝试已经实现了更高的靶向突变效率(20%~50%)。TALEN 在微拟球藻 *Nannochloropsis oceanica* 中的应用也取得了成功,单基因突变率为 56%。

来自细菌适应性免疫系统的 CRISPR/Cas9 系统开发于 2013 年,近期该系统越来越多地应用于微藻。它首先成功应用于莱茵衣藻,然后应用于其他真核藻类,如三角褐指藻和微拟球藻。然而,有研究人员发现 CRISPR/Cas9 系统脱靶概率高,Cas9 的稳定表达对一些藻类细胞有毒。研究人员试图以不同的方式降低脱靶的可能性并避免细胞毒性。与 Cas 基因融合的核定位信号肽可以有效地增加微拟球藻中的核 DNA 靶向。最近,有研究通过细胞同步提高了莱茵衣藻的核转化和同源重组效率,实现了更高的靶向基因编辑效率。优化 sgRNA设计是另一种重要方法,sgRNA 间隔物中的工程发夹结构可以有效地提高靶向特异性。使用预组装的 Cas9 和 sgRNA 形成核糖核蛋白复合物的基因组编辑已在莱茵衣藻中实现,也在三角褐指藻和其他几个物种有成功报道。CRISPR/Cas9 系统的这种扩展应用可能在降低脱靶率和编辑难以进行遗传转化的生物体基因组方面发挥作用。最近发表的论文详细介绍了使用 RNP 来提高莱茵衣藻的基因编辑效率的研究,该研究证实 RNP 可用于莱茵衣藻中长 DNA 片段

(6.4 kb)的靶向插入和表达,编辑效率约为 37%,后续进一步将编辑效率提高到 81%。有学者研究了 CRISPR/Cas9 系统介导的靶向插入诱变(TIM)在不同条件下的效率,研究了细胞生长方法,培养过程中的细胞密度,电穿孔过程中的细胞密度,以及将大分子递送到细胞的方法等。研究中最高的突变率达到了 90%。使用 Cas12a 进行基因组编辑可以避免细胞毒性,比 Cas9 更简单,这使得一种新的流行的基因组编辑方法成为可能。这种新的切割酶介导的 CRISPR 技术已成功用于莱茵衣藻等不同藻类的基因编辑。

此外,在微藻中已经开发了一些新的 CRISPR 系统。例如,CRISPRi 是一种将核酸酶缺陷的 Cas9 与 DNA 结合以调节基因表达的技术,已经在微藻中开发。作为一种高度可调和通用的方法,CRISPRi 在蓝藻中具有大量应用,在莱茵衣藻中也成功应用于调控外源性 rfp 基因和内源性 PEPC1 基因的表达。图 5-3 以衣藻为例,展示了基因编辑技术的典型步骤。

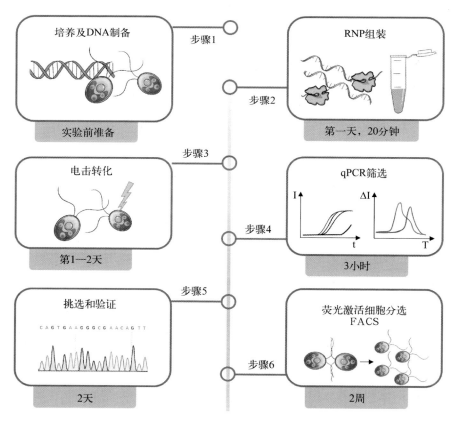

图 5-3   衣藻中常见的基因编辑技术操作图解(以 RNP 为例)

5.2　基因表达系统

原核蛋白表达系统既是最常用的表达系统,也是最经济实惠的蛋白表达系统。原核蛋白表达系统以大肠杆菌表达系统为代表,具有遗传背景清楚、成本低、表达量高和表达产物分离纯化相对简单等优点;缺点主要是蛋白质翻译后缺乏加工机制,如二硫键的形成、蛋白糖基化和正确折叠,得到具有生物活性的蛋白的概率较小。酵母蛋白表达系统以甲醇毕赤酵母为代表,具有表达量高、可诱导、糖基化机制接近高等真核生物、分泌蛋白易纯化、易实现高密发酵等优点;缺点为部分蛋白产物易降解、表达量不可控。微藻表达系统属于真核表达系统,能够完成复杂蛋白质的表达后修饰和正确折叠,同时微藻具有较短的生长周期,相对于传统农业而言,生产效率更高。

5.2.1　核转化系统

外源蛋白在微藻中的表达具有很大的应用潜力,但仍面临一系列问题。在目前的核基因组转基因操作中,外源基因经常插入核基因组的随机位点。插入位置周围的基因组背景会影响插入片段的表达效率和稳定性。插入位点、插入拷贝数和宿主密码子使用的差异也会影响外源基因的表达水平。转化后的基因沉默和不适当的翻译系统会导致表达水平降低。随机插入后对大量克隆进行彻底的表型筛选仍然是选择具有良好表达水平和稳定性的转化株的最常用方法。为了克服这些问题,已经实现了许多优化转化后外源基因表达水平的想法。结合对微藻代谢途径的理解和各种转基因方法,目前已经建立了相对成熟的微藻基因工程研究体系(图 5-4)。

尽管真核微藻的基因工程已被广泛研究,但仍存在一些局限性。特别是对许多微藻基因组缺乏了解,阻碍了靶向基因操作。为了充分开发微藻物种的潜力,有必要对微藻的基因组进行完整的注释,并破译代谢途径。随着测序技术和组学的发展,这些问题可能很快就会得到解决。目前,已经对近百种真核微藻的完整基因组进行了测序和注释,包括广泛使用的模式生物如莱茵衣藻、小球藻和三角褐指藻,以及其他可能有用的藻类株系。

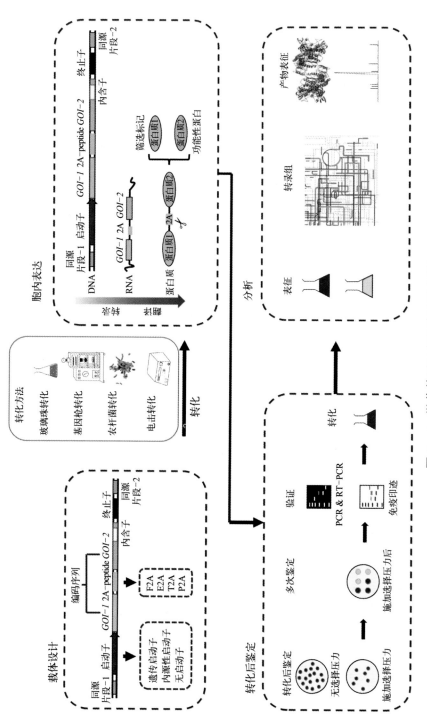

图 5 - 4   微藻基因工程研究流程图解

5.2.2　叶绿体基因表达系统

莱茵衣藻是目前唯一可实现细胞核、线粒体和叶绿体三套遗传物质转化的物种。尽管如此,与靶向微藻核的转化系统相比,靶向叶绿体的转化系统仍然较少。叶绿体转化的一大优点是外源基因可以很容易地通过同源重组进行定向整合,并且叶绿体基因组的同质化过程实现高拷贝,而微藻的细胞核转化通常会导致随机整合事件。微藻中 CRISPR/Cas9 系统的发展可能为将转基因靶向核基因组中的特定位点提供解决方案。叶绿体转化工具也在持续改进,除了依赖基因枪递送,衣藻叶绿体转化也可以通过在玻璃珠下用 DNA 搅拌细胞壁缺陷细胞来实现,科学家还开发了基于使用电穿孔整合到质体基因组的倒置重复序列中的叶绿体转化系统。因此,类似的技术可用于其他藻类的叶绿体和核转化。

为了在工业生产中应用微藻,需要更稳定的转化和高表达效率。常见的策略是使用叶绿体基因组的转化。然而,到目前为止,稳定的叶绿体转化仅在莱茵衣藻中建立,并且在杜氏盐藻、三角褐指藻、小球藻和其他常用的模式藻类中已经有很多尝试,但这些系统还不够稳定。此外,用抗生素标记进行转化株筛选不适合实际生产,需发展无抗标记技术。目前,已经开发出多种不含抗生素的筛选方法,例如对铁蛋白过表达引起的强光应激的抵抗力,可以在长期生产中采取避免抗生素并保持选择性压力等措施。用于长期生产的基因工程微藻也面临着外源性基因丢失的风险,这是生产和应用的一大难题。各种优化方法在模式藻类中已实现了稳定的遗传转化,但在其他工业藻株中则没有实现。例如,用于工业生产 EPS 的单细胞红藻——紫球藻中的外源基因通常以染色体基因的形式存在,其遗传稳定性仍有待研究。随着基因测序技术的发展和遗传信息逐渐明晰,利用微藻的基因组信息和同源重组将外源基因插入固定位置将是一个很好的解决方案。

5.2.3　真核微藻生产与优化

微藻脂质作为生物燃料和营养补充剂的潜在资源引起了很多关注。微藻在脂质生产中有许多商业应用,例如裂殖壶藻、寇氏隐甲藻、微拟球藻。不同的微藻具有不同的脂质代谢途径,可以积累不同类型的脂质,这些脂质主要由饱和与单不饱和 $C_{14} \sim C_{20}$ 脂肪酸组成。一些微藻还可以积累多不饱和脂肪酸(PUFAs),例如二十碳五烯酸(EPA)和二十二碳六烯酸(DHA),这些物质对人类健康有积极作用。

在目前的实际生产中,培养策略优化通常用于增加脂质积累。然而,工艺优化带来脂质含量的增加是有限的。微藻中脂质合成的一般途径,主要基于脂肪酸生物合成和 TAG 生物合成途径,已在许多研究中详细描述。这些脂质代谢途径的研究为基因工程提供了靶点。例如,在脂肪酸生物合成的第一步中工作的乙酰辅酶 A 羧化酶(ACCase),负责 TAG 合成最后一个酰化步骤的二酰基甘油酰基转移酶(DGAT),以及许多其他相关酶已被研究为增加脂质含量和产生高价值脂肪酸的靶标。基因工程为藻类株系提供了快速和有针对性的改进,以产生高产和高质量的脂质。基因工程常与代谢工程相结合,通过对生物活性物质合成途径中关键蛋白的遗传操作,实现碳通量的再定向,实现目标产物的最佳积累。基因工程的主要方法包括内源关键基因的过表达、外源基因的表达、竞争和降解途径的敲低或敲除等。

类胡萝卜素是微藻培养的另一类主要目标产品。类胡萝卜素,包括 β-胡萝卜素、叶黄素和虾青素,由于其具有抗氧化、抗癌和抗炎活性,因此被广泛用于制药和食品工业。微藻,特别是绿藻,如雨生红球藻、佐夫色绿藻等,已被探索用于大规模生产 β-胡萝卜素、虾青素、叶黄素和其他类胡萝卜素。近年来,岩藻黄素在市场端比较热门,它是主要存在于褐藻、硅藻、金藻及黄绿藻中的色素。利用微藻生产类胡萝卜素受到下游加工的限制,尤其是收获和提取技术,尽管与人工合成相比,它可以降低 30% 以上的成本。除了利用高光强度、氮胁迫和盐胁迫等环境胁迫来增强色素含量的积累外,修饰类胡萝卜素合成途径以构建转基因藻类已被证明可以促进类胡萝卜素的生产。在雨生红球藻、佐夫色绿藻和莱茵衣藻中发现了几个参与类胡萝卜素生物合成的关键基因,如 PSY、PDS、LCYB、LCYE、CHYB 和 BKT。2023 年,三角褐指藻岩藻黄素生物合成途径中的末端酶也被成功提取,其催化了岩藻黄素中特征的酮基的产生。通过调节这些关键酶,可以在各种微藻中实现类胡萝卜素产量的增加。影响微藻中类胡萝卜素积累的因素很多,如光照强度、营养限制、盐度、激素等。为了响应不同的环境信号,可以调节参与类胡萝卜素生产的基因,从而产生特定类型的类胡萝卜素。转录因子工程也被用于研究调节类胡萝卜素产生的中枢转录因子,它可以通过操纵少量转录因子来生产类胡萝卜素。

5.2.4　微藻基因表达系统的优势

与其他表达系统相比,微藻具有独特的优点和缺点。与细菌相比,微藻的真核系统可以获得良好的翻译后修饰,适用于重组蛋白药物的生产,特别是糖蛋白产物的翻译后修饰。然而,微藻的遗传背景并不像细菌那样清晰,转基因操作困难,重组蛋白的产量往往远低于细菌,存在"能改的产业上用不了,产业上能用的改不了"的现实困境。基因组研究应逐步克服转基因操作的困难,可以通过优化表达和生物反应器设计来提高产量。与酵母相比,微藻可以进行光合作用,营养需求较少,有利于降低成本。微藻与人类没有共同的病原体,因此产品的安全性更高,产生的蛋白质具有与人类蛋白质相似的糖基化水平。与动物细胞相比,微藻具有相似的蛋白质修饰水平,但生产成本较低。微藻与人类的低亲和力导致免疫原性低,产品输出相对较高。此外,微藻细胞具有细胞壁,可以抵抗一定程度的剪切力,因此在生物反应器中的死亡率相对较低。与上述几种表达系统相比,微藻最显著的优势是安全性。微藻,尤其是绿藻(如莱茵衣藻),已被公认为是通常安全的食物(GRAS)。微藻和哺乳动物之间的遥远关系也增强了它们的安全性。它们不仅是制备食品添加剂或饲料的不错选择,也可作为蛋白质和其他生物质的生产者。然而,转基因微藻有一个共同的问题,那就是人们对转基因食品仍然有顾虑。因此,需要更多的实验来证明转基因藻类的产品对健康无害。微藻与植物细胞密切相关,但它们的生产更方便,它们可以在大量的生物反应器中培养,并且由于微藻是单细胞生物,因此其基因操作更简单。

总而言之,微藻的优点是值得关注的。随着近年来对藻类的研究越来越多,微藻平台必将蓬勃发展,并在不久的将来成为主流生产平台之一。对真核微藻的研究将不仅限于已被广泛研究的模式微藻,越来越多的具有商业潜力的藻类将用于基因工程研究。利用各种特性的微藻生产外源性蛋白质和食品药品原料,以及其他高附加值产品,可以降低原料成本,解决药品价格昂贵的问题。它们也适用于开发人造肉作为可持续的蛋白质来源。符合绿色生产理念的微藻将是未来食品原料重要的生物工厂之一。转录组学和代谢组学的发展将为微藻研究提供新的有力工具,可实现微藻代谢的精准调控,将碳通量集中到目标产品的生产中,达到用最少的资源实现生产最多产品的目的,真正将微藻转变为绿色高效的生物工厂。

5.2.5　利用合成生物学生产藻类产品的商业附加值

鉴于在藻类细胞质中获得高水平转基因表达十分困难,许多治疗性蛋白质的生产被指向了叶绿体,包括用作口服疫苗的抗体和蛋白质。例如,合成了针对单纯疱疹病毒糖蛋白 D 的单链抗体,并合成了针对炭疽保护抗原 1 的 IgG83 单克隆抗体。还尝试使用叶绿体生产针对疟疾的口服疫苗、金黄色葡萄球菌、P57

抗原细菌性肾脏病、口蹄疫病毒的 VP1 抗原融合到霍乱毒素 B 亚基。此外,微藻还被用于生产其他免疫反应蛋白,例如人谷氨酸脱羧酶,这是 1 型糖尿病中已知的一种自身抗原。

异源治疗蛋白不仅能够在叶绿体中表达,而且能够在不同藻类的细胞核中表达,例如杜氏盐藻、紫球藻和莱茵衣藻,可以生产针对疟疾寄生虫的可食用疫苗、乙型肝炎病毒的表面抗原和用于生产食品添加剂,如木聚糖酶生长激素和一种硒补充剂。藻类衍生的口服疫苗具有较长的保质期,并且无须注射。然而,由于口服疫苗的使用会引起局部免疫,因此必须仔细监测其总体疗效。

微藻已被用于表达部分酶,以及合成生物燃料,尽管这种方法的经济性仍然不令人满意。科学家还重点关注加强藻类的代谢工程以富集脂质,这一目标已有一些进展。遗传操作还可以帮助微藻适应不同的生长条件,例如人们将 HUP1 基因形式引入团藻和三角褐指藻,这样就可以将自养藻类转化为异养生物。利用杜氏盐藻生产的类肉质也具有巨大的商业价值,还能生产 β-胡萝卜素和虾青素,增加八氢番茄红素去饱和酶的表达从而加速虾青素的生物合成。八氢番茄红素去饱和酶的 L504R 突变体可导致虾青素的产量增加。此外,将其他物种的八氢番茄红素合酶引入莱茵衣藻可以使紫黄质和叶黄素水平升高。这些研究强调了通过设计不同的藻类株系来操纵高价值产品的代谢途径的巨大潜力。总体而言,微藻系统具有巨大的生物技术潜力,将来肯定会被开发。

5.3　转基因株系的筛选方法

5.3.1　核转化筛选方法

藻株转化后,需要筛选获得目的细胞,以选择已将外源基因整合到基因组中并可以有效表达基因的转化株。两种常用的筛选策略是营养缺乏修复和抗生素/除草剂抗性基因表达,后者因其简单性而更常用。通常用作微藻筛选标志物的抗生素/除草剂含有博来霉素抗性基因 ble、CAT(氯霉素乙酰转移酶)、Basta 抗性基因 bar、突变的 PDS(八氢番茄红素脱氢酶基因)等。改变一些关键基因或修改相关基因也是筛选转化株的好方法。例如,使用修饰的 PDS 对抑制类胡萝卜素合成的除草剂产生抗性,而使用修饰的乙酰乳酸合酶(ALS)增强了对磺酰脲类除草剂的抗性,已经证明有各种类似的方法可用于筛选微藻转化株。

然而,抗生素和除草剂对环境和人类健康有负面影响,现有的抗性基因可能在细胞死亡后水平移动。为了解决这个问题，一个思路是在选择后删除抗性基因，尽管这可能导致失去抗性基因后转化失败。此外，还开发了不使用抗生素的新选择策略。藻类容易受到非生物胁迫（光、温度、pH、离子、水环境等）的影响，这可以通过相关基因的过表达来缓解。例如，过表达铁储存蛋白（尤其是铁蛋白）的藻类菌株增加了对高光强度的抵抗力；一些报告基因如 GUS、LacZ 等也广泛用于微藻的转化，包括微拟球藻、小球藻、雨生红球藻等。此外，一些研究通过对微藻基因组进行编辑，敲低了关键内源性基因，并获得了营养型藻株。藻细胞可以在含有特定物质和非抗生素选择压力的培养基上生长。例如，敲除三角褐指藻的 UMPS 和 APT，可以分别在补充有尿嘧啶的 5 - FOA 培养基和补充有腺嘌呤的 2 - FA 培养基上选择。缺乏 MAA7 基因的莱茵衣藻突变体可以通过使用 5 - FI 的色氨酸营养型选择来鉴定，缺失 FTST、SRP43 和 ChlM 基因的突变体将导致叶绿素含量降低，从而实现视觉选择。

转化细胞的代谢选择比使用编码抗生素和除草剂抗性的基因具有更大的优势，因为代谢选择更环保。代谢选择在酵母和动物细胞中很常见，例如，乙酰鸟氨酸氨基转移酶（ARG9）是精氨酸代谢途径中的关键酶，它被编码在莱茵衣藻的细胞核中，蛋白质易位到叶绿体中。ARG9 的突变导致营养不足的表型，使得藻类细胞只有在将精氨酸添加到培养基中时才能生长。拟南芥 ARG9 基因以其叶绿体基因组典型的高 A/T 含量而闻名，在最初缺乏 ARG9 表达的衣藻突变株的质体中表达。现在由叶绿体基因组编码的外源 ARG9 基因能够挽救营养不足的表型并恢复精氨酸合成。这种巧妙的方法为衣藻中的叶绿体转化创造了一种代谢选择系统。

促营养素基因也可用作选择标记，用于拯救在最小条件下限制生长的特定突变体的表型。编码硝酸盐还原酶的 NIT1 基因在以硝酸盐作为氮源的条件下促进生长，并被引入用于莱茵衣藻的 NIT1 突变体的核转化。这种有用的选择系统也适用于许多其他藻类物种。另一个代谢标志物是 ARG7 基因，编码精氨酸琥珀酸裂解酶，它被用来拯救需要精氨酸的 ARG7 突变体到原生营养，通常用于莱茵衣藻的核转化。ARG7 突变株已被广泛用于衣藻的转化，主要用于基础研究。若能够先分离获得不表达精氨酸琥珀酸裂解酶的突变体，那么这一方法也是不错的选择。另一个选择标记基于 NIC7，编码 NAD 生物合成所需的喹啉酸盐合成酶，携带该基因的质粒可以弥补莱茵衣藻 NIC1 基因的突变，允许衣藻在没有烟酰胺的情况下生长。

虽然已经为几种微藻建立了叶绿体转化工具包，但与陆地植物一样，用于核蛋白表达的类似工具仍然开发不足。导致核基因组转基因表达低的原因可能多种多样,包括位置对整合事件的影响,表观遗传衍生的转基因沉默,以及与可变密码子使用系统相关的困难。尽管将 DNA 插入基因组的确切机制尚不清楚,但它涉及在双链基因组 DNA 断裂位点连接转化 DNA,该事件通过非同源末端连接修复途径在整个基因组中随机发生,几乎没有序列特异性。在某些情况下,转化后的 DNA 整合为一个整体盒,也可以插入由酶切割产生的截短版本、片段或多个盒式磁带。随机整合事件有时会导致"位置效应",其中转基因表达水平受到周围基因组区域的影响。因此,学者普遍认为筛选大量转化株是必要的。

5.3.2 叶绿体转化筛选方法

16S 和 23S rRNA 序列中的突变赋予莱茵衣藻对链霉素、卡那霉素和红霉素的抗性。后来,通过将细菌衍生的 aadA 基因引入叶绿体基因组,编码氨基糖苷类 3′腺苷酸转移酶,赋予了莱茵衣藻对大观霉素的抗性。该基因仍然是藻类和高等植物叶绿体转化最常用的标记。aadA - rbcL 表达盒被调整并用于转化雨生红球藻叶绿体的基因组。另一个细菌基因 aphA6 编码氨基糖苷类转移酶,赋予莱茵衣藻对氨基糖苷类抗生素的耐药性。aadA 与 aphA6 的组合扩展了在叶绿体中表达多个外源基因的可能性。2013 年,有研究者构建了一个表达盒。编码目的基因和红霉素酯酶基因 ereB 的载体,并通过粒子轰击成功引入微藻细胞。在三角褐指藻中也开发了基于叶绿体的表达系统,使用氯霉素乙酰转移酶(CAT)基因作为选择标记,它赋予了氯霉素抗性,该表达盒与选择标记一起促进了外源基因的表达。同时由于生物技术问题和商业要求,对筛选标记去除系统的需求很大。这种系统最初是为衣藻建立的,它设计了一个专用的表达盒,用于促进重组事件,选择消除压力,就可以去除选择标记。

psbA 编码区第五外显子的突变赋予衣藻细胞对 3 -(3,4 -二氯苯基)- 1,1 -二甲基脲(DCMU)的抗性,DCMU 是一种阻断光系统 Ⅱ 中电子转移途径的除草剂。因此,DCMU 抗性最初被用作了解叶绿体基因组中整合热点发生的选择标记。psbA 中的不同突变也为细胞提供了对除草剂抗性。抑制细菌、酵母、藻类和植物生长的除草剂甲基磺草酮(SMM)通常用作植物和藻类的选择标记。SMM 的靶标是编码乙酰羟基酸合酶(AHAS)的基因,AHAS 是一种参与支链氨基酸生物合成的酶。由于 AHAS 是由红藻属的叶绿体基因组编码,是叶绿体转化的理想标记。藻类 AHAS 基因中天然存在的 W492S 突变赋予对 SMM 的抗性,可用于建立转化系统。在进化过程中,编码 AHAS 的基因移动到陆地植物和绿藻的细胞核，允许将其用作植物核转化的选择标记，后来也被用作绿藻的转化标记。在这种情况下，首先克隆内源基因，在赋予 SMM 抗性的酶活性位点引入 W605S 突变，并将突变基因用于核转化。另一种基于对除草剂抗性的叶绿体转化系统是利用编码草铵膦乙酰转移酶（PAT）的基因开发的，该基因可使微藻耐受草铵膦或其铵盐（DL -膦菊酯）。后一种化合物是几种除草剂的活性成分，包括广泛使用的 Basta。Bar 基因是在烟草中广泛使用的选择标记，如果某些藻株对大多数常用抗生素（如链霉素或卡那霉素）不敏感，那可以考虑使用该系统开发出的一种有用的工具和合适的选择系统。

5.4　基因编辑策略与工具

5.4.1　启动子和终止子

启动子的有效性和选择性是遗传转化的关键因素。由于微藻群之间的遗传多样性，很难在微藻中建立通用的遗传载体。当缺乏必要的遗传信息时，来自病毒的 CaMV35S 和 SV40 启动子被用作通用启动子。此外，来自特定海洋微藻的内源性启动子被认为是构建载体的最有效启动子。然而，对于基因组信息不明确的物种来说，显然很难找到有效的内源性启动子。无启动子报告基因的表达早已在高等植物使用，在莱茵衣藻中也有成功的例子。使用无启动子报告基因的转移，随机插入核基因组并抓住相邻的启动子开始表达也有助于筛选强大的启动子。也有研究利用这一原理融合无启动子的外源蛋白基因和报告基因，并将它们转移到莱茵衣藻中，最终成功获得了具有高表达外源基因的转化株。

除了选择合适的启动子外，还可以对启动子进行调节和优化。例如，在上游添加 HSP70A 启动子可以显著增加启动子 RBCS2 的活性；β - 2TUB 和 HSP70B 驱动 aadA 报告基因在莱茵衣藻中表达；HSP70A 启动子通过降低转录沉默的概率起作用，嵌合 HSP70A - RBCS2 启动子和 RBCS2 启动子都可以在莱茵衣藻中表达 GFP 蛋白，但嵌合 HSP70A - RBCS2 启动子在转化和表达方面比 RBCS2 更有效。同时可以通过模拟来自莱茵衣藻的高表达基因的天然顺式基序元件、结构和整体核苷酸组成来合成藻类启动子原件，有研究者成功诱导 mCherry 荧光报告基因的表达，其中部分启动子具有比 HSP2A - RBCS2 启动子更强的功能。

终止子对基因表达效率也有很大的影响。有研究以萤光素酶为报告基因，研究了 7 个启动子和 3 个终止子对莱茵衣藻转基因表达效率的影响,发现 psaD - psaD 启动子-终止子表达盒的效率在所有组合中最高,可以积累占总可溶性蛋白 0.4% 的萤光素酶蛋白。

5.4.2　内含子促进表达

内含子是基因表达的重要调控元件,缺乏所需的内含子是外源基因在微藻中表达效率低下的关键原因。按顺序掺入内含子可以促进靶基因的表达,这种现象称为内含子介导增强(IME),已在高等植物中被广泛发现。虽然 IME 的基本机制尚不清楚,但其应用已扩展到微藻。将 RBCS2 基因(rbcs2i)的第一个内含子添加融合到 RBCS3 基因 3′末端的博来霉素抗性基因 ble 中,可以有效提高 ble 在莱茵衣藻的表达效率(约 6 倍)。当使用 rbcs2i 将来自广藿香中的 PcPs 基因分裂成适当长度的外显子时,其 mRNA 浓度增加了 100 倍以上,莱茵衣藻的蛋白质水平提高了约 8 倍。在莱茵衣藻中已经发现了许多具有表达增强作用的内含子,插入内含子以增强外源蛋白表达的方法在莱茵衣藻中也取得了成功。

5.4.3　密码子优化

蛋白质通常很难在其原始环境之外表达,因为它们包含在宿主中,很少使用的密码子,或者包含限制其编码序列表达的调控元件。因此,有必要优化藻类转基因的密码子使用以满足宿主的偏好,通过提高其翻译速率来提高其表达效率,并可能降低其对基因沉默的敏感性。在原核生物或原核衍生的基因组中,密码子偏好是蛋白质表达的最关键因素之一,关于这方面的研究在藻类的表达体系中还不够深入。

5.4.4　位置效应和基因沉默

在现有的研究中,外源基因通常被随机插入基因组中。根据不同的插入位置,可能会发生位置效应和基因沉默。这种位置效应是由插入位置所在的特定基因组区域所决定的不同水平的转录抑制引起的。为了提高表达效率,研究者已经对消除位置效应和基因沉默的影响进行了深入研究。同源重组是在载体上靶基因的两端添加基因组的同源片段,使载体进入细胞并产生同源重组,使靶基因整合到基因组上的特定位置的技术。通过同源重组转化莱茵衣藻硝酸还原酶基因,但同源重组的转化效率大幅低于随机整合。有研究报道了真核生物微藻核基因组中的有效靶向整合,通过同源重组实现了红藻的 UMP 合酶缺陷突变体的互补。此外,一些研究人员专注于利用基质附着区(MAR)来最小化转基因沉默。MAR 是可以与核基质结合的基因组 DNA,位于真核染色质的非编码区,通常长数百碱基对,富含 A/T。MAR 的使用可以减少位置效应引起的转化株之间的差异,减少低拷贝数下同源抑制引起的沉默,提高基因转录水平。MAR 的使用首先在高等植物中取得了突破,将具有内源性 MAR 序列和 GUS 的烟草一起转移,GUS 活性表示比对照组高 140 倍。有研究者从杜氏盐藻中分离出 MAR 序列 DAM1‐MAR 的片段,他们将其放在 CAT 酶基因的两侧,发现 20 个稳定转化株的酶活性平均比对照组高 1.5 倍。虽然同源重组的转化效率较低导致筛选工作较多,但其在排除影响基因表达和稳定遗传的基因组背景方面的有效性使其成为微藻基因工程的优选方法。

最近科学家们对几个藻类基因组的测序提供了复杂性的见解,但藻类生理学和代谢组学仍未完全解决。RNA 介导的沉默机制的关键组成部分,可以将双链 RNA 加工成小的干扰 RNA,在许多藻类物种中都有发现,包括莱茵衣藻、小球藻、杜氏盐藻和三角褐指藻。RNA 介导的沉默途径已经在莱茵衣藻中进行了研究,它们被用作靶向敲低多种基因的反向遗传学工具。

5.4.5　多基因共表达

有很多方法可以同时将多个外源基因转移到细胞中。其中一种方法使用多个载体进行协同转化。多个表达框独立地整合到核基因组中,而共表达率通常低至 10%。该方法还面临转化筛选的困难,往往需要多个选择性标记,但过多的选择性标记会影响实际应用。在高等植物中,多个外源基因通常在同一位点整合,并且与选择性标记存在遗传联系。转移多个外源基因的另一种方法是将两个或多个表达框连接到同一载体上。这种方法更常用,因为共表达率可以提高 70%以上。该方法也存在一些局限性,其中最显著的局限性是蛋白质表达不平衡和长蛋白质翻译困难。2A 肽是解决这些问题的手段之一。2A 肽通常由 18~22 个氨基酸组成,可以高概率触发蛋白质之间的"切割"。第一个研究的 2A 肽是来自口蹄疫病毒(FMDV)的 F2A,它可导致核糖体在脯氨酸之前"跳跃"。因此,甘氨酸和脯氨酸之间的肽键不能形成,这会导致前一种蛋白质的释放,而后一种蛋白质可以继续合成。其中,上游蛋白的 C 端将会添加一些额外的 2A 残基,而下游蛋白的 N 端将会有额外的脯氨酸。目前有四种常用的 2A 肽,分别是 P2A、T2A、E2A 和 F2A,来源于四种不同的病毒。

5.4.6　叶绿体和线粒体基因组转化

在微藻中,使用叶绿体表达外源基因比使用核基因组更有希望。简单的叶绿体基因组缺乏基因沉默机制,多顺反子,在单个细胞中提供具有多个叶绿体和小多倍体基因组的功能,并允许翻译后修饰,这些都是叶绿体作为异质表达系统的优点。此外,叶绿体可以通过细胞质中的蛋白酶消化提供重组蛋白。因此,叶绿体转化在微藻基因表达中被高度关注,特别是在抗原、工业酶和各种化合物的生产中。

外源基因进入叶绿体,需要通过几层膜,这对于外源基因的进入和产物的释放都是一个挑战。产生的蛋白质可以加入信号肽,使其离开叶绿体并定位到需要的位置,例如细胞质、细胞膜、内质网等,以最大化蛋白质功能。叶绿体的转化主要利用粒子轰击将载体递送到叶绿体中,并通过同源重组,将外源基因整合到叶绿体基因组中。目前已经建立了莱茵衣藻叶绿体的无标记模块化转化系统,并取得了成功。叶绿体转化方法也已在大约 20 种其他微藻中建立;然而,实际应用却很少。除了粒子轰击,采用电击转化或玻璃珠搅拌等方法,在莱茵衣藻的叶绿体转化中也有一些报道,但总体上转化效率很低。

线粒体转化相关的研究仅在莱茵衣藻中报道过。莱茵衣藻含有一个具有16 kb 长的线性染色体的单个线粒体。利用粒子轰击和同源重组可以实现莱茵衣藻线粒体内外源基因的转化,实现 cob 突变体的功能互补。也有研究实现了增强型荧光蛋白和 Zeomycin 抗性基因在同一突变体中的转化和表达。这方面的研究总体上不多,可以借鉴的例子很少。

5.5　合成重组蛋白

20 世纪 70 年代人类胰岛素的引入标志着重组蛋白药物开发的重大突破,目前基于蛋白质的治疗药物仍然是许多制药公司的主导产品。大多数医疗使用的基于蛋白质的生物制品是重组糖蛋白,它们在体内表达并从哺乳动物细胞,例如中国仓鼠卵巢(CHO)细胞中纯化。为了使蛋白质疗法发挥最佳作用,需要适当的翻译后修饰,其中最重要的是 N-糖基化和二硫桥这两种翻译后修饰。这些翻译后修饰能确保蛋白质正确折叠,从而保留其生物活性并增加稳定性。然而,哺乳动物细胞的生长和维持成本很高,因此增加了蛋白质治疗的成本。

微藻由于不与人类共享任何共同的病原体,其安全性使它成为一种高效、安全、经济的异源蛋白生产平台。微藻细胞壁和叶绿体为表达的蛋白质提供了天然的封装,从而提供了稳定性,因此细胞内产生的重组蛋白的稳定性更强。许多真核生物藻类产生的蛋白质的普遍核心糖基化模式也存在于人类蛋白质中,因此在微藻中能更直接模拟人类的天然糖基化途径。作为合成重组蛋白的平台,微藻具有独特性,其在单细胞中同时具有基于真核和原核的表达机制,真核核基因组能够产生需要翻译后修饰的蛋白质,同时叶绿体基因组具有原核背景,但在作为真核生物表达平台时能够形成二硫键,真核微藻的两种表达策略如图 5-5所示。从原核起源进化而来的微藻线粒体基因组也被评估为转化平台。然而寻找线粒体表达的强选择标记和报告基因的研究仍处于起步阶段。真核微藻的细胞核和叶绿体基因组已被广泛研究,并且共享了多种分子工具和技术以提高蛋白表达的效率。

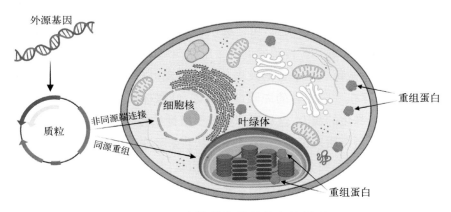

图 5-5　真核微藻的两种表达策略

5.5.1　微藻合成重组蛋白质类药物的优缺点

在大规模生产蛋白质药物的过程中,成本效率是一个关键因素。微生物细胞,尤其是细菌和酵母,是工业酶生产的首选平台,因为它们可以以相对低的成本生产重组蛋白。但是,当涉及需要翻译后修饰的复杂的治疗性蛋白质的生产时,哺乳动物细胞,如中国仓鼠卵巢(CHO)细胞仍然占据主导地位。这主要是因为哺乳动物细胞培养系统技术成熟可靠,并且与人类生理学相兼容。真核微藻为降低基于蛋白质的药物生产成本提供了机会。这些微藻既具有真核基因表达机制,又具有原核基因表达机制,这是由于它们的祖先通过内共生事件吞噬了具有光合作用能力的蓝藻并获得了叶绿体。与细菌不同,真核微藻叶绿体含有一系列分子伴侣、蛋白质二硫化物异构酶和肽基脯氨酰顺、反式异构酶,它们有助于复杂蛋白质的折叠,并且几乎不会形成不溶性的包含体。微藻的安全性取决于特定物种、培养条件和预期用途等因素。当利用微藻生产基于蛋白质的药物,或其他利用目的时,必须进行全面评估并确保符合监管指南。有些真核微藻,如小球藻和螺旋藻等物种,被认为对于人类和动物食用是安全的,并被监管机构归类为 GRAS,适合用于食品、农业和个人护理等行业中的多种蛋白质药物的生产应用。同时这些微藻可以在最少或无须纯化生物质的情况下使用,从而简化了下游生产过程并降低了相关成本。

目前,已经发现了 3 万～10 万种真核微藻,并且已经在其中一些藻种上应用了多种生物技术,生产了各种各样的生物质产品。但是与细菌、酵母甚至高等植物等广泛用于各种生物工程目的的微生物相比,只有少数微藻物种能够成功地生产重组蛋白。莱茵衣藻由于受到了更多的分子生物学研究的关注,因此拥有了一套更全面的基因编辑工具,可以提供适用于细胞核、叶绿体和线粒体三个基因组的转化方法和载体。传统的同源重组靶向基因组到微藻核基因组的效率很低,限制了真核微藻表达平台的发展。真核微藻叶绿体虽然具有重组蛋白表达的潜力,但也存在一些固有的局限性。例如,叶绿体虽然能够形成二硫键,但缺乏进行完全糖基化的能力,这对于那些需要聚糖结构才能正确折叠、活化或被其他分子识别的蛋白质来说是一个问题。为了克服这一限制,人们将核表达系统作为一种替代方案,将蛋白质表达靶向细胞核,并利用真核机制进行糖基化。然而,核表达只能部分补偿叶绿体糖基化的缺失,并且可能无法完全复制某些蛋白质所需的复杂聚糖结构。此外,在微藻系统中观察到的低表达水平以及对其糖基化途径的有限了解也增加了问题的复杂性。由于对微藻中特定糖基化酶及其调节机制的认识不足,难以设计或增强糖基化途径以提高蛋白质产量。考虑到这些瓶颈,一些具有糖基化缺陷或高蛋白酶水平的微藻株可能不适合高效地生产重组蛋白。这些限制阻碍了微藻物种在需要糖基化蛋白质的工业应用中的使用。一种解决方案是使用人工 microRNA(amiRNA),实现特异性的基因沉默,从而提供一种调节参与糖基化途径或其他相关过程的特定基因表达的方法。这种策略使得研究人员能够研究基因敲低对蛋白质糖基化的影响,并探索增强微藻中重组蛋白表达的潜在解决方案。此外,还报道了使用工程化锌指核酸酶(ZFN)来敲除微藻核基因的方法,该方法进一步扩展了合成生物学中各种藻株的可能性。CRISPR 等先进的分子工具的出现也为藻株在各个领域的应用提供了新的机遇。

5.5.2　真核微藻中的基因表达、翻译和翻译后修饰

真核微藻的基因表达、翻译和翻译后修饰在不同物种间存在很大的差异,这反映了微藻丰富的生物多样性和适应性,为选择合适的藻株生产不同的目的蛋白提供了多种可能性。在基因表达机制方面,真核微藻的叶绿体基本遵循原核生物的表达规律。叶绿体中参与基因表达的分子工具和酶与原核蓝藻高度相似。在基因序列上,叶绿体和蓝细菌也表现出高度的同源性。真核微藻的核基因表达机制与大部分真核生物相同或类似。最新的进化研究显示,所有真核生物都可能源自同一种古细菌,并与古细菌发生内共生,形成线粒体的祖先。后来,一种早期蓝细菌也与这些古细菌内共生,产生了植物和真核微藻的共同祖先。这些真核微藻也被称为浮游植物,它们的核基因表达机制和遗传物质与植物高度同源。因此,一些适用于植物基因工程的分子工具也可以用于真核微藻。两种基因表达策略中外源基因在叶绿体中进行整合和表达有更多的优势,比如可以精确地定位到目标位点,通过基因分型实现高效的表达。而且,叶绿体中的外源基因很难被沉默,相比于核基因,其更可以在基因组中保持稳定。但是,核转化也有其独特的优点,例如可以使重组蛋白定向到不同的亚细胞位置,甚至分泌到细胞外。此外,核转化还提供了多样的翻译后修饰,丰富的代谢途径为过表达和失活外源基因提供了更多的选择,细胞核和叶绿体表达的主要特征如表 5-2。

表 5-2　细胞核和叶绿体表达的主要特征

表　达　条　件	核　表　达	叶绿体表达
细胞表达蛋白部位	细胞外、细胞质、叶绿体	叶绿体
外源 DNA 的重组方式	随机整合	同源重组
基因沉默	有概率	无沉默
整合的基因遗传方式	孟德尔遗传	母系遗传
外源基因表达拷贝数	低	高
基因表达机制	真核	原核
表达多功能基因能力	中等	高
蛋白质糖基化能力	与动植物相似	无

(1) 基因整合模式

真核微藻的叶绿体和细胞核中的基因整合模式有所不同。在叶绿体中,基

因整合主要依靠同源重组,即在非姐妹染色体或含有同源序列的 DNA 分子之间发生的重组。这个过程需要酪氨酸重组酶和丝氨酸重组酶,它们在原核细胞和叶绿体中都存在。同源重组修复可以用来修复 DNA 双链断裂,也可以用来实现基因靶向,它是可以将遗传变异引入到目标生物中的技术。真核微藻叶绿体中的外源基因就是利用这一机制来完成的。而在细胞核中,虽然也可能发生同源重组,但非同源末端连接更常用来将外源基因整合到核基因组中。非同源末端连接是一种修复 DNA 双链断裂的方式,它通常由双链断裂末端的单链突出部分中的微小同源 DNA 序列引导。与同源重组修复不同的是,非同源末端连接不需要同源序列来指导修复过程。尽管非同源末端连接几乎在所有的生物系统中都存在,并且是哺乳动物细胞中修复双链断裂的主要方式,但在一般的实验室条件下,同源重组修复仍然占据优势。

(2) 遗传调控

真核微藻的叶绿体和细胞核中的表观遗传特征也不相同。表观遗传是指不改变核苷酸序列而导致的基因功能变化。由于大部分用于实验或生产蛋白药物的真核微藻是单细胞真核微藻,它们很少涉及细胞分化的过程,但是它们也存在 DNA 甲基化和组蛋白修饰这样的表观遗传机制。在基因沉默的相关研究中,一些封闭蛋白可以与 DNA 沉默区域相结合,从而在一定程度上控制相关基因的表达,这种表观遗传的基因沉默在细胞核中可能发生。但是在叶绿体中,这种机制还没有得到证实。叶绿体中的表观遗传机制、封闭蛋白和检测方法还需要进一步研究。

(3) 基因表达量

利用真核微藻生产蛋白药物时,重组蛋白的产量是一个重要的考虑因素。重组蛋白的产量不仅取决于基因表达水平和蛋白质的合成和降解平衡,还受到培养操作参数的影响,如搅拌、光照、培养基成分、温度、pH 和 CO_2 浓度等。另外,一些研究人员还探索了其他增强微藻叶绿体中重组蛋白表达的方法,如密码子优化等。总体来说,真核微藻叶绿体中的基因表达水平要高于细胞核中的基因表达水平。细胞核中的基因表达量一般占真核微藻可溶性蛋白总量的0.05%～9%,而叶绿体中的基因表达量可以占真核微藻可溶性蛋白总量的0.1%～21%。因此,利用真核微藻叶绿体生产蛋白药物可以提高产品的产量。在蛋白药物生产领域,选择在真核微藻叶绿体中表达基因是一个较优的选择,虽然叶绿体缺乏糖基化修饰途径,但这也使得它们非常适合生产不需要糖基化的蛋白质。而且叶绿体中缺乏糖基化修饰途径并不一定是不利的,例如在很多情况下,人单克隆抗体的治疗功能并不依赖于糖基化,有时候叶绿体表达的非糖基化抗体甚至可能比糖基化抗体更优越。

(4) 蛋白质翻译后修饰

真核微藻细胞核中的蛋白质定位与丰富的翻译后修饰有关,比如磷酸化和二硫键形成。磷酸化可以调节特定蛋白质的活性,二硫键可以维持蛋白质的结构域的稳定性。如果二硫键连接错误或缺失,会严重影响蛋白质的折叠、功能和半衰期。糖基化是一种重要的翻译后修饰,它是指蛋白质和糖链在特定的糖基化位点上形成共价键。这些位点会影响蛋白质的折叠、结构稳定性、功能和药代动力学特性,并且在决定蛋白药物的免疫原性方面起着关键作用。糖基化对于蛋白质功能非常重要,有时还会直接影响蛋白药物的免疫原性。真核微藻具有物种特异性的糖基化模式,有着巨大的研究和应用价值。此外蛋白质组学可以用来深入探索真核微藻中其他多种类型的翻译后修饰。甲基化是一种主要的改变蛋白质功能的生化过程,它最常发生在组蛋白上,作为一种调控基因表达或沉默的方式。乙酰化可以提高蛋白质的活性,使其适应生理变化,有时也可以影响基因表达。乙酰化对光合作用的促进作用已经得到了证实。真核微藻具有多样性和核表达蛋白的定位能力,可以满足大多数蛋白药物所需的翻译后修饰。

5.5.3　微藻表达重组蛋白的应用

随着分子生物学的快速进展,基因工程技术也得到了广泛地应用和推广。但是遗传转化对于真核藻类生物系统的研究却进展缓慢。直到 20 世纪 90 年代,才出现了较可靠的根瘤菌转化方法。目前真核微藻在许多方面得到应用,比如制备功能性食品和美容保健品,用于水产养殖,生产高附加值代谢物和生物制药等。其中,真核微藻因为具有前面提到的优点,在生物制药领域展现出巨大的潜力。事实上,重组生物制剂是一种基于蛋白质的药物,可以针对和调节与疾病相关的途径,已经成为治疗各种疾病的首选药物。利用真核微藻制造的蛋白质药物主要包括疫苗、抗体、细胞因子、抗菌肽、免疫毒素、激素等类型,表 5 - 3 列出了一些使用真核微藻表达外源蛋白的研究,其中真核微藻在生产肽类激素药物方面具有巨大的潜力。Hawkins 和 Nakamura 利用基因工程技术,成功地在小球藻中生产了人类生长激素 hGH,其含量为 $200 \sim 600$ ng/mL。Kim 等人利用小球藻的真核特性、低成本的大规模培养和复杂蛋白质生产的适应性,在椭圆小球藻原生质体中表达了鱼类生长激素基因 fGH。他们通过免疫印迹法检测到 fGH 蛋白的表达,其含量超过 400 μg/L。通过 Southern 印迹法分析判断出外源基因已经成功地整合到了藻细胞的基因组中。在用转化小球藻饲喂鲽鱼苗30天后,其生长速度比对照组提高了25%。这些研究展示了真核微藻在大规模生产肽类激素或蛋白质药物方面的潜力。目前利用真核微藻合成激素类药物的研究主要集中在生长激素方面,这些研究对水产养殖业已产生一定的影响,但还需更多的研究来探索人类临床激素类药物的生产,才能充分发挥真核微藻在该领域的潜力。

表 5-3　真核微藻平台表达的重组蛋白

藻　株	重　组　蛋　白	产　率
莱茵衣藻	人促红细胞生成素	大约 100 μg/L
三角褐指藻	抗乙肝病毒衣壳蛋白的人 IgG 抗体	最多 2 550 ng/mL
莱茵衣藻	人类生长因子	28.438 ng/mL
三角褐指藻	针对马尔堡病毒核蛋白的单克隆 IgG 抗体	1 300 ng/mL
莱茵衣藻	人类生长因子(VEGF;PDGF-BB;SDF-1α)	分别是 9.836 ng/mL;1.253 ng/mL;0.326 ng/mL
莱茵衣藻	人促血管生成生长因子	600 pg/μg
小球藻	人粒细胞集落刺激因子	NA
莱茵衣藻	细胞间黏附分子 1	50 mg/L
莱茵衣藻	全长 SARS-CoV-2 刺突蛋白缺乏 c 端膜结构域	11.2 μg/L
三角褐指藻	SARS-CoV-2 棘突受体结合域	6.8 μg/L

5.6　生产不饱和脂肪酸

脂肪酸主要分为饱和脂肪酸和不饱和脂肪酸。不饱和脂肪酸又分为单不饱和脂肪酸和多不饱和脂肪酸。单不饱和脂肪酸有 1 个双键,多不饱和脂肪酸是含有 2 个及以上双键的长链不饱和脂肪酸。根据双键在主链中的位置,一般将不饱和脂肪酸分为 ω-3 脂肪酸、ω-6 脂肪酸和 ω-9 脂肪酸三类。ω-3 脂肪酸主要包括六碳四烯酸、二十碳四烯酸、α-亚麻酸、二十二碳五烯酸、二十碳五烯酸和二十二碳六烯酸;ω-6 脂肪酸主要包括花生四烯酸、γ-亚麻酸、亚油酸等。因此,对微藻中多不饱和脂肪酸的研究主要集中在 ω - 3 脂肪酸和 ω - 6 脂肪酸领域。

不饱和脂肪酸具有维护生物膜的结构和功能、离子通道的调节、调控基因的表达、参与活性物质的合成、促进生长发育、降低血浆中胆固醇和甘油三酯含量、预防和治疗动脉粥样硬化症等心血管疾病,对人体健康有益。

由于大多数微藻中的脂质主要由饱和与单不饱和脂肪酸构成,因此被认为是生产酯基生物柴油的一个有前途的替代来源(图 5 - 6)。此外,一些微藻能够合成碳原子数超过二十的多不饱和脂肪酸,特别是二十碳五烯酸和二十二碳六烯酸。早期的研究主要集中在改进培养过程以增加脂质含量。然而,单靠工艺优化很难进一步提高微藻的脂质含量。此外,野生型微藻主要在营养受限的条件下积累脂质,限制了生物量。因此利用基因工程技术提高微藻脂质发酵的效率的工业应用前景广阔。

5.6.1　微藻脂质生物合成途径

脂肪酸合成(fatty acid synthase,FAS)是微藻从头生成脂质的第一步,是提高脂质产量的一个合乎逻辑的目标。FAS 发生在叶绿体中,以乙酰辅酶 A 为主要前体,经乙酰辅酶 A 羧化酶(ACCse)转化为丙二酰辅酶 A(Malonyl - CoA)。丙二酰辅酶 A 被丙二酰辅酶 A - ACP 转酰基酶(MAT)转化为丙二酰ACP(Malonyl - ACP),将丙二酰辅酶 A 转移到酰基载体蛋白上。随后,丙二酰ACP 经历一系列反复的缩合、还原、脱水和再次还原步骤。这些反应由 3 -酮酰基- ACP 合成酶、3 -酮酰基- ACP 还原酶、3 -羟基酰基- ACP 脱水酶和烯酰基ACP 还原酶催化,最终形成饱和脂肪酸,如 C14：0、C16：0 和 C18：0,详见图 5 - 6。

甘油酯在肯尼迪途径中合成,从甘油 3 -磷酸(G - 3 - P)开始。G - 3 - P 经甘油- 3 -磷酸酰基转移酶(GPAT)催化酰化生成溶血磷脂酸(LPA),再经溶血磷脂酸酰基转移酶(LPAT)转化为磷脂酸(PA)。磷脂酸随后被磷脂酸磷酸酶(PAP)去磷酸化,生成二酰基甘油(DAG)。二酰基甘油酰基转移酶(DGAT)以二酰基甘油和酰基辅酶 A 为底物催化甘油三酯合成的最后一步。

5.6.2　脂质代谢改造

遗传修饰已通过适应性实验室进化、随机诱变和基因工程实现。适应性实验室进化、物理诱变剂(如紫外线、伽马射线和 X 射线)以及化学诱变剂已经成

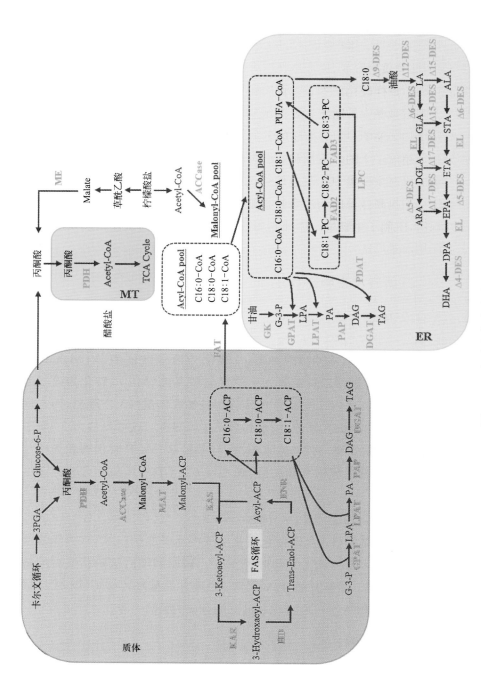

图 5 - 6　脂质生物合成途径

功地应用于引入微藻细胞随机突变。然而,需要有效的基因工程策略,在宿主基因组中产生特定的插入、缺失或替换,以进行有针对性的修饰,同时避免不可预测的结果。测序技术的进步,快速、准确、高效的 DNA 传递系统的发展,以及高通量基因组编辑工具的开发,已经成为产生基因改良微藻株的关键要素。

(1) 脂肪酸合成代谢

脂肪酸的生物合成需要乙酰辅酶 A 的持续供应。增加细胞内乙酰辅酶 A 库的主要酶之一是乙酰辅酶 A 合成酶。该酶催化乙酸转化为乙酰辅酶 A,已成为基因工程的一个有前途的靶标。FAS 代谢促进脂质生成的基因工程实例如表 5-4 所示。

表 5-4　FAS 代谢促进脂质生成的基因工程实例

微　藻	目标基因	策　略	对脂质合成的影响	表　现
莱茵衣藻	ACS2	过表达	氮缺失条件下三酰基甘油含量增加2.4倍	在全氮条件下,淀粉含量增加 2 倍,酰基辅酶 A 增加 60%
裂殖壶藻	ACS	异源表达	脂肪酸增加 11.3%	生物量增加 29.9%
裂殖壶藻	MAT	过表达	总脂肪酸和多不饱和脂肪酸含量分别提高 10.1% 和 24.5%；总脂肪酸、DHA 和 EPA 产量分别提高 39.6%、81.5% 和 172.5%	胡萝卜素含量降低,转而合成多不饱和脂肪酸
微拟球藻	NoMCAT	过表达	总脂肪酸增加 36%,中性脂肪含量增加 31%。C20：5 脂肪酸增加 8%	与野生型菌株相比,生长速率和光合效率更高
三角褐指藻	PtTE	过表达	不改变脂肪酸组成,总脂肪酸含量提高 72%	大肠杆菌过表达增加了总脂肪酸含量和膜脂组成
莱茵衣藻	DtTE	异源表达	中性脂增加 63%～69%,总脂肪酸含量增加 56%	对生长无显著影响

(2) Kennedy 通路

甘油三酯(triacylglycerol,TAG)是微藻体内主要的储存脂质。TAG 合成的第一步由 GPAT 催化,其被认为是限速反应。与野生型菌株相比,三角褐指藻中内源性 GPAT 的过表达使中性脂含量分别增加了 1.8 倍和 2 倍,进一步研究表明,不饱和脂肪酸的含量明显提高,对生长速度没有影响。据报道,*Kennedy* 通路中的下一个酶 LPAT 的过表达也能提高 *C. reinhardtii* 的脂质含量,在 *C. reinhardtii* 中异源表达 *Brassica napus* 的 LPAT 基因可以使脂质的含量增加 44.5%,而不影响生长。此外,磷脂酸磷酸酶(PAP)将磷脂酸(PA)去磷酸化为 DAG,DAG 是 TAG 合成的主要前体。PAP 过表达和敲低导致脂质含量分别增加 7.5%~21.8% 和减少 2.4%~17.4%,这证明了其在脂质生物合成途径中的重要性。TAG 生物合成途径的最后一步是由二酰基甘油酰基转移酶(DGAT)催化。过表达编码 DGAT 的基因是迄今为止微藻中最常用的增加 TAG 含量的策略,据报道,在微拟球藻中过表达 DGAT 可使 TAG 含量增加 1.3~2.4 倍。采用 *Kennedy* 通路促进脂质生成的基因工程实例如表 5-5。

表 5-5   *Kennedy* 通路促进脂质生成的基因工程实例

微藻	目标基因	策略	对脂质合成的影响	表　现
三角褐指藻	DGAT2	过表达	中性脂增加 35%,EPA 增长 76.2%	转基因菌株的生长速度与野生型相似
莱茵衣藻	CrDGTT4	过表达	缺磷条件下 TAG 增加 2.5 倍	使用缺磷条件诱导启动子,增加 TAG 积累,C18:1 含量略有增加
三角褐指藻	GPAT	过表达	缺氮条件下 TAG 含量增加 1.34~2 倍。饱和脂肪酸和单不饱和脂肪酸分别减少 35%、12% 和 45%。多不饱和脂肪酸含量增加 41%	过表达对藻株生长无显著影响,光合效率略有提高
温泉红藻	CmGPAT1	过表达	对总脂肪酸无显著影响。TAG 含量提高 19 倍,TAG 生产效率提高 56.1 倍	过表达对生长无显著影响
莱茵衣藻	CrPAP2	过表达	总脂肪酸含量增加 7.5%~21.8%	CrPAP2 基因的沉默导致总脂质含量降低 2.4%~17.4%

(3) 多不饱和脂肪酸代谢

各种微藻的基因工程通过调节脂肪酸去饱和酶(FAD)和延长酶(ELO)编码基因的表达,促进了工业相关多不饱和脂肪酸的积累。这些酶催化脂肪碳链的一系列去饱和及延伸步骤,形成多不饱和脂肪酸。例如与野生型相比,*C.*

reinhardtii 中过表达的 Δ4 - FAD 使总半乳糖基甘油二酯含量从 9 fmol/cell 增加到 15 fmol/cell。这种修饰没有改变总脂肪酸含量,但 C16∶4 增加了 12%,C18∶3 增加了 8%。

通过在 *P. tricornutum* CCMP2561 过表达内源性 Δ5 - FAD 基因,从而使转基因微藻的脂肪酸组成发生了显著变化。单不饱和脂肪酸显著增加了 75%,而多不饱和脂肪酸显著增加了 64%。特别是 EPA 在转基因微藻中增加了 58%,达到 38.9 mg/g 干重。与此同时,中性脂含量增加了 65%,而饱和脂肪酸减少了 16%,这表明脂质通量转向多不饱和脂肪酸的合成。更重要的是,转基因微藻表现出与野生型微藻相似的生长速度,从而保持了较高的生物量生产力。

此外,在 *P. tricornutum* 中共同表达了来自 *Physcomitrella patens* 的 Δ5 - ELO 和葡萄糖转运蛋白,使天然不依赖葡萄糖生长的光自养微藻能够摄取葡萄糖。在异养条件下,转化株产生的 DHA 和二十二碳五烯酸占脂肪酸含量高达 7.3% 和 9.1%,EPA 含量没有显著变化。

其他策略,如增加脂肪酸前体、增强甘油三酯生物合成途径、优化辅因子供应和下调脂质分解代谢等,也在增强长链多不饱和脂肪酸方面显示出了具有潜力的研究成果。多不饱和脂肪酸代谢的基因工程提高脂质生产的实例如表 5 - 6。

表 5 - 6　多不饱和脂肪酸代谢的基因工程提高脂质生产的实例

微　藻	目标基因	策　略	对脂质合成的影响	表　现
三角褐指藻	D6FAD	过表达	EPA 含量提高了 47.66%,达到 38.101 mg/g 干藻粉。总脂肪酸含量较野生型菌株增加 16.4%~18.64%	生长率略有降低
普通小球藻	ω - 3 FAD	过表达	在缺氮条件下,总脂肪酸含量增加了 7%,α - 亚麻酸增加 2.8%	对生长无显著影响
微拟球藻	Δ12 - FAD Δ9 - FAD Δ5 - FAD	过表达	单表达和共表达导致 EPA 增加 25%。转化株总脂肪酸含量降低	所有转化系的细胞生长均有所增加
杜氏盐藻	TpFADS6 DsFADS6	过表达 异源表达	与野生型 EPA 的 1.6 mg/L 相比,TFAD 组的 EPA 增加了 21.3 mg/L	使用肌醇、CO_2 和可促进藻的生长
三角褐指藻	PtDGAT2B OtElo5	过表达	共表达导致从氮饱和到饥饿状态下 TAG 增加 37 倍,而野生型为 1.8 倍	对生长无显著影响

(4) 转录因子调节

转录因子是 DNA 结合蛋白,是基因表达的关键调控因子。几种类型的转录因子在识别和结合 DNA 以及影响转录的机制上各不相同。单个转录因子可以同时控制多个基因的表达,这使得它们成为将代谢通量转向脂质生物合成的理想靶点。在微藻中,一些转录因子已被确定为基因工程的潜在目标提高脂质产生的转录因子基因工程实例如表 5－7 所示,这一过程主要在微拟球藻和衣藻属的物种中有报道。

表 5－7   提高脂质产生的转录因子基因工程实例

微　藻	目标基因	策　略	相关基因调节	对脂质合成的影响	表　现
莱茵衣藻	PSR1	过表达	/	在营养充足的情况下,甘油三酯增加 100%	在氮、硫、磷胁迫下,敲除该基因显著降低甘油三酯含量
微拟球藻	NsbHLH2	过表达	/	脂质产量提高 43%	脂质含量无变化,藻增长率提高了 55%
微拟球藻	NgZnCys	敲低	饱和酶、延长酶、脂肪酶、酰基转移酶和脂滴表面蛋白提高	敲低基因的菌株生长阶段总脂肪酸增加 100%;敲除基因的菌株总脂肪酸升高 100%～175%	敲除基因的菌株生长较差,敲低基因的菌株生长不受影响
莱茵衣藻	GmDOF11	异源表达	脂质合成相关基因(BCR1、SQD1 和 FAT1)提高	稳定期 TFA 增加 140%	对生长无显著影响
微拟球藻	NoAP2	敲除	脂肪酸生物合成、糖酵解和 CBB 循环基因	生长阶段中性脂增加 40%	对生长无显著影响
莱茵衣藻	CrBZIP1	敲低	Pinolenic acid 与高丝氨酸生物合成	增加 480%～860% 的甘油三酯,降低高丝氨酸和 Pinolenic acid	/

Kwon 等人在 *N. salina* 中实现了 bZIP 转录因子的组成型过表达。过表达 bZIP1 促进 *Kennedy* 通路和脂肪酸合成相关酶的表达水平增加,同时提高了生长速度和脂质含量。中性脂质和总脂肪酸含量分别比野生型提高了 33% 和 21%。在氮素限制下,总脂肪和甘油三酯含量分别增加了 39% 和 88%,高盐胁迫下的总脂肪和甘油三酯含量分别增加了 60% 和 203%,生长速率相似。

(5) NADPH 生成

为了促进微藻中脂肪酸的合成,相关有益的研究已经指向增加还原当量的水平。潜在的目标是苹果酸酶,它是 NAD(P)$^+$ 依赖的氧化还原酶,可以将苹果酸氧化脱羧为丙酮酸。脂肪酸合成需要大量的 NADPH 供应,这被认为是产油生物脂质合成的限制因素,提高脂质产生的 NADPH 基因工程实例如表 5-8 所示。Talebi 首次报道了苹果酸酶在 *Dunaliella salina* 中的表达,其在叶绿体中成功地同时过表达了 NADP$^+$ 依赖的苹果酸酶 DsME1 和乙酰辅酶羧化酶亚基 D(DsAccD)。突变株的总脂肪酸和中性脂含量分别增加了 12% 和 23%,并且脂肪酸谱基本上转向饱和脂肪酸,不饱和脂肪酸含量降低。

表 5-8　提高脂质产生的 NADPH 基因工程实例

微藻	目标基因	策略	对脂质合成的影响	表　　现
裂殖壶藻	SOD1	过表达	饱和脂肪酸增加 18%,多不饱和脂肪酸增加 37%	较低的 ROS 水平
莱茵衣藻	TAB2	敲除	混合营养充分培养时甘油三酯增加>100%	缺氮情况下,能量代谢严重受损,细胞死亡率增高
杜氏盐藻	AccD ME	过表达	总脂肪酸增加 12%	/
三角褐指藻	ME	过表达	营养充分培养时总脂肪酸含量提高 150%	单不饱和脂肪酸含量减少
蛋白核小球藻	NoG6PD	异源表达	饥饿阶段总脂肪酸增加 230%～260%,甘油三酯增加 209%	细胞内 NADPH 水平升高 119%

细胞还原能力的另一个来源是氧化戊糖磷酸途径(pentose phosphate pathway,PPP)。PPP 的限速步骤是葡萄糖-6-磷酸脱氢酶(G6PDH)催化将葡萄糖-6-磷酸转化为 6-磷酸葡萄糖酸内酯,并偶联还原 NADP$^+$。在 *C. pyrenoidosa* 中外源表达 *N. oceanica* 的 NoG6PD 基因,使其在生长和固定阶

段均使 NADPH 和甘油三酯水平分别提高了 119% 和 209%，在缺氮条件下，总脂肪酸含量增加了 230%～260%，单不饱和脂肪酸和多不饱和脂肪酸含量均增加，而饱和脂肪酸含量减少，且对生长速度没有负面影响。

（6）中心碳代谢

中心碳代谢在将碳通量导向不同代谢途径方面发挥着重要作用，并可以调节乙酰辅酶 A 和 3-磷酸甘油醛的可用性。例如，3-磷酸甘油醛可以作为甘油三酯生物合成的底物，但它也可以重新转化为磷酸二氢丙酮并进入糖酵解或糖异生。通过在产油硅藻 *Fisstulifera solaris* 中过表达内源性甘油激酶基因来改变甘油的可用性。虽然脂质产量只增加了 12%，但在过表达菌株中，外源甘油的利用率提高了 40%，导致生物量生产力略有提高。

高等植物的同位素标记研究表明，细胞内 3-磷酸甘油醛水平的增加与乙酰辅酶 A 向甘油三酯的碳分配有关。这些发现支持了 3-磷酸甘油醛水平可能仅在酰基辅酶 A 增加的条件下限制甘油三酯合成的观点。在 *P. tricornutum* 中过表达 3-磷酸甘油醛脱氢酶，导致细胞内甘油水平增加 580%，脂质含量提高 60%。与野生型相比，突变体的生长速度较低，中性脂含量提高了 90%，单不饱和脂肪酸含量增加，多不饱和脂肪酸含量减少。

5.7　微藻重组疫苗

微藻含有丰富营养物质，例如蛋白质、脂类、藻多糖、肌醇、叶酸、烟酸、类胡萝卜素，以及多种矿物质、维生素等。微藻中的类胡萝卜素、藻多糖等物质，具有预防癌症、预防心血管疾病、抗辐射、增强机体免疫力、延缓衰老等作用，可用来制备膳食补充剂、食品添加剂，以及动物饲料等，在食品生产、保健品生产、养殖业等领域具有广阔发展前景。

5.7.1　重组微藻在人类疾病中的应用

微藻细胞作为疫苗开发早已引起科学家的重视，在人类疾病方面，研究者以微藻为宿主表达相关抗原，部分已进入临床前期试验，近年来微藻细胞中生产重组蛋白的案例如表 5-9 所示。例如在肠道免疫系统和口服疫苗开发相关领域，针对恶性疟原虫、金黄色葡萄球菌、人乳头瘤病毒、流感病毒、乙型肝炎病毒、艾滋病病毒等传染性病原体，已分别将 Human papillomavirus A mutated version of the E7 oncoprotein、Chimeric protein comprising the D2 fibronectin binding domain、cholera toxin B subunit、AMA1、MSP1、GBSS、Pfs25/28、Hemagglutinins、HBsAg、p24 HIV antigen、HBcAg、Spike glycoprotein of SRAS‐CoV‐2、RBD of SRAS‐CoV‐2 等多个抗原在微藻细胞内表达；在非传染性疾病领域，已针对 1 型糖尿病、动脉粥样硬化症、高血压、过敏、乳腺癌等疾病开发了微藻疫苗。利用微藻细胞开发动物病原性疫苗也有多个成功的报道，已分别针对猪瘟病毒、猪圆环病毒、口蹄疫病毒等开发了多个微藻重组亚单位疫苗。纵观这些研究，基本上均以莱茵衣藻作为成熟的表达体系表达抗原基因，并且以叶绿体同源重组为主，核转化随机整合为辅，外源蛋白表达量为总可溶性蛋白的 0.1%～5%。

表 5‐9　近年来微藻细胞中生产重组蛋白案例

重组蛋白	表达宿主	靶向疾病
Human interleukin 2	莱茵衣藻、普通小球藻、杜氏盐藻	Cancer
Human Anti-Hepatitis B surface antigen antibody (CL4mAb)	三角褐指藻	Hepatitis B
Hepatitis B surface antigen	三角褐指藻	Hepatitis B
RBD of SARS‐CoV‐2	三角褐指藻	COVID‐19
Human growth hormone	莱茵衣藻	Turner syndrome
Hepatitis B surface antigen	杜氏盐藻	Hepatitis B
Human interferon alpha 2a	莱茵衣藻	Cancer
Spike glycoprotein of SARS‐CoV‐2	莱茵衣藻	COVID‐19
RBD of SARS‐CoV‐2	莱茵衣藻	COVID‐19
BCB; a multi-epitope protein	裂殖壶藻	Breast cancer
Human VEGF‐165	莱茵衣藻	Wound healing
Pfs25/28	莱茵衣藻	Malaria
Human papillomavirus A mutated version of the E7 oncoprotein	莱茵衣藻	HPV
p24 HIV antigen	莱茵衣藻	HIV

可食用疫苗作为一种具有成本效益、易于管理、易于储存的疫苗，其具有广阔的前景，特别是对于贫困和发展中国家而言。最初人们认为它只能用于预防传染病，但现在它也被应用于预防自身免疫性疾病、节育、癌症治疗等。目前，发

达国家和发展中国家对转基因作物的接受程度越来越高，所以未来引入可食用疫苗作为主要的疫苗接种方式还有很大的空间。在可食用疫苗中，可食用藻类疫苗尤为突出，已成为主要的疫苗接种方法。像莱茵衣藻这样的藻类可以产生复杂的疫苗抗原，这些抗原可以产生适合其作为疫苗的目标作用的免疫原性反应。藻类对于快速测试许多版本的潜在嵌合疫苗分子非常重要。基于藻类的人类疫苗生产平台，可能会成为 HPV 疫苗等非常昂贵的疫苗的替代品，或针对目前尚无替代品的疾病的新型疫苗替代品。在考虑到有限资源环境下的成本和储存、交付和管理顺序，植物或藻类生产可能是大规模廉价疫苗的唯一可能替代方案。因此，该领域需要科研机构的更多关注以及制药行业的投资，以尽早将可食用藻类疫苗推向市场。

5.7.2　重组微藻疫苗预防水产养殖病害

目前已研制出了多种商业化水产疫苗，大多数的疫苗需要通过注射，无法在实际生产中大规模应用。口服疫苗通常通过饲料给药进行接种。口服疫苗的优点是可以给大量的鱼同时接种，而不需要对鱼进行单独处理，这种方法可用于所有大小的鱼。而它的缺点是无法确定每条鱼消耗的饲料量，因此，疫苗的摄取量也难以确定。此外，抗原可能在到达后肠之前就发生了变化，而抗原通常是在那里发生肠道黏膜免疫反应。

微藻作为天然的水产动物开口饵料，可以以活体或藻粉的形式或作为添加剂制成颗粒饵料，在对水产动物促生长促进发育的同时，重组抗原以口服的方式进入水产动物消化道，进而被肠黏膜免疫系统吸收呈递，获得可观的免疫力，避免了注射免疫或浸泡免疫法对动物造成的物理损伤，降低了操作成本的同时也减轻了动物的负担。因此，若将抗原在微藻细胞内高效表达，据此开发转基因重组微藻口服疫苗，有望在水产病害防治中发挥重要的作用。

在水产养殖领域，针对特定的病原已经利用莱茵衣藻、杜氏盐藻、微拟球藻、小球藻、三角褐指藻、鱼腥藻、聚球藻和集胞藻等微藻设计开发了相应的微藻口服疫苗，并探究了其免疫保护效果。目前已报道的针对性治疗的水产病原菌包括鲑鱼肾杆菌（*Renibacterium salmoninarum*）、杀鲑气单胞菌（*Aeromonas salmonicida*）、对虾白斑综合征病毒（White Spot Syndrome Virus，WSSV）、虾黄头病毒（Shrimp Yellow Head Virus，SYHV）等，微藻口服疫苗如表 5 - 10 所示，另外，国际上已有多个重组微藻疫苗用于水产病害防控的专利被公开或授权（表 5 - 11）。

表 5 - 10　微藻口服疫苗

病原体	抗菌肽(AP)/抗原(Ag)	表达宿主	载体	启动子	位置	表达情况	对象	影响
R. salmoninarum	Ag: p57	C. reinhardtii [CC744]	/	/	叶绿体和质膜		Oncorhnchus mykiss	在不同组织中诱导抗体
A. salmonicida	Ag: AcrV, VapA	C. reinhardtii [WT, FUD50, FUD7]	pGA4	psaA psbD, psbA	叶绿体	AcrV: 0.8% TP VapA: 0.3% TP	/	/
WSSV	Ag: VP28	C. reinhardtii [CC741 mt+, Fud7 mt-]	pBA155 pSR229	psbA, atpA, psbD	叶绿体	0.1%~10.5% TSP	Shrimp	/
WSSV	Ag: VP28	D. salina [UTEX-1644]	pUX-GUS	Ubil	叶绿体	78 mg/100 mL culture	Shrimp	59%防护率
WSSV	Ag: VP28	Anabaena sp. [PCC 7120]	pRL-489	psbA	细胞质	34.5 mg/L culture Expression efficiency: 1.03% (dry weight)	Shrimp	68% 防护率
WSSV	Ag: VP28	Synechocystis sp. [PCC 6803]	pRL-489	psbA	细胞质	/	Shrimp	88.42% 相对生存率
WSSV	Ag: VP28	C. reinhardtii [TN72]	pASapI	atpA	叶绿体	detectable	Shrimp	87%相对生存率
WSSV	Ag: VP19, VP28	Synechococcus sp. [PCC 7942]	pRL-489	psbA	细胞质	vp19, vp28, vp (19+28)5.0%, 4.7%, and 4.2% (dry weight)	Shrimp	PO, SOD, CAT 和 LYZ 的活动发生了变化
SYHV	dsRNA-YHV (RNA)	C. reinhardtii [CC503 cw92mt+]	pSL18	psbD	细胞核	41 ng/100 mL (1×10^8 cells)	Shrimp	增加 22%的防护率

表 5 - 11　水产用重组微藻疫苗相关专利

专利号	病原	抗原蛋白/抗菌肽	表达宿主	载体	启动子	表达位置	保护效果
US201634637 - A1	β-野田村病毒 (Beta-nodavirus)	神经坏死病毒 (NNV)衣壳蛋白或其片段	三角褐指藻 (P. tricornutum)	pPhaT1	fcpA, fcp B	液泡	口服疫苗功效提高
WO2008027235 - A1	对虾白斑病毒 (WSSV)	无提及	杜氏盐藻 (D. salina)	pRrMDWK	组成型启动子诱导型启动子	细胞质	病毒攻击后生存率提高
US2011014708 - A1	/	牛乳铁蛋白肽 (LFB)VP28	微拟球藻 (N. oculata)	pCB740 pGEM - T	RBCS2, HSP70A	细胞核和细胞质	抗菌抗病毒活性提高
US2017202940 - A1	鲑肾杆菌 (R. salmoninarum)	P57 蛋白	莱茵衣藻 (C. reinhardtii)	pUC18 pSSRC7	psbA β2 微管蛋白启动子	细胞核和叶绿体	体内检测到抗体
US2014170181 - A1	对虾白斑病毒 (WSSV)	VP28	小球藻 (Chlorella sp.)	pGA4	/	细胞质	保护率达 100%

微藻细胞本身作为水产动物饵料的同时,可以呈递内在异源表达的抗原,与传统注射疫苗相比具有更强的应用性,具有"药食同源"的双重效果,具有独特优势和应用前景。水产养殖中多病原共感染的形式日益严峻,在未来,以微藻为载体的新型口服疫苗的开发,以及具有广谱性抗菌活性和多联多价的微藻重组疫苗有望蓬勃发展。

到目前为止,大多数关于微藻口服疫苗的研究都集中在莱茵衣藻这种模式生物上。现阶段对微拟球藻开发的新基因表达系统,以及为螺旋藻开发的遗传工具箱,揭示了在工业相关菌株中生产重组蛋白的巨大开发潜力,使这些微藻可成为用于生产口服亚单位疫苗的可行的候选者。近年来,国外陆续涌现了多家初创公司致力于开发转基因微藻生产鱼和虾的口服疫苗,如爱尔兰生物技术公司 MicroSynbiotix 和以色列 TransAlgae 公司等。上述研究和产业化的探索为转基因微藻重组疫苗在水产养殖领域的开发和大规模应用指明了方向。

5.8　微藻靶向药物递送

微型机器人是一种具有强大功能和创新性的微型设备,在生物医学、环境或工业领域中具有各种重要的应用。微型机器人的核心部件是微电机发动机,它们可以利用化学燃料或外部能量源来产生机械运动,从而推动微观物体的运动。然而目前的微电机发动机主要使用合成的金属或聚合物材料,这些材料需要复杂且昂贵的驱动和控制设备,此外,还具有使用有毒的燃料、运行寿命较短等问题。因此急需开发一种新型的、具有高效的自主运动能力、高可控性、长寿命和低毒性微型机器人平台。微藻是一类具有多种光合色素的微生物,它们可以利用光合作用将太阳能转化为化学能,并以光合产物的形式储存。微藻由于其高效的能量生产过程,被认为是地球上生长速度最快的生物之一。近年来,微藻因其在能源、农业和医疗保健领域的潜在应用而受到了全球的关注。微藻具有独特的形态特征和易于功能化的表面,这些特征使得它们可以与诊断剂或治疗剂结合,从而构建生物混合微型机器人,用于动态化学探测、活性药物输送或生物医学支架。此外,许多种类的微藻被认为是无毒、具有生物相容性和可生物降解的天然材料,满足了体内生物医学应用的要求。因此微藻作为一种具有优异性能和特性的候选材料,在设计生物混合微型机器人领域具有极大的应用前景。

5.8.1   微藻机器人(Microalgae-based Robot)的特性

藻类是一种具有高度多样性的生物,它们含有光合细胞器,可以利用光能合成有机物。藻类的运动能力和大小因物种和细胞结构的不同而异,有的可以主动运动达到数百微米,有的则只有几微米。藻类细胞通常由细胞壁、细胞质、眼点和鞭毛等部分组成,细胞壁是由多糖和蛋白质等生物聚合物构成的网络结构,单细胞蓝藻的体表结构如图 5-7 所示,它在保持藻类形态、提供机械防护、抵御病原体侵染以及调节藻类与外界环境的物质交换等方面起着重要作用。不同类型的藻类细胞壁具有不同的化学组成,例如,轮藻类绿藻的细胞壁含有从纤维素-果胶复合物到富含羟脯氨酸的糖蛋白等多种聚合物。而其他一些藻类,其细胞壁则含有硫酸化多糖和纤维素、β-甘露聚糖、β-木聚糖等纤维性成分。藻类细胞壁上丰富的化学基团为其功能化和应用提供了多种选择。

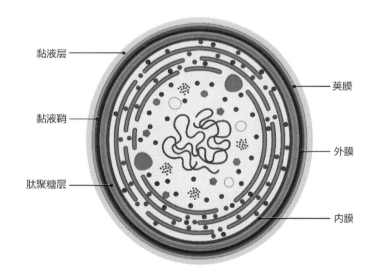

图 5-7   单细胞蓝藻的体表结构

藻类的运动能力主要依赖于鞭毛的跳动,其机制和协调性一直受到人们的关注。鞭毛的跳动产生水流,推动藻类细胞在水中移动。以淡水绿藻莱茵衣藻为例,它有两根鞭毛,以 60~70 Hz 的频率跳动,形成周期性模式。这种运动能力使藻类可以根据环境条件调整自己的位置,例如迁移到富含营养物质的区域或远离有害因素等。近年来,这种运动能力还被用于设计多种自走式机器人。藻类的运动和鞭毛敲打会导致周围流体的扰动和混合。由于藻类细胞的高速移动(可达每秒数百微米)和鞭毛的快速跳动,使得藻类周边的流体混合效率显著提高。与微藻集群运动相关的流体混合对于机器人应用有着重要的意义,例如环境修复或药物输送等领域。由于主动混合和输运,藻类可以增强物质传递过程,从而改善治疗效果和提高修复效率。除了鞭毛跳动外,微藻机器人还有其他两种主要的运动机制:一种是利用磁性纳米颗粒功能化的弹簧状钝顶螺旋藻,它们可以通过外加旋转磁场驱动,在复杂的生物介质中移动,不需要额外的燃料,可以执行从癌症治疗到类神经干细胞刺激等多种任务;另一种是利用硅藻壳中的 Fe_2O_3 作为催化剂,分解 H_2O_2 燃料,产生气泡推进的硅藻电机,硅藻是一类具有三维各向异性结构的微藻,其细胞壁由 SiO_2、Fe_2O_3 和 Al_2O_3 等组成。硅藻电机的运动可以通过 EDTA 分子断裂进行定制,该分子断裂会抑制电机上的催化位点。这些特性使硅藻成为一种具有可控药物递送行为的有应用前景的自驱动载体。

通常藻类的生存环境较为温和,它们大多数存在于自然环境中,例如淡水或海洋。一些在恶劣条件下生长的藻类可以在酸性或碱性介质、高温、二氧化碳浓度较高或金属浓度较高等恶劣环境中生存。嗜极端藻类在极端条件下生长的这种能力为极端条件下的各种体内或环境微型机器人应用带来了巨大的希望。藻类的光响应性是藻类机器人的另一大特点。藻类的眼点可以感知环境光,也可以作为离子通道触发下游信号转导。所以藻类可以游向光源以改善光合作用,或移开以避免对光合作用分子复合物造成伤害。正趋光现象为设计先进的生物混合微型机器人系统提供了另一种方案,该系统可以响应外部刺激并执行药物输送任务。

5.8.2　微藻机器人的表面功能化与集成途径

生物混合微型机器人是由运动或非运动微藻细胞和合成载体组成的复合系统。微藻细胞具有多种形态和尺寸,以及丰富的表面化学功能,可以作为修饰纳米或微米载体的理想材料。为了构建有效的多功能生物混合微型机器人,需要选择合适的方法将微藻细胞与合成载体连接起来。但生物细胞和合成元件之间的相互作用可能会影响生物混合系统的性能和稳定性。因此,在设计生物混合微型机器人时,选择适当的连接策略是保证高效运行药物递送的关键因素。

(1) 非共价结合

非共价结合是一种功能化生物混合系统的通用技术,它涉及生物细胞和合成元件的结合。非共价相互作用包括静电相互作用、氢键、疏水相互作用和范德瓦耳斯力等,这类结合方式通常是可逆的,可以实现生物混合系统的动态和可控的组装和解离。这些相互作用可以在温和的条件下进行,并且可以根据不同的生物分子和合成材料进行定制。这些相互作用不涉及化学键的形成,因此它们可以保持生物分子的原有结构和功能。尽管非共价结合在构建生物混合系统方面具有许多优势,但它在体内应用中也存在一些局限性。例如,非共价键对pH、温度和离子强度等环境因素非常敏感,可能会导致生物混合系统随着时间的推移而丧失部分功能。另外,生物细胞和合成元件之间较弱的结合强度也会影响生物混合系统的稳定性和可靠性。因此,在选择适当的非共价结合策略时,需要考虑应用的具体需求和目标。

(2) 共价结合

共价结合是一种功能化生物混合系统的技术。在体内环境中,由于存在各种复杂的因素(如 pH、酶和蛋白质水解),生物混合系统需要具有高度的稳定性和抗降解性。相比于非共价键分子,共价键分子具有更高的稳定性和耐久性,可以保证生物混合系统的长期完整性和抗恶劣环境能力。共价结合的特异性也可以实现分子在目标位点上的精确和可控的连接,减少非特异性的相互作用。然而,共价结合也存在一些潜在的限制,如共价键的复杂性和不可逆性。它通常需要特定的反应条件且设计者需要具备相应的化学专业知识,这会增加制备过程的难度。此外,生物细胞和合成元件之间的共价结合通常是不可逆的,这意味着一旦连接起来就很难进一步修饰或去除。因此,在选择共价结合策略时,也需要考虑应用的具体需求和目标。最简单的共价结合策略是利用藻类表面的氨基与其他组分上的活性基团进行化学反应。这种策略已经被用于制备多种功能化的藻类微型机器人,通过共价连接不同类型的有效载体(如小分子、蛋白质、纳米颗粒或微粒)到藻类细胞上,可用于实现药物的受控体内释放。为了适应体内环境,科研人员设计了一种细胞膜包裹的可生物降解聚合物纳米颗粒,其可以以受控的方式负载和释放抗生素药物。在这种设计中,细胞膜提供了一个伯胺基团,可以与 NHS-PEG4-DBCO 小分子反应,用于修饰藻类表面。然后,载药纳米颗粒通过点击化学与修饰后的藻类连接起来,形成一种可用于治疗急性细菌性肺炎的生物混合微型机器人,其共价结合功能化原理如图 5-8 所示。

(3) 表面修饰和封装

化学结合是一种将外源载体连接到藻类表面的有效方法。然而,这种方法主要的局限是需要对藻类表面进行预先的化学处理以产生反应基团。最近Qiao 等人展示了一种不需要表面处理的温和简便的方法,可以将红细胞膜涂覆

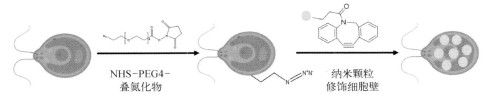

图 5-8　微藻细胞膜共价结合功能化

在小球藻上。红细胞膜涂层为生物混合微藻提供了一种新的能力,可以避免巨噬细胞的吞噬和免疫系统的清除。除了表面修饰外,细胞渗透和封装也是一种实现高载量药物输送的方法。细胞穿膜肽已被广泛用于将不易渗透的载体(如小分子、肽、蛋白质、核酸和纳米颗粒)输送到细胞内。然而,藻类细胞壁作为一种生物屏障,限制了化学和生物试剂有效地转移到藻类叶绿体中。为了解决这一挑战,可以使用富含胍基的转运蛋白辅助方法,将荧光染料内化到完整和缺陷突变的莱茵衣藻以及两种研究较少的莱茵衣藻株系中。这证明了该技术对于藻类分子操控的有效性。此外,还可以利用基因工程对微藻进行修饰,构建生物混合平台,以产生大量所需的代谢产物。未来有必要评估载体渗透和基因工程对微藻内在动力和其他细胞活动的影响。此外,为了在微载体中实现高负载效率,研究人员还采用了一种简单的脱水-复水方法来保持冻干螺旋藻的螺旋结构。研究表明,抗炎药物姜黄素可以高效地负载到微藻中,从而有效治疗由钝顶链霉菌引起的肺炎。

5.8.3　微藻靶向药物递送应用

微藻机器人是一种利用微藻细胞作为自驱动微移动器的载体,可以将各种药物有效地输送到目标部位的系统。与传统的被动药物输送相比,微藻机器人具有更长的体内停留时间、可控的药物释放和可远程指导等优势,可以实现更精确的靶向治疗。通过结合药物负载能力和自然运动性,微藻机器人已经在多种疾病模型中显示出治疗效果。

(1) 体外递送

细菌感染是一种常见的疾病,由枯草芽孢杆菌、大肠杆菌等多种细菌引起的细菌感染需要使用抗生素进行治疗。万古霉素是一种广谱抗生素,可以通过光敏化剂连接到莱茵衣藻表面,再用微藻机器人辅助药物输送。抗生素可以在紫外线照射下通过光裂解释放,从而抑制细菌的生长。该方法已经被用于将万古霉素和环丙沙星这两种不同的抗生素共价连接到藻类表面。通过控制外部光源,可以实现趋光诱导的药物输送。将负载抗生素的藻类与革兰氏阳性菌枯草芽孢杆菌共培养后,用侧面光源照射活性藻类组,实现光引导的靶向输送。与未照射的对照组相比,趋光辅助的藻类微机器人药物输送系统显示出对细菌生长的显著抑制效果,这表明功能化的游动微藻具有有效的抗菌能力。

癌症通常需要使用大剂量的药物进行治疗,但这会对人体健康造成严重的副作用。为了提高治疗效果,可以利用微藻机器人作为载体,将阿霉素等药物有效地输送到癌细胞处。阿霉素是一种抗癌药物,可以通过纳米颗粒连接到莱茵衣藻表面,形成一种具有抗癌能力的微藻机器人。Sitti 等人利用这种方法制备了一种微藻机器人,在这项研究中,阿霉素被包裹在壳聚糖包覆的氧化铁纳米颗粒中,并通过光敏化剂连接到莱茵衣藻表面,使得微藻机器人具有外部磁性远程控制和可控光诱导药物释放的能力。该微藻机器人可以降低 SK - BR - 3 癌细胞的活性,将药物成功地释放到癌细胞处,该研究显示出生物混合系统的在抗癌领域的能力。表 5 - 12 列举了一些其他前沿的微藻机器人结合纳米颗粒抗癌活性研究。

表 5 - 12　微藻机器人结合纳米颗粒的抗癌活性

纳米颗粒类型	藻　株	生长条件	颗粒形貌	测试癌细胞
银纳米颗粒	螺旋藻	海水/淡水	$2.23 \sim 14.68$ nm,球形	HCT
铜纳米颗粒	螺旋藻	海水/淡水	$3.75 \sim 12.4$ nm,球形	Hep2
银纳米颗粒	螺旋藻	海水/淡水	30 nm,球形	MCF - 7
金纳米复合物	小球藻	淡水	$113 \sim 203$ nm,球形	A - 549
金纳米颗粒	杜氏盐藻	海水	22.4 nm,球形	MCF - 7
碳量子点	螺旋藻	海水/淡水	67 nm,球形	HCC - 116
银纳米颗粒	束毛藻	海水	26.5nm,立方体	HeLa
银纳米颗粒	颤藻	淡水	$4.42 \sim 48.97$ nm,球形	HeLa

除了莱茵衣藻外,其他类型的藻种,也具有药物输送的潜力如螺旋藻。Zhang 等人利用钝顶螺旋藻制备了一种含有(Pd@Au)/Fe_3O_4@Sp. - DOX 的微藻机器人。Fe_3O_4 纳米颗粒使得微藻机器人具有可磁性远程控制的能力,有利于提高药物输送的精确性。这种运动引导能力表明,与 769 - P 和 EC - 109 癌细胞共培养时,负载阿霉素的螺旋藻可以实现靶向输送,从而有效地抑制癌细

胞的活性。此外,还有其他药物输送平台被用于构建多功能负载药物的螺旋藻微机器人。例如,金属有机框架通过静电相互作用与明胶磁铁矿涂覆的微藻结合,以协助药物负载和远程控制。明胶磁铁矿的生物降解性导致模型生物大分子(TGR－β1)的受控释放。使用人类的间充质干细胞评估微机器人释放的TGR－β1的生物活性,显示出比对照组具有更高的基因表达水平。硅藻是一种具有独特硅藻壳的微藻,其硅藻壳富含水合二氧化硅,可以作为 SiO_2 纳米颗粒的天然替代品。硅藻可以作为载药输送系统,将各种药物通过其孔道输送到目标部位。Santos 等人将美沙拉嗪、泼尼松和吲哚美辛等药物通过纯化的硅藻二氧化硅微粒递送。此外,硅藻还可以有效地输送抗癌药物。Zobi 的团队将抗癌复合物加载到硅藻表面,并在模拟胃液中抑制结直肠癌细胞和 HCT－116细胞。

(2) 体内递送

负载抗生素的藻类微机器人可以在多种组织液中运动,具有很好的体内应用潜力,这与体外实验中显示的有效结果一致。Zhang 等人在一项动物研究中,将莱茵衣藻纳米机器人通过点击化学与负载环丙沙星的细胞膜包裹纳米颗粒进行修饰,然后通过鞘内注射将其送入感染铜绿假单胞菌的小鼠模型肺部。改性藻类机器人表现出能够逃避肺清除机制的能力,并且在肺中的停留时间显著长于相应的静态藻类对照组。这种在肺组织中的长期保留导致了细菌负荷的显著减少,以及动物死亡率的显著降低。莱茵衣藻机器人的治疗效果仅次于游离环丙沙星化合物的类似结果。然而剂量减少了 99%,充分证明了基于活性藻类的微机器人在这种抗菌治疗中具有高效的输送能力。

基于藻类的微机器人是一种利用微藻细胞作为自驱动机器人的药物输送系统,可以将各种药物有效地输送到胃肠道等部位。Zhou 等人将螺旋藻作为姜黄素的药物载体 SP@Curcumin,构建了一种新型的口服给药策略,可用于治疗结肠癌和结肠炎等肠道疾病。在结肠癌模型中,SP@Curcumin 可以联合化疗和放疗抑制肿瘤扩散,同时作为放射保护剂清除正常组织中的活性氧,减少 DNA损伤。在结肠炎模型中,SP@Curcumin 可以降低促炎细胞因子的水平,减轻炎症相关症状。该研究提出的多功能的口服给药系统 SP@Curcumin,克服了人体多种生理屏障,提高了药物特性(如口服生物利用度、生物降解和生物相容性),在肠道疾病治疗中也表现出优异的抗肿瘤和抗炎功效。该研究为利用天然微藻构建创新性的药物递送系统开辟了新的途径。为了保护藻类细胞免受胃液的破坏,Zhang 等人制备了一种可溶性胶囊,可以在胃液中保持藻类的活性。当胶囊到达肠道后,它会被中性肠液溶解,释放出活性藻类。该研究进一步证明了负载阿霉素的藻类微机器人可以在小鼠肠道中成功地靶向输送药物,并延长了药物的释放时间,证明了生物混合机器人辅助胃肠道输送具有可行性和有效性,为治疗胃肠道疾病提供了新的希望。为了克服胃液中的高酸性条件,该小组还开发了一种基于嗜酸藻类的生物混合机器人平台,可以将模型荧光染料有效地输送到整个胃肠道。嗜酸藻类在高酸性和中性条件下都表现出高效和持久的运动能力,可以通过胃并分布到整个胃肠道,展示出其在胃肠道相关生物医学应用中的巨大潜力。

参考文献

[1] Shi Q W, Chen C, Zhang W, et al. Transgenic eukaryotic microalgae as green factories: Providing new ideas for the production of biologically active substances[J]. Journal of Applied Phycology, 2021, 33(2): 705 - 728.

[2] Chang K S, Kim J, Park H, et al. Enhanced lipid productivity in AGP knockout marine microalga *Tetraselmis* sp. using a DNA-free CRISPR-Cas9 RNP method [J]. Bioresource Technology, 2020, 303: 122932.

[3] Xie Z J, He J X, Peng S T, et al. Biosynthesis of protein-based drugs using eukaryotic microalgae[J]. Algal Research, 2023, 74: 103219.

[4] Jagadevan S, Banerjee A, Banerjee C, et al. Recent developments in synthetic biology and metabolic engineering in microalgae towards biofuel production[J]. Biotechnology for Biofuels, 2018, 11: 185.

[5] Carrera Pacheco S E, Hankamer B, Oey M. Optimising light conditions increases recombinant protein production in *Chlamydomonas reinhardtii* chloroplasts[J]. Algal Research, 2018, 32: 329 - 340.

[6] Hu G R, Fan Y, Zheng Y L, et al. Photoprotection capacity of microalgae improved by regulating the antenna size of light-harvesting complexes [J]. Journal of Applied Phycology, 2020, 32(2): 1027 - 1039.

[7] Bo Y T, Wang K, Wu Y Y, et al. Establishment of a chloroplast transformation system in *Tisochrysis lutea*[J]. Journal of Applied Phycology, 2020, 32(5): 2959 - 2965.

[8] Reiter J F, Leroux M R. Genes and molecular pathways underpinning ciliopathies[J]. Nature Reviews Molecular Cell Biology, 2017, 18(9): 533 - 547.

[9] 孙琳, 潘俊敏. BBS8 蛋白参与衣藻鞭毛膜蛋白的运输[J]. 生物工程学报, 2019, 35(1): 133 - 141.

[10] Xue B, Liu Y X, Dong B, et al. Intraflagellar transport protein RABL5/IFT22 recruits the BBSome to the basal body through the GTPase ARL6/BBS$_3$[J]. Proceedings of the

National Academy of Sciences of the United States of America, 2020, 117(5): 2496 - 2505.

[11] Korkhovoy V, Tsarenko P, Blume Y. Genetically engineered microalgae for enhanced biofuel production[J]. Current Biotechnology, 2016, 5(4): 256 - 265.

[12] Lin W R, Tan S I, Hsiang C C, et al. Challenges and opportunity of recent genome editing and multi-omics in cyanobacteria and microalgae for biorefinery[J]. Bioresource Technology, 2019, 291: 121932.

[13] Schmidt C K, Medina-Sánchez M, Edmondson R J, et al. Engineering microrobots for targeted cancer therapies from a medical perspective[J]. Nature Communications, 2020, 11: 5618.

[14] Urso M, Ussia M, Pumera M. Smart micro- and nanorobots for water purification[J]. Nature Reviews Bioengineering, 2023, 1(4): 236 - 251.

[15] Dabbagh S R, Sarabi M R, Birtek M T, et al. 3D-printed microrobots from design to translation[J]. Nature Communications, 2022, 13: 5875.

第6章

微藻生物质下游处理技术

近几十年,微藻生物炼制领域取得了许多新进展,以满足人类迫切的能源需求。高效、经济的藻水分离技术及其工程化应用是藻类收获,以及产业盈利的重要手段。例如,微藻提油后的非油脂组分中富含丰富的蛋白质、多糖和色素等生物活性物质,这些生物活性物质可被开发成医药、食品及饲料添加剂等高附加值产品。藻渣的高值化利用,不仅可以实现微藻细胞的综合利用,还能够提高微藻能源生产过程的综合经济效益和环保效益,降低微藻能源的生产成本。在藻体非油脂组分高值化利用市场饱和的情况下,大量非油脂组分必须全部进行能源化利用,才能进一步降低微藻生物柴油产业的生产成本。当前国际上微藻生物技术产业化发展势头迅猛依旧,多数微藻企业和研究机构纷纷转向开发耦合"微藻固碳减排、能源、废水资源化利用、高附加值产品开发"的一体化技术,在追求高产的同时均采用了多联产策略以缓解成本压力,并大力推进成果转化,开展工程示范。因此,在生物炼制领域,微藻生物质下游处理技术非常关键,对整个产业的经济、环境生态等效益的重要性不言而喻。

6.1 常见的微藻采收方法

除了生物活性物质的产量提升的关键研究之外,微藻产业化应用的瓶颈之一仍然是采收步骤,即从培养液中收集微藻细胞。微藻细胞体积小、密度低,采收过程需要投入大量资金和能耗,常规采收方法的成本占总生物量生产成本的近三分之一。因此,亟须一种高效、经济的采收工艺。微藻特性(细胞大小、细胞壁结构、密度等)和培养基成分(盐度、种类、水分等)是决定采收方式的关键因素。一些结构特殊的微藻更容易被采收,如螺旋藻,可以很容易地通过沉淀采收。微藻可通过生物炼制进一步加工,生产动物饲料和各种高价值商品,如化妆品、营养保健品和药品。因此,在微藻的采收过程中,应当避免一些有毒的重金属离子和有机化合物的掺入。如果培养液可以回收再利用,将最大限度地提高整个微藻开发的可持续。据报道,生产 390 亿升微藻生物燃料,需要消耗多达 1 500 万吨氮和约 200 万吨磷,而再生培养基可以节省微藻生长所需的水(约84%)和氮源(约 55%)。因此,采收方式的选择对采收后再生培养基的可重复使用性和质量有着重要影响。

　　一般来说,微藻个体直径为 3~30 μm,且大部分藻细胞表面带负电荷,生物质浓度低,多以均匀分散的悬浮体系存在,这些特点使其采收较为困难。目前,常用的采收方法有自然沉降法、离心法、絮凝法、过滤法和气浮法,表 6-1 概述并比较了 5 种采收方法的原理、优势和不足。

表 6-1　微藻的采收方法

采收方法	采收原理	优　势	不　足
自然沉降法	重力作用	操作简单	效率低、耗时长
离心法	离心力作用	适用广、效果好	成本高、通量小
絮凝法	卷扫、网捕、架桥和静电贴片作用	易放大	藻种差异性大
过滤法	截留作用	操作简单、效果好	膜易污染、能耗高
气浮法	卷扫、网捕、架桥和静电贴片作用,浮力作用	效率高,损伤小	成本高

(1) 自然沉降法

　　自然沉降法又称为重力沉淀法,被广泛认为是最简单和最便宜的方法。沉降速率根据目标微藻细胞的密度和直径具有高度选择性,密度大和直径大的微藻细胞比密度小和直径小的微藻细胞沉降速度更快。但是沉降法整体速度慢,导致微藻细胞采收时间长,微藻生物质活性易发生改变,对于后续活性物质的分离提取会造成不利影响,故自然沉降法多用于污水处理。

(2) 离心法

　　离心法是实验室中最常用的微藻细胞采收方法,其分离原理是借助离心机旋转的离心力从而达到细胞与液体培养基进行分离的效果,离心法适用于大多数微藻的采收。在用离心法采收微藻时,采收效率主要受到细胞自身性质(细胞大小、细胞形态、细胞浓度、细胞壁完整性等)、离心参数(离心时间、离心力等)和实验目的(用于接种、分离纯化、胞内外活性物质的提取等)的影响。

离心法虽然普适性强、采收效率高,但是考虑到能耗和微藻细胞损伤等问题,离心法目前主要用于实验室研究,或仅用于高附加值藻类的采收,而在微藻工业方面的应用较少。

(3) 絮凝法

微藻细胞由于表面带有负电荷,细胞间相互排斥而稳定悬浮于培养液中。因此,在传统的采收过程中加入絮凝剂,可以促进微藻细胞聚集,从而增加颗粒的大小,提高沉降速度。絮凝法通常与沉降法、气浮法等其他微藻细胞采收技术结合使用。微藻细胞的絮凝机制可分网捕、卷扫、架桥和静电贴片(图 6 - 1)。

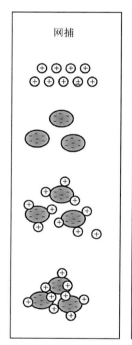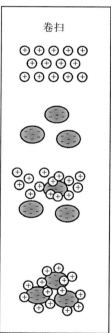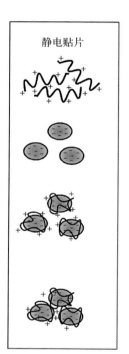

图 6 - 1　絮凝的作用机制

微藻絮凝采收技术根据不同的应用场景可分为以下几类。

① 生物絮凝

生物絮凝采收技术可分为微藻细胞自絮凝、微生物介导的微藻絮凝和微生物絮凝剂介导的微藻絮凝。微藻细胞自絮凝是微藻培养过程中合成絮凝物质(糖苷或多糖)并分泌到细胞壁上,该物质能黏附邻近藻细胞进而引发絮凝。微生物介导的微藻絮凝是由细菌或真菌的菌丝、胞壁蛋白、细胞表面电荷等引起的絮凝。微生物絮凝剂介导的微藻絮凝作用机制尚不清晰，可能与微生物絮凝剂中的羟基和羧基等引起的静电吸附作用和架桥作用有关。但微生物絮凝可能存在微生物安全的问题，尤其是真菌介导的微藻絮凝技术。

② 化学絮凝

微藻细胞表面由于羟基或硫酸根等基团而带负电荷，因此，可以通过加入阳离子电解质对微藻细胞表面电荷进行中和，消除细胞间的静电排斥，进而达到絮凝的效果。目前，常用的化学絮凝剂主要分为无机絮凝剂（氯化铁、硫酸铝、明矾等）和高分子絮凝剂（聚合氯化铝、壳聚糖等）两类。化学絮凝存在操作过程中成本高的问题，而且金属离子和高聚合物在水中残留极难降解，对环境易造成二次污染。

③ 物理絮凝

物理絮凝主要包括电解絮凝和超声絮凝。电解絮凝是通过电解微藻溶液，阳极电解产生金属阳离子，由于吸附、电中和等作用使微藻絮凝，同时在电解过程中产生气体与絮凝体吸附，使絮体上浮，实现微藻富集。另外，可利用超声进行絮凝采收，在超声处理微藻时，藻细胞趋于超声波节点而相互聚集沉降。物理絮凝法相对于化学絮凝法没有二次污染，但是受操作环境限制，而且耗能大（$1 \sim 9 \, kW \cdot h/kg$），不适于大规模应用。

（4）过滤法

过滤法原理是利用压力或吸力的作用，将培养液排到膜的另一侧，而藻细胞被截留下来，是常用的微藻采收方法之一。过滤法常用于形体较大或长链状微藻的采收，如固氮蓝藻（*Nostoc* sp.）和钝顶螺旋藻（*Spirulina platensis*）等。影响过滤的主要因素是微藻细胞和滤膜孔径的大小。孔径为 $0.22 \, \mu m$ 的滤膜常用于实验室研究中微藻细胞干重的测定。

过滤法主要存在处理能力小、能耗高、膜易污染等问题，所以目前膜过滤技术在微藻的大规模采收方面应用较少。引起膜污染的多个因素包括藻液成分、跨膜压力、流动形态和流动速度等。研究表明，天然有机物是引起膜污染的主要物质（多糖、聚合物等），在实际采收中，调节藻液的理化性质、采用错流过滤、改良膜性能、优化过滤条件等可有效缓解膜污染问题。

（5）气浮法

气浮法又称为浮悬法，基本原理是：在悬浮液中通入微气泡，形成气、液、固三相混合流，固体颗粒（微藻絮凝体）与微气泡黏附形成共聚体，在浮力作用下，共聚体上浮，从而达到固液分离。由于微藻细胞体积小，在利用气浮法采收时，一般需先加入絮凝剂,使藻细胞絮凝,然后通入大量的微气泡,形成"微藻絮凝体-气泡"的共聚体,使其密度降低,从而实现微藻细胞采收(图6-2)。

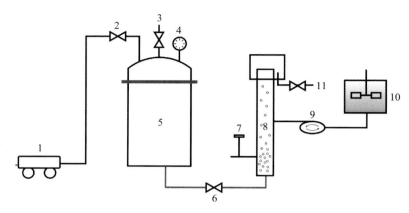

1—空气压缩机;2—阀门;3—安全阀;4—压力表;5—饱和溶气罐;6—针形阀;7—低流液;8—气浮塔;9—蠕动泵;10—藻液贮槽;11—浓缩液出口

图6-2　气浮法采收实验装置与流程图

总之,气浮法由于其流程和设备简单、条件温和、操作方便、采收效率高、可连续操作等优点,在用于微藻采收时有较大的发展潜力。但气浮法易受气泡尺寸、细胞表面性质、溶液化学条件等因素的影响,因此,需要根据不同的微藻种类选择合适的气浮方法和采收条件。

6.2　细胞破碎方法

6.2.1　细胞破碎技术概述

微藻富含蛋白质、色素、脂肪酸等高附加值产品,可将其分离出来进行研究或加工。细胞破碎的目的是释放出细胞内含物,其方法很多,按照是否存在外加作用力可分为机械法和非机械法两大类,此外,还有一些新型破碎方法(图6-3)。

机械法中的高压匀浆法和珠磨法不仅在实验室被广泛采用,而且已经应用在工业生产中,超声破碎法则普遍用于实验室,非机械法中的酶解法、化学渗透法和反复冻融法目前在实验室研究开发过程中也相当普遍。本节重点介绍这6种方法。目前相关研究人员仍在探寻新的细胞破碎方法,如流体空化法、微流化处理法、脉冲电场处理法和阳离子聚合物涂膜法等,关于细胞破碎技术的研究有待不断深入和完善。

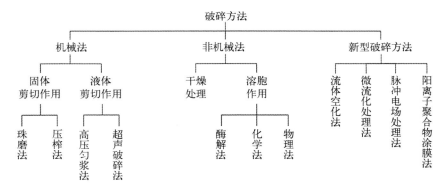

图 6 - 3　主要细胞破碎方法

6.2.2　几种常用的细胞破碎技术

(1) 珠磨法

珠磨法的原理是在搅拌桨的作用下,珠子(研磨剂)之间以及珠子和微藻细胞之间通过互相剪切、碰撞促进细胞壁破裂释出内含物,其实验装置如图 6 - 4(a)所示。影响珠磨法破碎效果的因素有很多,如转速、进料速度、珠子直径与用量、细胞浓度、冷却温度等。用珠磨法破碎微藻细胞壁的珠粒直径大小研究表明,珠粒直径减小,蛋白质释放率呈增大趋势,能量呈下降趋势。

(2) 高压匀浆法

高压匀浆法是利用高压迫使悬浮液通过针形阀,由于突然减压和高速冲击造成细胞破裂,其实验装置如图 6 - 4(b)所示。影响高压匀浆破碎的因素主要有温度、操作压力、循环次数、阀与阀座的形状和二者之间的距离等。破碎的难易程度无疑由细胞壁的机械强度决定,而细胞壁的机械强度则由微藻的形态和生理状态决定。因此,微藻细胞的培养条件,包括培养液、生长期(对数期、稳定期)、稀释率等,都对细胞破碎有影响。胞内物质释放的快慢则由内含物在胞内的位置决定,胞间质的释出先于胞内质,而膜结合酶最难释放。

(3) 超声破碎法

超声破碎法的原理是声频高于 $15\sim20\ kHz$ 的超声波在高强度声能输入下可以进行细胞破碎,其破碎机理尚不清楚,可能与空化现象引起的冲击波和剪切力有关。空化现象是在强超声波作用下,小气泡形成、长大和破碎的现象。超声破碎与声频、声能、处理时间、细胞浓度、微藻类型等因素有关。

超声破碎在实验室规模应用最普遍,其实验装置如图 6 - 4(c)所示,处理少量样品时操作简便,液量损失少。但是超声波产生的化学自由基团能会使某些敏感性活性物质变性失活,操作时产生的噪声令人难以忍受,而且大容量装置的声能传递、散热均有困难,小规模使用时常需要将样品放在冰浴环境中进行,因而超声破碎的工业应用潜力有限。

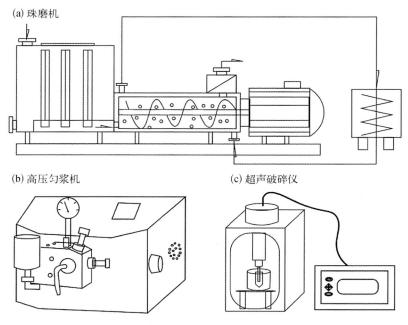

图 6-4　常用的机械破碎方法实验装置

(4) 化学渗透法

某些有机溶剂(如苯、甲苯)、抗生素、表面活性剂(SDS、triton X-100)、整合剂(EDTA)、变性剂(盐酸胍、脲)等化学药品都可以改变微藻细胞壁或膜的通透性,从而使内含物有选择地渗透出来,这种处理方式称为化学渗透法。化学渗透法取决于化学试剂的类型以及细胞壁和膜的结构与组成,不同试剂对各种微藻细胞作用的部位和方式有所差异。

(5) 酶处理法

酶处理法就是用生物酶将细胞壁和细胞膜消化溶解的方法。常用的溶藻酶有溶菌酶 β-1,3-葡聚糖酶、β-1,6-葡聚糖酶、蛋白酶、甘露糖酶、糖苷酶、肽链内切酶、壳多糖酶等,细胞壁溶解酶是几种酶的复合物。溶藻酶同其他酶一样具有高度的专一性,蛋白酶只能水解蛋白质,葡聚糖酶只对葡聚糖起作用,因此,利用溶酶系统处理细胞必须根据细胞的结构和化学组成选择适当的酶,并确定相应的使用顺序。

(6) 反复冻融法

将细胞先放在低温下冷冻($-80\sim-20℃$),然后室温(RT)化,这样反复多次从而达到破壁作用。低温冷冻,一方面能使细胞膜的疏水键结构破裂,从而增加细胞的亲水性能,另一方面胞内水结晶,形成冰晶粒,引起细胞膨胀破裂。反复冻融法的提取效率主要受到藻细胞特性、活性物质的种类、冻融温度、冻融次数、冻融缓冲液和冻融方式的影响。

表 6-2 归纳了目前采用的各种微藻细胞破碎技术的优点和不足,可以根据实际情况选择合适的细胞破碎方法。

表 6-2　各种细胞破碎技术的优点和不足

细胞破碎方法	细胞破碎原理	优　势	不　足
珠磨法	碰撞剪切力	高通量、不破坏活性	能耗高
高压匀浆法	高速撞击力、剪切力、突变压差、空化效应	效率高、无须干燥	能耗高、活性物质易被破坏
超声法	气蚀、剪切力、空化效应	普适性高、时间短、效率高	难放大
化学渗透法	改变壁膜通透性	操作简单、易放大	普适性差、安全性低
酶处理法	酶底物相互作用	专一性高、温和	成本高、时间长
反复冻融法	形成冰晶后破裂	成本低、温和	普适性差

6.3　活性物质提取技术

6.3.1　微藻提取技术概述

将提取溶剂加入固相或另一液相混合物中,使其中所含的一种或几种组分溶出,从而使化合物得到完全或部分分离的过程,统称为提取(或萃取)。

(1) 提取溶剂的选择

在微藻生物活性物质的提取过程中,选择适当的溶剂是至关重要的。对于待提取分离的成分,可根据分子结构判断其极性,选择合适的溶剂。对于一个未知的物质,只能根据物质溶解的一般规律进行预试验,最后确定其溶解的性质。

（2）影响提取效果的因素

提取温度、压力、时间、提取时固-液两相的相对运动速度等许多因素直接影响微藻生物活性物质的提取效率。一般而言，提高温度可促进传质速度，提高可溶性成分的溶解度、扩散系数。扩散速度加快有利于提取，并且适当升高温度，可使原料中的蛋白质凝固、酶破坏，从而增加浸提液的稳定性。但温度过高，会破坏不耐高温的成分，并且导致浸提液的品质变劣，提取的杂质含量增高，给后续精制过程带来困难；在一定范围内，提取时间与提取量成正比，但提取时间不能无限地提高，提取时间过长有可能溶出大量的杂质，并且易导致活性成分的水解。

6.3.2　常用提取方法

（1）浸渍法

浸渍法是将原料用适当的溶剂在常温或温热条件下浸泡出有效成分的一种方法。取适量粉碎后的原料，置于有盖的容器中，加入适量的溶剂，搅拌或振荡，浸渍一定的时间使有效成分浸出，倾取上清液、过滤、压榨残渣、合并滤液和压榨液，过滤浓缩至适宜浓度。

（2）双水相萃取技术

溶剂萃取法一般是将水溶液中的溶质萃取到有机溶剂中，但是由于许多生物大分子在有机溶剂中易失活变性，使其应用受到一定限制。而多聚物的水溶液给生物分子、细胞和细胞颗粒成分提供了温和的环境。将两种亲水性的聚合物都加在水溶液中，当超过某一浓度时就会产生两相，两种聚合物分别溶于互不相溶的两相中。在一定条件下，即可形成两个相对独立的双水相，双水相制备方法如图 6-5 所示。

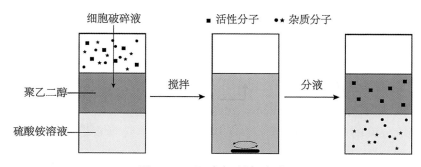

图 6-5　双水相制备方法

利用生物活性物质在两相中不同的分配,可以实现它们的分离。其优点是可直接从细胞破碎匀浆中萃取蛋白质,而无须分离细胞碎片。由于生物分子等在高聚物的温和环境中相对稳定,不仅可直接萃取,达到固液分离的目的,而且还可保证它们在提取过程中保持较高的活性。在萃取过程中,直接影响物质分配平衡的主要因素有聚合物及成盐的浓度、聚合物的平均相对分子质量、体系的pH、其他盐的种类及浓度、微藻细胞的种类及含量、体系温度等。

(3) 超临界流体萃取技术

超临界流体萃取(Supercritical Fluid Extraction,SFE)是一种特殊的萃取分离工艺,利用超临界流体在超过气液共存状态时的性质来溶解某种固体、液体或它们其中的某些组分,并从被提取物中萃取分离出高沸点或热敏性成分,达到分离、提纯的目的。目前应用最广泛的"溶剂"为CO_2,因其具有化学性质稳定、无腐蚀性、无毒、无臭、不易燃、价廉易得、临界温度低、临界压力适中等优点,是天然产物和生物活性物质提取和分离精制的理想溶剂。在环境保护方面,SFE在回收有价值的化合物方面的应用比其他方法更有吸引力。此外,由于CO_2在环境压力下是气态的,因此在应用 SFE 后不需要后续的分离步骤。此外,CO_2可以被回收利用,以缓解温室效应。SFE 已成功用于叶黄素、虾黄素等产物提取。

(4) 微波辅助提取

微波能是一种非离子辐射,有机物受微波辐射,分子排列成行,又迅速恢复到无序状态,这种反复进行的分子运动,使样品迅速加热。微波穿透力强,能深入基体内部,辐射能迅速传遍整个样品,而不使表面过热。微波辅助提取法是将样品置于不吸收微波的容器中,用微波加热,由于内部的分子运动使溶剂与分析物充分作用,从而实现目标产物被快速萃取。

(5) 色谱分离技术

① 凝胶色谱法

即凝胶过滤层析。凝胶是一种不带电荷、具有三维空间的多孔网状结构的高分子化合物,其每个颗粒的细微结构如同一个筛子[图 6 - 6(a)]。凝胶色谱是以凝胶为固定相,利用凝胶微孔对不同分子质量待分离物质的阻滞作用的差异,使化合物得到分离的方法,又称为分子筛色谱、空间排阻色谱或尺寸排阻色谱。常用的凝胶有葡聚糖凝胶(Sephadex G)、聚丙烯酰凝胶(Bio - Gel P)以及琼脂糖凝胶(Sepharose、Bio - Gel A)等。

② 离子交换色谱

离子交换色谱分离法(离子交换层析)是以适当的溶剂作为流动相,利用混合液中各种带电粒子与固定相中具有相同电荷离子交换作用的不同,使化合物得到分离的方法[图6-6(b)]。这种带电粒子与离子交换剂间的作用力主要是静电力,是一个可逆过程。利用这个性质,可将许多生物化合物进行分离和纯化。

③ 疏水作用层析

蛋白质表面在非变性状态下容易与非极性物质相互作用,利用该性质可以使溶解性不同的蛋白质得以分离,该方法即疏水作用层析[图6-6(c)]。在高盐浓度下将各种蛋白质吸附在固定相的非极性部分,然后通过控制降低盐浓度,就可有选择性地将蛋白质各组分按照其表面与疏水填料结合的相互作用,以从小至大的顺序解吸下来。

④ 吸附色谱法

吸附色谱法(吸附层析)是指混合物随流动相通过吸附剂时,由于吸附剂对不同物质具有不同的吸附力而使混合物中各组分分离的方法[图6-6(d)]。在微藻生物提取过程中,吸附色谱法经常被用于脱色或吸附低浓度的活性物质。

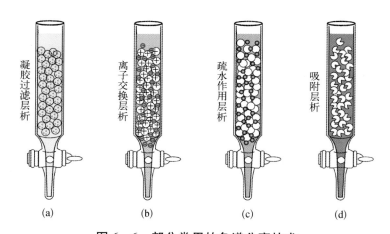

凝胶过滤层析　离子交换层析　疏水作用层析　吸附层析

(a)　　　　(b)　　　　(c)　　　　(d)

图6-6　部分常用的色谱分离技术

⑤ 分配色谱法

分配色谱法是利用物质在互不相溶的两相溶剂中分配系数不同,而达到分离目的的方法,其固定相是黏附有薄层液体溶剂的固体颗粒(载体),其中起作用的是液体溶剂(固定液相),组分在流动相(移动液相)中与液体溶剂间的分配服从气液吸收或液液萃取的平衡关系。

⑥ 亲和色谱法

亲和色谱是利用固相载体上的配基对目标组分所具有的专一的和可逆的亲

和力而使生物分子分离纯化的方法,固定相是附着有某种特殊亲和力的配位体的惰性固体颗粒,目标成分在流动相与固定相之间取得吸着解吸平衡,故又称亲和层析和吸着解吸色谱,主要用于生物活性物质的分离与纯化。

6.3.3　浓缩与干燥

(1) 浓缩技术

常用的浓缩技术有蒸发浓缩、吸收浓缩和冰冻融化浓缩。常用的实验室蒸发浓缩方法主要有常压蒸发、减压蒸发和薄膜蒸发。吸收浓缩是通过加入吸收剂,从溶液中吸收溶剂,从而达到使溶液浓缩的方法。吸收方法有用凝胶直接吸收和用半透膜吸收两种,凝胶浓缩又分动态浓缩(使稀溶液通过凝胶柱)和静态浓缩(将干凝胶投入稀溶液中)两种方式。冰冻融化的原理是在溶液缓慢冻结时,水分会不断地形成冰晶而析出,盐类及大分子则被保留在液相之中,从而使溶液得到浓缩。

(2) 干燥技术

常用的干燥技术有冷冻干燥、喷雾干燥、常压吸收干燥、真空干燥和滚筒干燥。在实验室研究中,最常用的是烘箱直接干燥,主要用于微藻细胞干重的测定。对于油脂和脂肪酸含量的测定,则先采用冷冻干燥的方式获取藻粉,再用有机溶剂进行萃取。目前在微藻的产业化应用中,大多数微藻(如螺旋藻、小球藻、杜氏盐藻和雨生红球藻等)的干燥都采用喷雾干燥,其处理量大,微藻在热风中接触时间短,藻粉的成分保留较完全。

参考文献

[1] 万春,张晓月,赵心清,等.利用絮凝进行微藻采收的研究进展[J].生物工程学报,2015,31(2):161-171.

[2] 郭锁莲,赵心清,白凤武.微藻采收方法的研究进展[J].微生物学通报,2015,42(4):721-728.

[3] 韩玉.膜技术在微藻采收中的应用[J].净水技术,2021,40(5):22-27+130.

[4] 曾剑华,杨杨,石彦国,等.适度破碎微藻细胞释放功能性蛋白的技术研究进展[J].食品工业科技,2018,39(17):319-327.

[5] Suparmaniam U, Lam M K, Uemura Y, et al. Insights into the microalgae cultivation technology and harvesting process for biofuel production: A review[J]. Renewable and Sustainable Energy Reviews, 2019, 115: 109361.

［6］Ji L，Qiu S，Wang Z H，et al. Phycobiliproteins from algae：Current updates in sustainable production and applications in food and health［J］. Food Research International，2023，167：112737.

［7］Ji L A，Liu Y L，Luo J Q，et al. Freeze-thaw-assisted aqueous two-phase system as a green and low-cost option for analytical grade B-phycoerythrin production from unicellular microalgae *Porphyridium purpureum*［J］. Algal Research，2022，67：102831.

第7章
微藻生物转化与合成高价值产品

7.1 脂质与脂肪酸

微藻是酚类化合物和其他抗氧化化合物的潜在来源。从微藻中提取的生物活性化合物在制药、医疗保健和食品行业应用广泛,此外,这些非能源产品具有很高的商业价值。微藻脂质是水产养殖饲料中有价值的成分,在微藻生产的增值产品中,多不饱和脂肪酸或长链脂肪酸因其对人体健康的具有有益作用而广为人知。

二十二碳六烯酸(DHA)和二十碳五烯酸(EPA)是微藻物种产生的具有重要营养价值的长链脂肪酸,经常食用 EPA 和 DHA 补充剂可以增强人体抵抗力,预防心血管疾病。DHA 在维持大脑健康和视网膜的膜流动性方面起着至关重要的作用。一些 DHA 衍生的介质参与减少大脑及眼睛的炎症并防止损伤。表 7-1 列举了一些具有产 EPA 和 DHA 潜力的藻类株系。

表 7-1 一些具有产 EPA 和 DHA 潜力的藻类

微　　藻	EPA 占总脂肪酸/%	DHA 占总脂肪酸/%
角毛藻(*Chaetoceros muelleri*)	12.8	0.8
小环藻(*Cyclotella* sp.)	19.2	/
奥杜藻(*Odontella aurita*)	23.3	2.8
四爿藻(*Tetraselmis* sp.)	4~11	<1
隐藻(*Cryptomonas* sp.)	3~25	2.5~10
红胞藻(*Rhodomonas* sp.)	4.6~10	1.6~4
脂藻纲(*Glossomastix chrysoplasta*)	30	/
金藻(*Isochrysis* sp.)	0.3~0.8	8.2~14.1

微　　藻	EPA 占总脂肪酸/%	DHA 占总脂肪酸/%
巴夫藻（*Pavlova lutheri*）	11.6	22～29
紫球藻（*Porphyridium cruentum*）	41	/

7.1.1　微藻脂质代谢途径

（1）脂质合成途径

目前，人们对微藻的脂肪酸生物合成途径已经建立了较为清晰的认识（图7-1），大致分为三部分：① 持续供应乙酰辅酶A作为前体，NADPH作为还原剂；② 乙酰辅酶A羧化生成丙二酰辅酶A；③ 酰基链延伸。

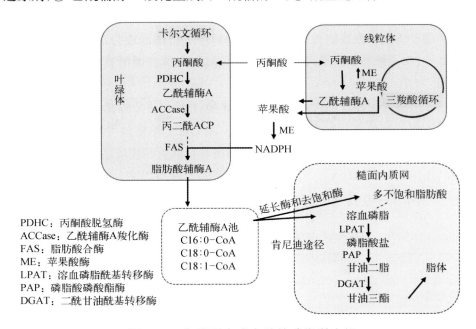

图7-1　与脂质合成有关的碳代谢途径

叶绿体中丙酮酸脱氢酶复合体（PDHC）产生的乙酰辅酶A直接参与脂肪酸的新生合成。PDHC在叶绿体中连接糖酵解和脂质生物合成途径，是推动碳通量进入脂肪酸合成的关键酶。苹果酸酶（ME）催化苹果酸生成丙酮酸和NADPH。由于产生1 mol C18分子需要16 mol NADPH，因此苹果酸酶催化步骤是提供足够还原剂的必要步骤。有报道称，引入编码ME的基因后，微藻的脂质含量显著增加,且对细胞生长影响不大。在脂质积累过程中,微拟球藻中检测到低或零 ME 活性,这可能表明 NADPH 也由其他途径提供,如戊糖磷酸途径(PPP)和胞质异柠檬酸脱氢酶催化反应。

乙酰辅酶 A 生成后,经乙酰辅酶 A 羧化酶(ACCase,限速酶)催化,生成丙二酰辅酶 A。丙二酸辅酶 A 通过脂肪酸合成酶(FAS)配合物催化进入脂肪酸的延伸。FAS 是一种多酶,负责形成棕榈酸和硬脂酸。随后硬脂酸进入多不饱和脂肪酸合成途径。

(2) 多不饱和脂肪酸合成途径

碳主链的构建和脂肪酸的去饱和是藻类多不饱和脂肪酸生物合成的两个重要步骤。棕榈酸是多不饱和脂肪酸合成的前体,延长酶和去饱和酶分别在碳骨架的构建和脂肪酸的去饱和中起关键作用。例如,为了在微藻中合成 EPA,将棕榈酸转化为硬脂酸,硬脂酸进一步去饱和形成 α 亚麻酸。然后,α 亚麻酸通过延长酶和去饱和酶催化的一系列代谢转化为 EPA。在微藻多不饱和脂肪酸的形成过程中,延长酶负责将两个碳原子添加到主链上,去饱和酶负责形成双键。

在藻类代谢过程中,为了促进多不饱和脂肪酸的合成,需要提供足够的乙酰辅酶 A。乙酰辅酶 A 在微藻中有两种可能的命运,一种是参与 TCA 循环,另一种是转化为丙二酰辅酶 A 合成脂肪酸。当微藻在富氮培养基中生长时,藻类细胞可能会将更多的乙酰辅酶 A 分配给 TCA 循环,而在 TCA 循环中,中间产物 α-酮戊二酸是氮同化的必要底物。因此,分配给脂肪酸合成的乙酰辅酶 A 较少,导致藻细胞内脂质产量低。当氨为氮源时,胞内氨浓度可能增加,NADPH-谷氨酸脱氢酶也参与了微藻对氨的同化。葡萄糖和 CO_2 都可以是乙酰辅酶 A 的前体,因此葡萄糖和 CO_2 的升高可以改善微藻的脂质积累。已有研究报道葡萄糖可以通过糖酵解转化为乙酰辅酶 A,而 CO_2 需要在糖酵解前通过卡尔文循环进行固定。

7.1.2　微藻脂质提取方法

高效的脂质提取技术如表 7-2 所示,但目前还没有建立有效的细胞破坏方法。脂质提取常采用索氏抽提法,通常使用非水溶性有机溶剂。正己烷是用于大规模萃取的最常用的有机溶剂。分馏是从脂质中分离不饱和脂肪酸的最佳方法,而饱和脂质是通过降低油温沉淀出来的。大部分微藻的细胞壁较厚,阻碍了细胞内脂质的释放,而且如果没有大量的溶剂,很难从细胞内的位置提取脂质。其基本和关键的要求是在没有任何污染物干扰的情况下提取或分离油。

表 7-2 微藻脂质提取方法

微　藻	提取方法	产　　物	脂质含量/%
普通小球藻(*Chlorella vulgaris*) 栅藻(*Scenedesmus dimorphus*) 微拟球藻(*Nannochloropsis* sp.)	超声波和酶提取	脂质	49.82 46.81 11.73
月牙藻(*Selenastrum minutum*)	匀浆机、氯仿萃取	脂质(棕榈酸、硬脂酸、油酸、亚油酸、亚麻酸、二十四烷酸)	1.26～40.06
微拟球藻(*Nannochloropsis oculata*)	超声辅助破碎	脂质(肉豆蔻酸、棕榈酸、棕榈油酸、硬脂酸、油酸、亚油酸、γ-亚麻酸、花生四烯酸、二十碳五烯酸)	0.21
小球藻(*Chlorella minutissima*) 海链藻(*Thalassiosira fluviatilis*) 海链藻(*Thalassiosira pseudonana*)	超声辅助溶剂萃取	脂质	15.5 40.3 9.5
巴夫藻(*Pavlova* sp.)	超临界 CO_2 萃取、珠磨法	脂质	17.9
葡萄藻(*Botryococcus braunii*)	80℃超临界 CO_2 萃取	脂质	14

Grima 等人比较了 7 种溶剂系统[氯仿/甲醇/水(1∶2∶0.8,体积分数);正己烷/96%乙醇(1∶2.5,体积分数);正己烷/96%乙醇(1∶0.9,体积分数);丁醇;96%乙醇;96%乙醇/水(1∶1,体积分数)]。经过实验测试,氯仿/甲醇/水的回收率最为优异,而 96%乙醇和正己烷/96%乙醇的回收率较低。这些试验证明,氯仿、甲醇、正己烷以及 96%的正己烷均可有效地从微藻中提取出 DHA 和EPA。氯仿/甲醇/水是由 Bligh 和 Dyer 于 1959 年建立的较为成熟的方法,已得到广泛使用,但其缺点在于所用溶剂易燃,毒性较大,不适用于医疗或食品工业中。通过提取-皂化的方式,能够大幅度降低生产成本,并且不会对产品的脂肪酸组成造成影响,但是回收率会稍微降低。

当外界环境压力增加时,产品中的不饱和脂肪酸含量会显著上升,而饱和脂肪酸的含量则会相应降低。因此超临界流体具有出色的萃取效果,它既可以有效地提取 EPA 和 DHA,也可以通过精确的筛选来实现有效的分离。经过精心控制萃取温度和压力,可以有效地提取出 EPA 和 DHA,而且还可以显著降低其他脂肪酸的提取量。Tang 等人应用 SFE 从微藻粉中提取 DHA,结果表明,

SC－CO_2 的最佳提取条件为：35 MPa、40℃、95％乙醇。在此条件下，脂质产率为 33.9％，DHA 含量为 27.5％。

7.1.3　微藻多不饱和脂肪酸含量提高

虽然许多藻类中都存在多不饱和脂肪酸，但微藻中的含量整体偏低，不足以维持商业的应用，影响多不饱和脂肪酸含量的几种因素如下。

(1) 温度

温度可以影响微藻中多不饱和脂肪酸的含量。温度在细胞生长和代谢产物合成中起着关键作用。随着生长温度的变化，不同物种的响应表现出温度与不饱和脂肪酸含量之间不一致的关系。*Leptocylindrus danicus* 在 14℃条件下生长产生了更高的多不饱和脂肪酸（多不饱和脂肪酸、EPA、DHA 分别占总脂肪酸的 39.8％、13.8％和 3.96％），其脂肪酸含量远高于 26℃下生长的鱼（多不饱和脂肪酸、EPA、DHA 分别占总脂肪酸的 19.97％、7.55％和 1.26％）。低温对微拟球藻、等鞭金藻、紫球藻的培养也有积极的影响。*Nitzschia closterium* 的多不饱和脂肪酸含量与温度呈曲线关系，其最适温度为 20～30℃。

(2) 光

光对藻类细胞的光合作用至关重要，在微藻生长中起着关键作用。据我们所知，除了生物量积累外，光照强度、波长和光照周期也会影响藻类细胞中多不饱和脂肪酸的合成。据报道，微藻生物量、脂肪酸组成和色素对光敏感，因此，利用可变光增加脂肪酸的产量受到了广泛关注。不同光照强度，可以改变光合作用产物合成代谢物。光照对模型硅藻三角褐指藻影响的研究表明，在低光照条件下，管状光生物反应器中培养的三角褐指藻生物量生产力下降，而 EPA 含量增加。光照波长和光照周期也会影响藻细胞中多不饱和脂肪酸的积累。科研人员在不同波长的光下培养了四种不同小球藻，发现蓝光比红光更有利于四种藻类亚油酸的积累。

(3) 盐度

在培养基中，盐度是一个重要的参数，它可以改变藻类细胞的渗透压，影响生物量的积累。同时，藻细胞的脂肪酸谱也会受到盐度的影响。多不饱和脂肪酸含量的降低与盐度胁迫有关。研究发现，盐度可以激发小球藻体内的活性氧水平，导致藻体多不饱和脂肪酸氧化，多不饱和脂肪酸含量被降低。在铜绿微囊藻的培养过程中也观察到了盐度引起的氧化应激反应。根据这一机制，为防止藻类细胞过度氧化，应严格控制培养基中的盐度。虽然盐度降低了多不饱和脂肪酸的百分比,但有时盐胁迫会促进脂质积累。

(4) 碳供应

碳供应是微藻中多不饱和脂肪酸生物合成的另一个重要参数。微藻中多不饱和脂肪酸的生物合成途径与其他藻类代谢密切相关,尤其是碳代谢。由于藻类细胞中葡萄糖到乙酰辅酶 A 的代谢途径比二氧化碳到乙酰辅酶 A 的代谢途径要短得多,因此葡萄糖形式的碳可能比二氧化碳形式的碳更有利于脂质和多不饱和脂肪酸的合成。这是在异养模式下生长的微藻具有高脂质产率和高多不饱和脂肪酸百分比的主要机制。除葡萄糖外,其他形式的碳源如乙酸和甘油也可促进藻类细胞内脂质积累和多不饱和脂肪酸合成。

7.1.4　多不饱和脂肪酸的应用

在动物饲料中添加多不饱和脂肪酸的益处是显而易见的。首先,随着动物免疫力的增强,添加多不饱和脂肪酸可以有效防止动物饲料中抗生素和药物的滥用。因此,在一定程度上可以缓解传统水产养殖或畜牧养殖模式的生态问题。其次,由于 $\omega-3/\omega-6$ 比值高的食物对人体健康有益,因此动物摄入多不饱和脂肪酸可以提高肉中多不饱和脂肪酸的百分比,提高油中 $\omega-3/\omega-6$ 比值。

在动物饲料中使用藻类多不饱和脂肪酸的具体优点如表 7-3。第一,虽然一些作物或植物可以积累多不饱和脂肪酸,但它们的生物量生产力远低于微藻。第二,在自然界中,藻类多不饱和脂肪酸是一些动物,特别是水生动物多不饱和脂肪酸的主要来源之一。例如,微藻是自然界中某些鱼虾蟹贝的天然饵料。因此,富含多不饱和脂肪酸的微藻可直接添加到水产饲料中。第三,与植物或作物相比,微藻可以在非耕地上种植,即藻类多不饱和脂肪酸的生产不会与传统作物争夺农业资源。

表 7-3　藻类作为动物饲料的投喂效果

添加微藻	营养组成	水生动物	表现
裂殖壶藻 (*Schizochytrium* sp.)	66%脂质、27%DHA	白虾	富含多不饱和脂肪酸的微藻增强了对虾的先天免疫反应,如抗氧化酶活性、吞噬活性
裂殖壶藻 (*Schizochytrium* sp.)	DHA 占总脂肪酸的 27.2%	罗非鱼	饲料中添加微藻改善了鱼各组织脂肪酸分布;观察到成活率和平均增重的增加

续　表

添加微藻	营养组成	水生动物	表　现
缺刻叶球藻 (*Lobosphaera incisa*)	EPA 占总脂肪酸的 1.5%	斑马鱼	添加微藻可提高链球菌感染鱼的存活率
微拟球藻 (*Nannochloropsis* sp.)	5 g/kg 的 ω-3 脂肪酸含量	竹节虾	提高 ω-3/ω-6 的比值
异养的海洋微藻饲料	藻粉含量为 0.06%～0.50%	白虾	增加虾成活率;增强非特异性免疫特性,如 SOD 活性和酚氧化酶活性

7.2　微藻多糖

多糖是除蛋白质、核酸以外的第三大生物大分子,是生物有机体的重要组成部分,并广泛参与到生命活动的各个环节。许多微藻为保护自身免受环境条件波动的影响,会产生并分泌多糖凝胶基质,以应对各种生物和非生物胁迫(如光强、温度、pH、营养缺乏和有毒物质等),从而起到保护作用。目前已被鉴定能够生产多糖的藻株数量不断增加,几乎涵盖所有的真核微藻与蓝藻。大量研究表明,微藻产生的多糖品种多、资源丰富,因其结构多样性而具有多种生物学活性,在化妆品、药品、工业用品领域具有巨大的应用价值。

根据多糖在微藻细胞中的位置与功能,微藻多糖可以分为三个家族:① 来自细胞壁的结构多糖,通常被称为荚膜多糖(capsular polysaccharides,CPS)或结合多糖(bound polysaccharides,BPS);② 细胞内的储存多糖;③ 释放到细胞外的多糖(exopolysaccharides,EPS 或 released polysaccharides,RPS)与结合聚合物。胞外多糖与结合多糖在结构组成上没有发现明显的差异,因此推测多糖可能首先作为结合聚合物,后被逐渐释放,RPS/BPS 比率随着培养时间的增长而逐渐增加。

微藻胞外多糖在细胞结构中起着关键的作用,针对各种生物和非生物胁迫,其可以对细胞起到保护作用,它承担着吸附有机和/或无机化合物、吸收多余能量、黏附生物膜、防止抗菌剂的侵害、细胞成分的输出,以及提供细菌群落的营养源等重要生物学功能,以促进环境中存在的必需元素和微量营养素的固定,并且在蓝藻菌落的形成中也发挥着作用。除结构作用和保护作用外,有些多糖还在微藻细胞中作为能量储备物质(淀粉或糖原)存在。

7.2.1 微藻多糖的结构

为了充分了解微藻多糖的不同用途和应用,必须考虑其结构和理化特性,包括单糖数量、生物聚合物对酶消化的抵抗力、高分子量和黏度等因素。

微藻的总糖含量大多在 $5\%\sim30\%$,一般为酸性杂多糖,由 $3\sim8$ 种单糖杂聚而成,分子量极高,通常大于 10^6 Da。多糖结构中最常见的单糖是 d -木糖、d -葡萄糖、d -半乳糖和 d -甘露糖以及一些相应的 N -乙酰氨基糖和糖醛酸。微藻多糖的单糖组成在不同藻种间体现出多样性。绿藻多糖通常为木糖-阿拉伯糖-半乳糖聚合物或葡萄糖醛酸-木糖-鼠李糖聚合物,木糖在红藻门多糖中占主导地位,而葡萄糖则是蓝藻多糖中的主要单糖。微藻多糖主链上通常含有糖醛酸和非糖基团,例如含有硫酸盐或甲基时,该多糖是一种硫酸化半乳糖聚糖。糖醛酸通常为葡萄糖醛酸(GlcA)和半乳糖醛酸(GalA),其在多糖中含量很高。在某些蓝细菌中,可能存在其他糖醛酸,例如仅在赤潮异形藻的胞外多糖中检测到的甘露糖醛酸。现有研究没有系统地分析微藻多糖的硫酸盐和蛋白质等非糖基团,但在已分析结构的多糖中发现,微藻多糖的硫酸盐基团在不同微藻株系中广泛存在。根据现有研究,微藻多糖种类及其主要单糖组成如表 7-4 所示。

表 7-4 微藻多糖种类及其主要单糖组成

藻　　　种	种　属	多糖类型	主　要　单　糖
中肋骨条藻 (*Skeletonema costatum*)	硅藻	EPS	葡萄糖、醛糖
新月细柱藻 (*Cylindrotheca closterium*)	硅藻	sPS	葡萄糖、木糖
三角褐指藻 (*Phaeodactylum tricornutum*)	硅藻	sPS	葡萄糖、甘露糖
盐生隐杆藻 (*Aphanothece halophytica*)	蓝藻	EPS	葡萄糖、岩藻糖
小红藻 (*Rhodella reticulata*)	红藻	sPS	木糖、半乳糖
紫球藻 (*Porphyridium cruentum*)	红藻	sPS	木糖、半乳糖
多环旋沟藻 (*Cochlodinium polykrikoides*)	鞭毛藻	sPS	甘露糖、半乳糖

注:EPS,胞外多糖;sPS,胞外硫酸化多糖。

　　尽管近年来对微藻多糖结构的研究逐渐增加,但由于单糖组成的多样性、非糖取代基的存在、重复单元的明显缺乏等原因,截至目前微藻多糖仍然没有系统完整的结构表征。此外,多糖的结构组成会因藻种、培养基成分、环境压力和培养时间的不同而不断变化,这也给多糖结构的分析带来困难。

7.2.2　微藻多糖的生物活性及应用

(1) 抗氧化活性

　　微藻是光能自养生物,处于高度氧化应激和自由基应激状态下,因此会积累有效的抗氧化多糖以保护细胞免受损伤。来自小红藻的细胞外粗多糖可以去除超氧阴离子自由基并抑制亚油酸自动氧化。紫球藻硫酸化胞外多糖对亚油酸自氧化表现出抗氧化作用,其抗氧化作用与多糖中硫酸盐比例呈正相关,即使多糖发生降解,其成分仍能清除自由基。李羚等研究得到的螺旋藻多糖能够有效清除羟基自由基和超氧阴离子,并且剂量效应关系及动力学稳定性较好,具有抗脂质过氧化及保护 DNA 免受自由基损伤的作用。抗氧化剂可以有效地保护机体免受活性氧的损害。微藻作为具有重要研究价值的微生物类群,其抗氧化活性是研究热点之一。

(2) 抗肿瘤、抗病毒、抗菌活性

　　研究表明,微藻多糖具有抑制癌细胞生长的潜在活性。链状裸甲藻可以生产出含有高硫酸盐的胞外多糖,具有免疫刺激活性,促进自然杀伤细胞和巨噬细胞的肿瘤杀伤作用,并抑制体内肿瘤细胞的生长。Akao 等发现从钝顶螺旋藻中分离的多糖可以增强小鼠自然杀伤细胞的活性,从而在抗肿瘤中发挥重要作用。Guzmán 等研究表明,小球藻多糖在体内外均能显著增强吞噬细胞的吞噬作用,三角褐指藻胞外多糖显示出免疫抑制效应。Nikolova 等利用可逆电穿孔增加质膜透过率和添加来测试乳腺癌肿瘤细胞的活性变化,结果证明在 $75~\mu g/mL$ 多糖和 $200~V/cm$ 电穿孔的联合运用下,肿瘤细胞的活性降低了 40%。

　　硫酸多糖的抗病毒和抗菌活性是微藻研究最广泛的特性之一。Radonic 等人提出,钝顶节旋藻和紫球藻在培养基中释放的多糖在体外或体内对痘苗病毒和脱节病毒表现出抗病毒作用。陈晓清等从海水小球藻和紫球藻中提取到的多糖抗菌谱比蛋白质提取物抗菌谱广,海水小球藻多糖提取物对中华根霉与稻瘟病菌有极强的抗菌效果。

　　微藻多糖的这些抗病毒、抗肿瘤、免疫调节等活性赋予了其极高的药用价值,在新药开发与临床研究中被广泛应用,不但可以作为抗性药物,而且对部分

疾病有较好的治疗效果。虽然目前微藻多糖在临床上的应用十分有限,但未来会有较大的发展潜力。

(3) 流变学特性

除了上述特点,微藻多糖由于其独特的流变学特性而常被用作胶体稳定剂、食品增稠剂、乳化剂等,应用于食品、化妆品、医药等行业。微藻多糖可以在交联后形成化学和机械稳定的系统,作为离子交换树脂用于去除重金属离子,在预浓缩、物质分离、生物吸附、离子检测及环境分析等方面有着巨大的应用前景。

7.2.3 已被开发研究的几类微藻多糖

(1) 紫球藻多糖

从 20 世纪 60 年代开始,便有许多关于紫球藻多糖的开发研究。紫球藻多糖以胞外多糖为主,部分溶解于培养基中,易于分离纯化。紫球藻胞外多糖由木糖、葡萄糖和半乳糖等单糖通过 β-糖苷键连接而成(图 7-2),其磺酸基取代度约为 7%,葡萄糖醛酸含量约为 10%。研究表明,紫球藻胞外多糖在体内对小鼠免疫功能具有正调节作用,对革兰氏阳性菌的抑菌作用较为明显。此外,紫球藻多糖具有较好的抗氧化和保湿作用,是一种优良的天然化妆品原料,且已获得多个国家批准。以色列 Frutarom 公司已经实现规模化培养紫球藻,并利用紫球藻多糖开发化妆品。

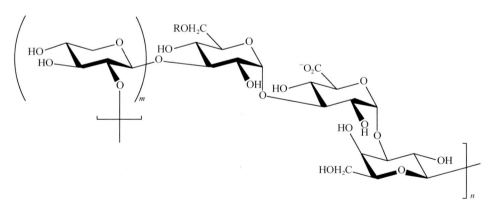

图 7-2　紫球藻胞外多糖单糖结构

(2) 硒多糖

硒多糖是一种新型功能性多糖,具备硒和多糖的双重生理作用。大量研究发现,相对多糖或无机硒,硒多糖具有更好的抗肿瘤、抗氧化、免疫调节等活性。

硒多糖稳定性高、生物可用性高、毒性低,逐渐成为功能性食品和药品中的主要研究方向之一。

最常见的硒多糖是从富硒螺旋藻中提取的螺旋藻硒多糖复合物。一些研究发现,螺旋藻含硒多糖能够抑制小鼠 S180 肿瘤细胞的增殖,且相对于单独多糖,螺旋藻含硒多糖可能能够更好地提升免疫功能。另外,螺旋藻含硒多糖中硒纳米颗粒的功能化能够显著提升细胞对其的摄取率,以及对一些人类癌细胞的细胞毒性。

（3）金藻昆布多糖

金藻昆布多糖是一类由糖苷键支链连接而成的水溶性低分子量(大于 4×10^4 Da)的葡聚糖,仅包含 20～30 个低分支度的线性残基。金藻昆布多糖主要储存于藻细胞液泡内,经调查不同硅藻藻种中昆布多糖含量占干重的 12%～33%。金藻昆布多糖的主要结构单元为 β-1,3-葡聚糖,其具有包括提高机体免疫力在内的多种功效,被广泛应用于医药保健、食品、化妆品和动物饲料等行业。

（4）绿藻多糖

绿藻多糖是一种水溶性硫酸多糖,通常可分为两类,一类为木糖-阿拉伯糖-半乳糖聚合物,另一类为葡萄糖醛酸-木糖-鼠李糖聚合物。绿藻多糖主要位于细胞间质中,在细胞质内和细胞壁中也有少量存在。细胞壁多糖不易溶于水,可以通过碱提法或酸提法得到组分单一的木聚糖、甘露糖或葡聚糖等。我国绿藻资源十分丰富,绿藻多糖在医药、食品、饲料、化工和化妆品等领域具有广阔的开发应用前景。

7.2.4　多糖研究发展方向

（1）藻种的改良、选育及培养条件优化

传统微藻培养方法因产率低、生产成本高、产品稳定性差等特点,致使微藻多糖大规模生产困难。通过藻种鉴定等分子生物学手段,能够发现更多优质多糖的速生高产藻株;通过研究不同培养条件对多糖产物富集于生化活性的影响,可进行培养条件优化,使多糖产量与生化活性得到提升;通过放大实验,可减小实验室环境与室外大规模培养环境之间的差距,从而为多糖工业化生产奠定基础。

（2）改变分子构象获得衍生物

微藻多糖作为一类具有重要生物活性的天然多糖化合物,其生物活性已逐渐为人类所知。但人们对微藻多糖的结构研究还很不深入，大多停留在对其一级结构的研究上，尚不能确定多糖的构效关系，妨碍了微藻多糖的进一步开发和利用。多糖的活性与其初级结构和高级结构密切相关，选择合适的方法对微藻多糖进行分子修饰，获得不同的衍生物，可以降低微藻多糖的毒副作用，并提高其生物活性。

(3) 基因工程构建高产多糖藻种

通过基因工程与细胞工程等现代生物技术手段，构建具有较高生化活性的多高产糖藻株，将是未来微藻多糖的重要研究发展方向。通过基因编辑手段对多糖合成过程进行调控，构建适合大规模培养的新型速生高产藻株，进行微藻合成多糖的生理机制和代谢调控的深入研究，为进一步提高藻类多糖产量提供有效的技术手段。

7.3　捕光色素蛋白复合体

7.3.1　藻胆体

藻胆体是一种捕光复合物，由藻胆蛋白和连接蛋白组合而成，存在于红藻纲（*Rhodophyceae*）、蓝藻纲（*Cyanobacteria*）、隐藻纲（*Cryptophyceae*）和部分甲藻纲（*Pyrrophyceae*）中。藻胆蛋白为脱辅基蛋白与发色团经硫醚键连接而成，脱辅基蛋白也就是藻胆蛋白的 α、β 和 γ 亚基，分子量大小为 $16\sim39$ kDa，发色团有四种，分别为藻蓝胆素（phycocyanobilin，PCB）、藻红胆素（phycoerythrobilin，PEB）、藻尿胆素（phycourobilin，PUB）和藻紫胆素（phycoviolobilin，PVB）。根据位置与功能的不同，连接蛋白也可以分为四种：杆连接蛋白（rod linker）、杆-帽连接蛋白（rod capping linker）、杆-核连接蛋白（rod-core linker）、核-膜连接蛋白（core-membrane linker）。藻胆素、藻胆蛋白和藻胆体的结构示意图见图 7-3。

根据结构和发色团的组成，藻胆蛋白可以分为藻蓝蛋白（含有三个 PCB）、别藻蓝蛋白（含有两个 PCB）、藻红蛋白（一共含有 $5\sim6$ 个 PEB 或 PUB）和藻红蓝蛋白（含有两个 PCB 和一个 PVB）；根据来源不同，藻胆蛋白又可以进一步分为 R 型、C 型和 B 型。藻蓝蛋白普遍存在于红藻（R 型）和蓝藻（C 型）中，藻蓝蛋白和别藻蓝蛋白的可见光最大吸收峰，分别为 620 nm 和 650 nm。R-藻红蛋白和 C-藻红蛋白分别存在于大型红藻（如 *Gracilaria* sp.）和蓝藻（如

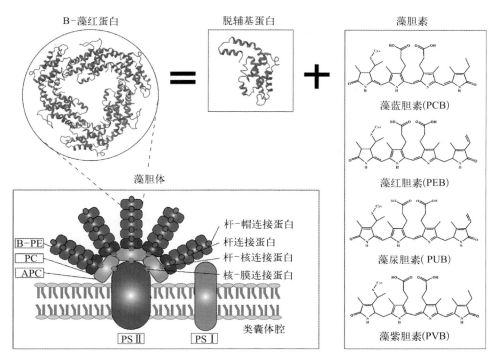

图 7 - 3　藻胆素、藻胆蛋白和藻胆体的结构与组成示意图

Pseudanabaena sp.）中，它们的可见光最大吸收峰均为 565 nm，而 B - 藻红蛋白
一般存在于单细胞红藻（如 *Porphyridium cruentum*）中，其可见光最大吸收峰
为 545 nm。此外，来源于 *Mastigocladus laminosus* 的藻红蓝蛋白，其可见光最
大吸收峰为 575 nm。藻胆蛋白的光吸收范围、最大吸收峰以及最大荧光发射峰
见图 7 - 4。

　　在红藻和蓝藻中，位于藻胆体最外层的藻胆蛋白可以吸收光能，将光能依次
传递给藻蓝蛋白、别藻蓝蛋白和叶绿素 a，由中心叶绿素 a 将光能转化为电能，经
光系统 Ⅱ 和光系统 Ⅰ 中的电子传递链，产生 ATP。研究表明，温泉红藻
（*Cyanidioschyzon merolae*）中含有两套捕光天线系统，分别由藻胆蛋白和叶绿
素结合多肽介导，前者与光系统 Ⅱ 连接，而后者直接与光系统 Ⅰ 连接，也正是因
为如此，红藻被推断是原核蓝藻和真核绿藻，以及高等植物之间进化的中间
物种。

　　尽管大多数蓝藻和红藻中都含有藻胆蛋白，但是藻种之间藻胆蛋白的种类、
比例和含量存在显著差异。除了筛选高产藻株，培养优化也可以进一步提高藻

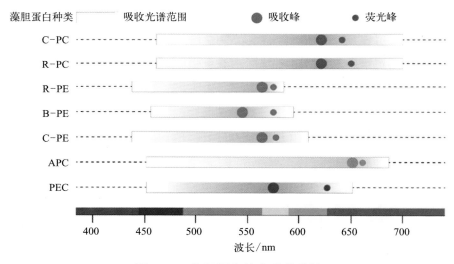

图 7-4　藻胆蛋白的光谱学特性

胆蛋白的产量。提取方法的不同和藻株细胞结构的差异(如大型红藻和单细胞红藻、有无细胞壁),都会对藻胆蛋白的提取造成影响。对于藻胆蛋白的分离纯化而言,一方面需要去除粗提液中的杂质(如细胞碎片、多糖等),另一方面还要将某种特定的藻胆蛋白从藻胆蛋白混合物中分离出来。此外,藻胆蛋白的稳定性受光照、pH 和温度等因素的影响较大,限制了其在医疗诊断、保健品、护肤品和食品行业的应用。

7.3.2　岩藻黄素-叶绿素 a/c-蛋白复合体(FCP)

岩藻黄素-叶绿素 a/c-蛋白复合体主要存在于硅藻中,是独特的捕光天线蛋白复合物,它具有非凡的光捕获和光保护能力,有助于硅藻在强光和可变光的环境中取得优势。

FCP 结合的色素组成与绿色藻类和高等植物有很大不同,主要含有岩藻黄素、叶绿素 a 和叶绿素 c,不含有叶绿素 b。Wang 等人的研究发现,每个 FCP 单体中结合 7 个叶绿素 a、7 个岩藻黄素、2 个叶绿素 c、1 个硅甲藻黄素、2 个钙阳离子、1 个磷脂酰甘油和 1 个双半乳糖二酰甘油。每个 FCP 单体结合的叶绿素数量少于 LHCII 复合体(14 个叶绿素)。2 个叶绿素 c 都结合在叶绿素 a 和岩藻黄素形成的特征性口袋结构中,每个叶绿素 c 分子分别与 2 个叶绿素 a 分子成簇,并与其中 1 个叶绿素 a 分子紧密耦合;每个叶绿素簇内的叶绿素距离都在

3.5 Å 左右，可以使能量快速高效地传递。FCP 二聚体内部的叶绿素距离都在 10 Å 之内，使激发能达到快速的平衡和传递。

岩藻黄素和叶绿素 c 为硅藻 FCP 提供橙棕颜色，使它们能够吸收蓝绿色区域的光，这些光渗透到更深的水中，但不能被绿色谱系的光合生物有效利用。由于海洋表层的水不断循环，硅藻可以在短时间内经历弱光和强光之间的转换。硅藻通过非光化学猝灭（NPQ）系统处理强光，这使得在强光下吸收的多余能量能够消散为热量。硅藻 FCP 显示出强大的 NPQ，在强烈照明下工作，并提供免受光损伤的保护。已知硅藻 NPQ 系统涉及硅甲藻黄素-硅藻黄素的叶黄素循环，其表现为在强光下通过硅甲藻黄素脱环氧化酶将硅甲藻黄素转化为硅藻黄素，弱光或黑暗下硅藻黄素环氧化酶将硅藻黄素转化为硅甲藻黄素。

硅藻质体起源于一种祖先红藻的内共生，其 FCP 属于捕光复合体（LHC）蛋白家族，与绿色谱系生物的主要 Lhca（LHCI）和 Lhcb（LHCII）蛋白序列同源性较低。硅藻 FCP 的主要亚基由 Lhcf 基因编码，每个硅藻物种中都有 10 多个 lhcf 基因。FCP 的能量收集和耗散特征与红藻和绿色植物中发现的 LHC 显著不同，这是因为不同的叶绿素和类胡萝卜素（主要是叶绿素 c 和岩藻黄素）的结合，也可能是由于色素的排列方式不同。Lhcf 基因的序列高度相似，由这些基因产生的 FCP 蛋白也被认为具有相似的结构和性质，包括相似数量的色素的结合。研究者已经对 FCP 的光收集、能量转移和耗散功能进行了生化和生物物理研究。然而，参与这些反应的色素的排列目前尚不清楚，这限制了我们在分子水平上对这些过程的理解。

7.3.3　多甲藻黄素-叶绿素 a 蛋白复合物（PCP）

PCP（Peridinin-chlorophyll a-protein）是海洋甲藻特有的一种水溶性捕光复合物。区别于蓝藻、绿藻和植物的捕光天线蛋白，甲藻的 PCP 蛋白和色素都非常特殊。目前已知 PCP 仅存在于甲藻中，所以使用甲藻生产 PCP 成为一个重要且经济的选择。甲藻的研究主要集中在亚历山大藻、虫黄藻和前沟藻等几个属。虽然一些其他甲藻（包括 *Gonyaulax* sp.、*Glenodinium* sp. 和 *Heterocapsa* sp.）中也含有 PCP，但有关它们的研究并不多。

对各种甲藻中 PCP 的基因组和转录组分析表明，PCP 基因是核编码的、无内含子的，并且存在于 DNA 序列的串联排列中。此外，多甲藻素质体的基因组包含的基因数比其余色素质体的基因组要少，这意味着大部分光合作用相关的基因已经转移到细胞核中。研究已经证明，基因表达、转座子沉默和染色体相互作用受到 DNA 甲基化的控制,而环境因素的刺激却会改变 DNA 的甲基化水平。

PCP 具有 2 种不同的类型:一种是分子量为 32 k～35 kDa 的单体,而另一种是由分子量为 15 kDa 亚基(亦被称为最小的 PCP building block,bPCP)组成的同源或异源二聚体。来自强壮前沟藻(*Amphidinium carterae*)的 MFPCP 和 HSPCP 都属于单体,而来自虫黄藻(*Symbiodinium pilosum*)的 PCP 只有它们约一半的长度,属于二聚体。特殊情况下,强壮前沟藻具有由三个单体 PCP 组成的三聚体 PCP 复合物。然而,三聚体 PCP 捕光复合物在不同条件下可能行使不同的捕光作用。上文提到 PCP 基因是核编码的、无内含子的,并且存在于 DNA 序列的串联排列中。因此,PCP 基因异质性被认为是甲藻中多种等电点值差异很大的 PCP 亚型来源的原因。

除了天然的 PCP 外,研究 PCP 功能的一种更精细的方法是生成具有面向目标特征的人造 PCP 复合物(即重折叠后的 PCP,RFPCP)。通过开发 MFPCP 的体外重组系统,对 PCP 进行此类修改成为可能。尽管存在全长 MFPCP 和半长 MFPCP(N 端 MFPCP)的重组系统,但先前的研究都集中在半长 MFPCP 上。重构的全长 MFPCP 由两个不同的 bPCP 结构域组成,而 RFPCP 由两个相同的 bPCP 组成同源二聚体,这大大降低了色素结合位点的异质性。Schulte 等人研究发现,稳定的 RFPCP 与 MFPCP 在结构上几乎没有区别。此外,研究人员还制备了结合不同叶绿素的 RFPCP,并解析了它们的结构。重组系统的可变性和简单性使得 RFPCP 成为进一步研究 PCP 光保护机制的理想结构。

7.3.4 藻类天然荧光蛋白的应用

近几年研究发现,微藻胞内生成的天然荧光蛋白,例如别藻蓝蛋白、藻红蛋白、PCP 等,因其独特的荧光性质在荧光标记和金属增强荧光领域分别得到了广泛的应用和深入的研究。比如藻红蛋白是一种从海洋红藻中分离纯化得到的水溶性荧光蛋白,是应用最为广泛的藻胆蛋白之一。由紫球藻 B 型藻红蛋白晶体结构的解析可知,其由 α、β 和 γ 亚基组成,α 和 β 亚基聚合为单体(αβ),三个单体聚合为一个环形三聚体(αβ)3,两个三聚体"面对面"堆积为规则的、带有中央空洞的圆柱形六聚体(αβ)6。

藻胆蛋白与 FITC(异硫氰酸荧光素)等荧光素一样,是目前普遍使用的荧光标记试剂。相关产品可广泛应用于癌症早期诊断、病毒检测等临床诊断领域。除此之外,藻胆蛋白作为荧光探针,在免疫学、组织化学、分子生物学等方面的应用也具有广阔前景,具有传统化学荧光染料无法比拟的优越性。同时,藻胆蛋白作为一种新型的高效、无毒副作用的光敏药物,可应用于光动力治疗肿瘤细胞。该疗法的原理是先将一些光敏剂注射体内,再用强光照射,光敏剂吸收光子之后跃迁至激发态,处于激发态的光敏剂将能量传给周围的氧分子,最后产生单线态氧。该方法可有效治疗肿瘤,且对正常组织的损伤极小。

此外,藻胆蛋白颜色鲜艳、对人体无任何毒害,具有抗氧化和清除自由基的作用,可作为天然色素或抗氧化剂,用于化妆品、保健品和食品中,具有相当广阔的潜在市场。

此外,PCP 包含的多甲藻黄素具有特殊的化学结构和生物活性,在光生物物理学(人工捕光复合物)和生物医学领域也受到了重视。为了方便读者理解,我们以 PCP 为例,绘制了相关的应用示意图(图 7-5)。

(1) 荧光标记

PCP 具有较高的荧光量子产率,且其吸收光谱和荧光光谱之间存在较大的斯托克斯位移,因此 PCP 被认为可以作为一种荧光标记用于医疗上的诊断和分析。PerCP 荧光标记作为 PCP 的主要商业形式,在医学研究中被广泛应用。商品化的 PerCP 复合物分子量为 35 kDa,具有较宽的激发光谱(最大吸收波长为 472~488 nm),并且在 675~677 nm 处达到最大发射量。

PerCP 的荧光免疫标记,在流式细胞术中应用最多。它的花青素 5.5 偶联物(如 BD 公司的 PerCP-Cy5.5)可以被标准的 488 nm 激光激发,并且发射远红外光谱,可以用于流式细胞的多色分析中。由于不同的发射波长,PerCP-花青素偶联物可以和 FITC、PE 以及其他荧光物质一同用于流式细胞分析中。此外,PerCP 与一抗或二抗的结合可以获得更高的荧光信号。由于光谱研究的深入和 PerCP 荧光检测技术的进步,PerCP 作为荧光试剂广泛应用于人类血细胞、免疫系统、白血病、肿瘤、冠状动脉疾病、哮喘、2 型糖尿病等多项生物医学研究中。

(2) 金属增强荧光

PCP 与无机纳米结构的耦合可以增强复合物的吸收强度和荧光强度。有研究表明通过等离子体的相互作用,银岛薄膜上的 PCP 发出的荧光是原先的 18 倍。研究结果显示 PCP 与半连续银膜形式的金属纳米粒子耦合形成混合纳米结构后,增强了 PCP 原先的光吸收能力,与银纳米线耦合的 PCP 复合物被发现具有更高的荧光发射强度。除了金属银之外,Krajnik 等人将 PCP 与二氧化硅纳米颗粒耦合,发现了荧光发射强度增强的现象。PCP 与纳米结构的耦合还可

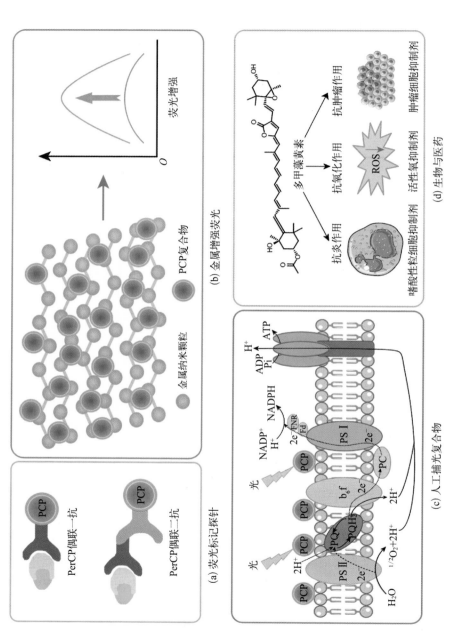

图 7 - 5　PCP 的应用示意图

(a) 荧光标记探针　(b) 金属增强荧光　(c) 人工捕光复合物　(d) 生物与医药

以增强荧光显微镜成像结果。Twardowska 等人发现加入还原氧化石墨烯后，PCP 的荧光图像具有了更复杂的显示模式，与未添加还原氧化石墨烯相比，亮点的数量和荧光强度都显著增加。因此 PCP 作为增强光吸收能力和荧光强度的重要结构之一，可以应用于金属增强荧光领域，在检测灵敏度的提高、荧光探针的构建和生物成像方面具有极大的应用潜力。

(3) 光生物物理学(人工捕光复合物)

类胡萝卜素已被广泛应用于人工模拟光反应中心以及人工光合天线中，因此，类胡萝卜素作为光合细胞的重要组成部分，有望成为未来人工捕光复合物的关键组成部分。通常共轭碳-碳双键的数量和共轭长度决定了类胡萝卜素 S_1 和 S_2 态的存在时长及其能量传递的机制和途径。多甲藻黄素是一种含有共轭羰基的类胡萝卜素，它的共轭羰基会在激发态中形成一个单线态，具有分子内电荷转移的特性。

随着对含有羰基的类胡萝卜素(如多甲藻黄素)的深入研究，其具有的一些独特性质也被随之发现：① 含羰基的类胡萝卜素能够缩小 S_2 与 S_1 之间的能隙，使 $450 \sim 550$ nm 范围内的光可以被收集，但又维持了较高的 S_1 激发态，使从 S_1 激发态到类卟啉 Q_y 态的能量传递保持较高的效率；② 通过改变溶剂极性可以调整含羰基的类胡萝卜素的 S_1 和 S_2 激发态；③ 含羰基类胡萝卜素的 S_{ICT} 激发态在能量传递的过程中扮演重要的作用。

从类胡萝卜素到焦脱镁叶绿酸的能量传递已经通过荧光激发光谱技术被充分研究。迄今为止，含有羰基的类胡萝卜素在人工捕光复合物中的应用局限于岩藻黄质-焦脱镁叶绿酸二联体和多甲藻黄素-焦脱镁叶绿酸二联体。Osuka 等人证明了溶剂和二联体对类胡萝卜素-焦脱镁叶绿酸的能量传递的影响，同时还发现了岩藻黄质和多甲藻黄素都能猝灭三线态的焦脱镁叶绿酸，并以此模拟了类胡萝卜素在捕光系统中的光保护作用。Polívka 等人研究发现，改变溶剂的极性可以调节从多甲藻黄素到焦脱镁叶绿酸的能量传递，并且在苯溶液中多甲藻黄素-焦脱镁叶绿酸二联体的能量传递效率(80%)远高于岩藻黄质-焦脱镁叶绿酸二联体的能量传递效率(27%)，已经非常接近天然捕光系统中的多甲藻黄素-叶绿素的能量转移效率。因此，多甲藻黄素作为一种捕光色素，可以应用于人工捕光复合物，成为模拟天然捕光复合物的理想材料。

(4) 生物与医药

PCP 复合物中的多甲藻黄素在结构上类似于岩藻黄质。它属于天然类胡萝卜素里的叶黄素一类，且大量存在于甲藻中。海洋中的类胡萝卜素和叶绿素是自然界中含量最丰富的天然色素之一。海洋类胡萝卜素具有抗炎、抗氧化和抗肿瘤活性的作用,其作为药物和营养品受到了广泛关注。在外周免疫系统中,Onodera 等人发现多甲藻黄素可以通过抑制嗜酸细胞活化趋化因子来抑制小鼠耳垂和外周血中的嗜酸性粒细胞,从而达到抑制过敏性炎症的效果。此外,多甲藻黄素的抗氧化作用也得到进一步研究。Ueba 等人研究发现多甲藻黄素可以抑制锌增强后的小胶质细胞炎症 M1 表型,并且可以降低它的 ROS 水平,使多甲藻黄素可以成为潜在的缺血性短期空间记忆障碍的治疗药物。研究人员在 *Gonyaulax polyedra* 中发现多甲藻黄素占总类胡萝卜素的 55%,尽管其单线态氧的猝灭效率不及 β-胡萝卜素,但其含量远超 β-胡萝卜素(总类胡萝卜素的 4.1%),所以仍被认为是 $O_2(^1\Delta_g)$ 的重要猝灭剂。在抗肿瘤方面,根据报道,多甲藻黄素分子内的环状结构对人类恶性肿瘤细胞,尤其是 HeLa 细胞具有较强的抗增殖作用,这使多甲藻黄素可以成为潜在的抗肿瘤药物。多甲藻黄素还可以诱导死亡受体 5(DR5)的表达,并且激活 DLD-1(人结直肠腺癌上皮细胞)完成 TRAIL(肿瘤坏死因子相关凋亡诱导配体)诱导的凋亡,这表明多甲藻黄素与 TRAIL 结合是一种克服癌细胞 TRAIL 耐药性的新策略。此外,Ishikawa 等人研究表明,多甲藻黄素可以通过抑制 NF-κB 和 Akt 的信号传导从而抑制被人类嗜 T 淋巴细胞病毒 1 型感染的 T 淋巴细胞(低浓度下),以及促进它的凋亡(高浓度下)。

7.4　色素

为了使食物更具有吸引力,许多食品在生产过程中通常会添加着色剂。近年来,一些人造食品着色剂被越来越多地揭露会引发许多健康问题,因而大众对天然着色剂的需求逐渐上升。微藻具有色素类型广泛、生长快速、色素含量相较高等植物更高等优点,是天然色素的极好来源。除了着色潜力外,微藻天然色素还具有健康益处,如抗氧化、抗癌和抗炎等。因此,微藻生产的天然色素越来越受到关注与重视。

微藻中的色素主要分为三类:藻胆蛋白(占干重的 5%~15%)、类胡萝卜素(通常占干重的 0.1%~0.2%,但在某些物种中高达 14%)和叶绿素(占干重的 0.5%~2.0%)。这三种色素的分类与其化学基团和结构有关,叶绿素被定义为四吡咯,由一个大的芳香环组成,二氢卟酚包含四个围绕镁离子的吡咯环。类胡萝卜素由八个异戊二烯单元组成的单个长烃链组成。藻胆蛋白由两部分组成,称为藻胆素的胆色素和蛋白质，它们通过半胱氨酸氨基酸共价相互连接。藻胆素含有类似于二氢卟酚的构建块，但这些成分不是闭环，而是形成开放的线性结构。因此，藻胆素也被称为开放性四吡咯。

7.4.1　叶绿素——小球藻

叶绿素是一种广泛存在于藻类、细菌和高等植物中的光合绿色色素。它是一种脂溶性化合物，具有抗氧化和抗诱变活性等生物活性。由于其独特的颜色和生物活性，这种天然绿色颜料在食品、化妆品和制药领域有着广阔的应用前景。叶绿素有几种结构类型，例如叶绿素 a（呈蓝绿色）、叶绿素 b（呈亮绿色）、叶绿素 c（呈黄绿色）、叶绿素 d（呈亮绿或森林绿色）和叶绿素 f（呈翠绿色）。光合生物主要含有叶绿素 a 和叶绿素 b，而叶绿素 c、叶绿素 d 和叶绿素 f 仅在一些藻类和光合细菌中被发现。虽然叶绿素是天然色素，但它们化学性质并不稳定，酸、碱都会使其分解，对热和光敏感。因此，在工业过程中通常将叶绿素转化为钠铜叶绿素，即用钠或铜取代叶绿素中心的镁，以获得比前叶绿素更稳定的化合物。这种叶绿素衍生物称为叶绿酸（chlorophyllin），在食品工业中被广泛用作食品添加剂和着色剂。

小球藻（*Chlorella vulgaris*）是一种球形单细胞淡水藻类，是绿藻门小球藻属的著名物种之一。小球藻以其生长速度快、耐恶劣条件、营养价值高等优点，被广泛用作食品补充剂或添加剂（如片剂、粉末和胶囊等）和饲料（如水产养殖）的生产过程中。在正常条件下生长的小球藻含有并大量积累两种主要类型的叶绿素（a 和 b），其可高达干重的 4.5%，是小球藻中最丰富的色素。由于其叶绿素含量高，小球藻被称为"祖母绿食品"。此外，小球藻还含有其他色素，如虾青素、c-虾青素、β-胡萝卜素和叶黄素等。

7.4.2　藻蓝蛋白——螺旋藻

藻胆蛋白是一种光捕获蛋白质色素，一般位于类囊体膜外表面的超分子藻胆体中，相当于总可溶性蛋白质的 40%～50%。藻胆蛋白是水溶性分子，可分为三大类：藻蓝蛋白 PC，别藻蓝蛋白 APC 和藻红蛋白 PE。

在藻胆蛋白中，藻蓝蛋白占据了最大的市场，被广泛用于食品生产领域。螺旋藻是藻蓝蛋白商业化生产的最著名的微藻来源。螺旋藻含有丰富的维生素（B_1、B_2、B_{12}、E 和维生素原 A）、矿物质（铁、镁、钙、磷、铬、铜、钠和锌）、色素（藻蓝蛋白、叶绿素和类胡萝卜素）、必需脂肪酸（γ-亚麻酸）、酚类化合物、生物肽和酶,其生物质具有很高的营养价值和提取增值生物化合物的高潜力。

作为一种天然蓝色色素,从螺旋藻中提取的藻蓝蛋白于 2013 年被美国 FDA 批准可作为色素添加剂添加到食品中,其目前常被用作饮料和糖果产品等食品中的天然着色剂,也经常被用于化妆品行业(如口红和眼线笔)以及作为荧光标记物。此外,螺旋藻中的藻蓝蛋白具有独特的治疗作用(抗氧化、抗炎和抗癌活性),可抑制 TNFα 等促炎细胞因子的形成,减少前列腺素 E(2)的产生,并抑制环氧基酶-2(COX-2)的表达,因此它在制药领域也有应用。目前利用钝顶螺旋藻(*Spirulina platensis*)生产藻蓝蛋白已经被用于商业化生产,其藻蓝蛋白产量可高达干生物量的 25%(质量分数)。如今,PC 的商业生产几乎完全依赖于从螺旋藻生物质中提取。

7.4.3　藻红蛋白——紫球藻

藻红蛋白是一种可以从紫球藻和紫菜中分离纯化的荧光蛋白,是一种具有较高市场潜力的新型荧光标记染料。藻红蛋白是一种天然染料,具有很高的水溶性,广泛应用于食品和化妆品行业。此外,藻红蛋白还具有较高的荧光和光稳定性,大大提高了其在医学和分子生物学领域的研究价值。近年来,藻红蛋白在肿瘤细胞的光动力治疗中显示出优异的效果,已被用作光敏剂。

藻红蛋白广泛存在于蓝藻和红藻中。紫球藻是目前生产藻红蛋白最受期待的物种之一,它生物量高,且表现出较强的耐盐性,其细胞中有大量高价值产物。相较于其他微藻,紫球藻的藻胆蛋白含量高,其中藻红蛋白含量最高,主要为 B-PE,可占细胞干重的 10%以上,未来的商业规模和应用潜力很大。

7.4.4　β-胡萝卜素——杜氏盐藻

类胡萝卜素是一组具有从红色或棕色到橙色或黄色颜色的化合物。它们具有共同的等戊二烯单元结构,分为胡萝卜素和叶黄素。胡萝卜素是纯烃化合物,而叶黄素的结构中则含有含氧衍生物,在端环处是羟基和酮基团。由于存在含氧衍生物(—OH 和—CO),叶黄素是一种相对亲水的化合物。由于类胡萝卜素独特的颜色和生物活性,它们可以应用于食用色素添加剂,营养保健品化妆品,药品和动物饲料(如鲑鱼水产养殖)等不同的领域。此外,类胡萝卜素被认为是有效的抗氧化剂,具有促进健康的功能特性,例如降低甘油三酯和增加 HDL(高密度脂蛋白)胆固醇,以及预防癌症。

β-胡萝卜素被认为是主要的类胡萝卜素,作为一种捕光色素,它具有光保护的作用。天然 β-胡萝卜素具有抗癌和抗氧化特性,有助于保护人类和动物皮肤免受光老化,并有效帮助控制胆固醇水平,降低患心血管疾病的风险。此外,β-胡萝卜素也被称为维生素 A 前体,因为一分子的 β-胡萝卜素可以通过酶促转化为两分子的视黄醛,然后转化为视黄醇(维生素 A),因此其具有很高的维生素 A 原活性。目前,β-胡萝卜素被广泛用作食品工业(如软饮料、烘焙食品和人造黄油)中的天然着色剂,以及抗氧化剂补充剂中的活性成分。β-胡萝卜素的天然形式包括两种异构体(全反式和 9-顺式)的混合物,这两种异构体很难依靠合成获得。此外,与合成的 β-胡萝卜素形式相比,β-胡萝卜素的天然形式更容易被人体吸收。

杜氏盐藻是一种耐盐的绿色微藻,也是 β-胡萝卜素最丰富的微藻来源。杜氏盐藻在高盐度/光照强度、极端温度或缺乏营养等应激条件下可积累大量 β-胡萝卜素,可高达生物量的 10%。在目前 β-胡萝卜素的生产中,利用杜氏盐藻培养它需要两阶段策略。第一阶段被称为"绿化阶段",为细胞快速生长提供了足够的条件。细胞浓度达到一定水平后,采用胁迫条件积累更多的类胡萝卜素,使微藻的颜色从绿色变为橙色(变红阶段)。来自杜氏盐藻的 β-胡萝卜素被欧盟委员会批准为可食用色素,广泛应用于各种食品加工行业中。

7.4.5　虾青素——雨生红球藻

虾青素是一种脂溶性橙红色色素,属于类胡萝卜素,它是由一些植物、藻类或细菌合成的。由于自然界中食物链的积累,在一些鱼类、甲壳类动物和鸟类中也发现了虾青素。虾青素被认为是自然界中最有效的抗氧化剂,其抗氧化活性比其他类胡萝卜素(如叶黄素、玉米黄质、β-胡萝卜素和角黄质)强 10 倍左右。此外,研究报道,这种色素除了具有神经保护活性外,还能够防止紫外线辐射并防止多不饱和脂肪酸的氧化。

β-胡萝卜素是初级类胡萝卜素,而虾青素是次级类胡萝卜素,它在叶绿体中合成并在细胞质中积累。次级类胡萝卜素的过量生产是由环境因素(如氧化应激、高盐浓度、高光照强度、营养匮乏和温度变化)引起的,它们作为光保护色素会对环境改变做出相应的响应。虾青素的首批应用之一是水产养殖,它被用作饲料添加剂,其可以使鲑鱼、鳟鱼、虾和海螯虾的肉和壳呈红色。此外,虾青素也用于膳食补充剂中,因为它具有抗癌、抗炎和抗衰老等作用。虾青素的来源分为化学来源(合成生产)和天然来源(从微藻中提取),合成虾青素的抗氧化能力是天然虾青素的 1/20,且只有天然虾青素被 FDA 批准可供人食用。

雨生红球藻是一种单细胞绿色淡水微藻,其可以积累大量的虾青素,甚至高达干重的 $3.8\%\sim5\%$。这种微藻通常应用于营养保健品、药品、水产养殖、食品和化妆品。与利用杜氏盐藻生产 β-胡萝卜素相似,来自雨生红细胞的虾青素也需要相同的要求,需要在极端条件下产生和积累色素。在胁迫条件下(如氮磷饥饿、高日光强度/温度和盐胁迫等),虾青素会积聚在雨生红球藻细胞质的脂球中。为了产生虾青素,雨生红球藻有四种类型的细胞形态,即动孢子、不动孢子、孢子囊和厚壁孢子。在第一阶段(绿色运动),细胞为动孢子。然而,在第二阶段(红色不动),积累大量虾青素,此时细胞的颜色会由绿色转变为红色(图 7 - 6)。

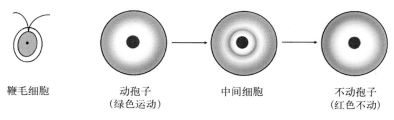

| 鞭毛细胞 | 动孢子
(绿色运动) | 中间细胞 | 不动孢子
(红色不动) |

图 7 - 6 雨生红球藻积累虾青素

7.4.6 岩藻黄素——硅藻、褐藻等

岩藻黄素又称为褐藻素、岩藻黄质,它是自然界中最为丰富的一类脂溶性类胡萝卜素之一,固体为粉末状,不溶于水,但易溶解于有机溶剂。它主要来源于大型海藻褐藻(紫菜、海带等)、微藻硅藻(三角褐指藻、筒柱藻等)、金藻等,是硅藻和褐藻中主要的类胡萝卜素成分。岩藻黄素的积累掩盖了叶绿素的颜色,并使这些藻类呈现出特有的棕色。岩藻黄素对人类健康有多种潜在益处,具有抗癌、抗炎症、抗肥胖、调节血糖等独特的功效。岩藻黄素可以显著降低血浆和肝脏甘油三酯浓度和肝脏胆固醇摄取。补充岩藻黄素可以降低脂肪酸合成酶(FAS)的 mRNA 表达。它还通过减少胰岛素受体底物 1(IRS - 1)的磷酸化来抑制成熟脂肪细胞中葡萄糖的摄取,来达到抗肥胖的作用。此外,顺式形式的岩藻黄素被证明对白血病细胞结肠癌细胞具有更好的抗增殖作用。因此,岩藻黄素在食品、医药行业具有广阔的商业应用前景。

目前,岩藻黄素主要从一些大型褐藻中提取,如裙带菜、海带等。然而,这些大型藻类在产地亚洲大多被作为食物直接食用,只有很少一部分被用于生产岩藻黄素,且这些大型褐藻生长状态受季节影响较大,原料来源和品质不稳定,此外,它们的岩藻黄素含量非常低,仅有 0.02～5 mg/g。微藻可以被认为是商业生产中更有应用前景的岩藻黄素来源,因为微藻具有岩藻黄素含量高、生长迅速、可以大规模人工培养、不受季节影响等优点。尽管生产岩藻黄素的微藻种类丰富多样,但只有少数物种被研究用于岩藻黄素的商业生产,硅藻中的模式生物三角褐指藻就是其中之一,它具有高生长速率、易于培养、基因组序列的高可用性和可遗传操作等优点,目前已被用于提高岩藻黄素的合成。不同株系的三角褐指藻在生产中表现出不同的性能,其岩藻黄素在不同的培养条件下产量为 2～60 mg/g。

随着食品行业的发展,人们对健康、天然的食品色素的需求逐渐上升。微藻是具有健康益处的高附加值化合物的极好来源,目前,微藻生产链作为天然色素的来源越来越受到人们的期待和重视,在天然色素生产市场中具有巨大的潜力。

7.5　植物基蛋白

蛋白质是负责个体生长的重要营养素。根据美国国家运动医学会、美国营养与饮食学会和加拿大营养师协会的联合声明,进行中度至剧烈运动的人每天每公斤体重需要 1.3～1.5 g 蛋白质来修复和增加身体的肌肉组织。蛋白质由长链氨基酸组成,可分为必需氨基酸和非必需氨基酸。必需氨基酸(EAA)不是在人体内从头合成的,需要作为食物从外部摄入。这些 EAA 的常见来源是鸡蛋、禽肉、乳制品、大豆和鱼。然而,对于遵循素食和纯素饮食的人群来说,选择很少,因为大多数植物来源的蛋白质不具有完整的 EAA 谱,但微藻是 EAA 的极好来源。据报道,小球藻和螺旋藻的蛋白质含量约为其质量的 50%～70%。根据世界卫生组织、联合国粮食及农业组织,以及联合国大学的建议,小球藻和螺旋藻等微藻中含有人类所需的 EAA。表 7-5 总结了包括微藻在内的各种食物来源中的蛋白质含量百分比。

表 7-5　包括微藻在内的各种食物来源中的蛋白质含量

食 物 来 源	总干重中蛋白质含量/%
牛肉	17.4
鱼	19.2～20.6

食 物 来 源	总干重中蛋白质含量/%
鸡	19～24
花生	26
小麦胚芽	27
帕尔马干酪	36
脱脂奶粉	36
大豆粉	36
啤酒酵母	45
鸡蛋	47
小球藻	50～60
螺旋藻	60～70

评价蛋白质质量的一个重要参数是氨基酸图谱的测定。人们对必需氨基酸特别感兴趣,因为它们不是由人体自身合成的,而是通过进食获得的。尽管必需氨基酸谱是评价蛋白质品质的关键因素,但其他参数,如蛋白质的生物利用度和消化率也很重要,有几个因素可能影响蛋白质的消化率,如构象、抗营养因子和用于提取蛋白质的下游工艺。因此,人们提出了不同的指标来评价蛋白质的质量,这些指标都是基于必需氨基酸的含量及其生物利用度制定的。

表 7-6 展示了栅藻、杜氏藻、螺旋藻、小球藻这几种微藻与鸡蛋、大豆、小麦、牛乳和肉类等常规食物和饲料作为蛋白质来源时蛋白质指标的对比:必需氨基酸指数(EAAI)、蛋白质效率比(PER)、生物价值(BV)和蛋白质消化率修正氨基酸评分(PDCAAS)。螺旋藻的 EAAI 和 PDCAAS 较低,与小麦相似。较低的分数可能是因为 EAAI 和 PDCAAS 只考虑了有限的必需氨基酸,而微藻蛋白质普遍表现出较低的含硫氨基酸含量。一般情况下,微藻生物量的 BV 和 PER 是用整个生物量来评价的,而不是用蛋白质提取物或分离物来评价。使用整个微藻生物量作为饲料的主要问题是一些动物无法消化某些微藻坚固的细胞壁,因此利用蛋白质提取物和分离物可以提高蛋白质质量指标,并筛选出易被动物消化的藻株。

表 7‑6　一些蛋白质指数的分数

来　源	PDCAAS/%	BV/%	PER	EAAI/%
鸡蛋	118	94	3.9	100
牛奶	121	90	3.1	92
牛肉	92	74	3	86
大豆	91	74	2.3	85
小麦	42	65	1.5	63
栅藻（*Scenedesmus* sp.）	/	60～81	1.1～2.1	71
杜氏盐藻（*Dunaliella* sp.）	/	/	0.77	98
螺旋藻（*Arthrospira* sp.）	48	51～82	1.8～2.2	64
小球藻（*Chlorella* sp.）	/	53～80	0.8～2.2	85

2023 年 8 月，日本政府开始将福岛第一核电站的核污染水排海，日方核污染水排海预计将持续数十年，可能对海洋环境和公共健康构成长期威胁。因此可能会进一步影响海产品的安全和健康，从而降低海产品的生产和食用率。而海产品是人类的主要蛋白质摄入渠道之一，一旦海产品的食用率降低，那蛋白质摄取只能大面积转为陆上养殖替代，除了淡水水产和鸡鸭猪牛羊肉等，对于植物基蛋白的需求定然也会大幅增加。

微藻受到关注的另一个原因是它们通常被认为更经济、更环保。与传统的植物性蛋白质来源相比，微藻具有更高的生长速度、更高的光合作用效率，以及更强的碳转化能力。值得注意的是，微藻确实具有上述生物学优势，但微藻的工业应用是一个复杂的工程问题，涉及培育、收获和下游加工多环节。虽然微藻具有明显的生物学优势，但目前在规模化培养中作为蛋白质来源的优势并不明显。2017 年，Smetana 等人使用生命周期评估（LCA）方法评估微藻作为食品/饲料蛋白质来源的可持续性。螺旋藻和小球藻（无论是自养还是异养）相比传统蛋白质来源，其对环境的影响更严重。幸运的是，随着技术的进步，这个结论可以被推翻。近年来，微藻超高密度培养已逐渐被攻克。研究人员开发了索罗金小球藻（*Chlorella sorokiniana*）超高密度异养培养技术，1 000 L 中试发酵罐超高生物量浓度可达 247 g/L。这项技术的进步将大大简化微藻的收获和下游加工，但这些过程有高能耗问题，并会对环境造成不利影响。增加微藻蛋白质含量的策略也得到了广泛的研究。许多培养策略已被证明是有效的，例如光照强度、

CO_2/O_2 浓度比和光/暗循环等。基于微藻的蛋白质还可以为食品工业提供许多技术功能,例如,小球藻蛋白的乳化能力和稳定性与商业乳化剂相当。

根据加工方法,微藻蛋白可以制成全细胞蛋白、浓缩蛋白和分离蛋白、蛋白水解物和生物活性肽。如流程图(图 7-7)所示,微藻培养(上游)是整个流程的第一步,直接影响后续下游加工的蛋白质产量。下游单元操作包括收获,干燥,细胞破碎,蛋白质的浓缩、水解和分离。本小节将重点介绍蛋白水解物和生物活性肽。

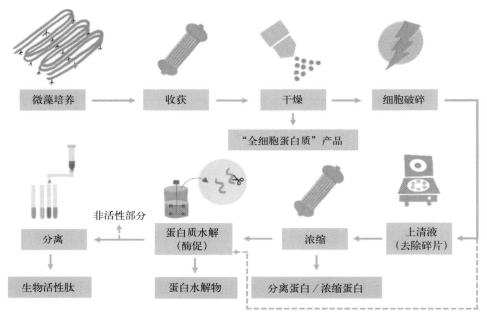

图 7-7　从微藻中生产各类型蛋白制品和生物活性肽的主要加工步骤

蛋白质水解产物的生产可以遵循两种不同的途径:一是溶剂提取的细胞的直接原位蛋白质水解,二是提取的蛋白质浓缩物的酶水解。大多数藻类蛋白质水解产物是通过对溶剂提取的细胞中的蛋白质进行原位水解而产生的。藻类生物质的原位水解是一种有效的蛋白质释放方法,可实现高蛋白质提取率,并最大限度地减少不溶性碳水化合物和膜结合色素的提取。第二种途径是浓缩蛋白的酶水解,是从乳清、大豆和豌豆浓缩蛋白中生产商业蛋白水解产物的首选方法。表 7-7 中罗列了几种微藻蛋白质水解物的详细制备策略及其效率。

从藻类中提取脂质和蛋白质作为水解产物,不仅可以增加总收入,而且还可以提高蛋白质提取率(表 7-7)。脱油或乙醇提取的生物质的蛋白质水解具有

表 7-7　蛋白质水解物制备策略

物　种	细胞破碎/储存条件	水解法条件	纯化/处理步骤	蛋白质回收率/%	蛋白质纯度/%	纯度增加倍数(对比全细胞)
Chlorella fusca (108 g/L)	/	Protex 40XL(质量分数为5%),60℃,4 h	冷冻干燥	≈50	68	2.4
Chlorella sp. /(100 g/L)	pH=4.5,45℃用Glucanex进行超声波和酶消化	碱性蛋白酶和风味蛋白酶(质量浓度各1%),40℃,16 h,pH=7	活性炭去除叶绿素,超滤(1 kDa),真空蒸发直至质量浓度为10%,喷雾干燥	/	83	1.7
Chlorella sp. (220 g/L)	填充80%时珠磨	碱性蛋白酶,60℃,pH=8,约4 h	TPP,中间相回收,超滤(<5 kDa),蒸发(质量分数为35%),喷雾干燥	80	/	1.6
Chlorella vulgaris (25 g/L)	冷冻干燥	胰酶(质量浓度为8%),45℃,pH=7.5,5 h	澄清	47	/	/
Chlorella vulgaris (100 g/L)	冷冻(−20℃)	碱性蛋白酶(质量浓度为5%),50℃,pH=8.5,4 h	超滤、渗滤(300 kDa)	25	/	/
Chlorella vulgaris (100 g/L)	冷冻	胃蛋白酶(质量分数为2%),50℃,pH=3,15 h	澄清	48	/	/
Chlorella sp.、Scenedesmus sp.	喷雾干燥,物理破坏	枯草杆菌蛋白酶,50℃,pH=8,4 h	澄清	70	66	1.32
Chlorella vulgaris	喷雾干燥	胰酶(30 AU/g),37℃,pH=7.5,4 h	澄清	≈52	50	1
Chlorella fusca		Protex 40XL(质量分数为5%),60℃,pH=11.4 h	澄清	≈75	59	1.6

多种潜在的好处,例如:① 绕过能源密集型细胞破碎方法;② 每单位干生物质的初始蛋白质浓度更高;③ 溶剂提取的藻类具有更好的经济性由于副产品(甘油三酯、其他脂质和色素)而产生的生物质;④ 更有效地对溶剂提取的生物质进行酶水解;⑤ 通过破坏叶绿素-蛋白质相互作用和选择性肽释放来显著去除叶绿素(不需要的颜色)。然而,该方法仍需要进一步开发水解产物并同时评估纯度、质量和功能属性。

生物活性肽是最受关注的藻类蛋白质产品,因为它们表现出许多吸引人的生物活性。生物活性肽通常是分子量较小的短肽(2~20 个氨基酸),可以直接通过肠屏障进入血液。它们可以充当神经递质、激素或抗生素,通过与特定受体结合或与靶细胞相互作用对健康产生积极的影响。研究表明,海洋硅藻是生物活性肽的潜在来源。来自五种不同海洋硅藻的蛋白质水解产物具有体外抗氧化和血管紧张素转换酶(ACE)抑制活性。此外,目前已知源自微藻的生物活性肽对健康具有许多益处,例如抗菌、降压、抗过敏和帮助免疫调节。然而关于从微藻蛋白水解物中纯化生物活性肽的报道很少,并且大多数报道都利用分析方法来纯化和分析分离肽,而不是使用可规模化扩展且经济可行的技术。

除了上述化合物外,微藻还可以生产其他高价值化合物,如维生素、酚类、植物甾醇等。虽然维生素不是结构成分,细胞所需量也很少,但它们对于生命的生长和发育至关重要。在植物界中,藻类产生和积累多种维生素。一些研究人员认为,微藻可以比陆地植物更有效地提供人类所需的许多维生素。植物甾醇是一类复杂的化合物,被广泛用于食品中,具有许多公认的健康益处。近年来,关于微藻植物甾醇的研究逐渐增多,微藻植物甾醇的含量、化学多样性和一些生物活性逐渐被揭示,其在功能性食品行业具有巨大潜力。酚类化合物是一类次级代谢产物,具有许多公认的生物活性。微藻富含酚类化合物,是一种非常有潜力的酚类化合物的天然来源。尽管与上述高价值化合物相比,对这些化合物的研究较少,但这些化合物在食品应用方面仍然非常有前景。

7.6　全细胞生物质——食品/饲料原料

全细胞生物质是将微生物生物质收集、干燥制成的产品。微藻全细胞生物质是加工最简单的微藻制品之一,因其高营养价值、低下游加工成本和健康益处而非常适合食品应用。微藻全细胞生物质富含优质蛋白质、多不饱和脂肪酸、碳水化合物、维生素等。螺旋藻可产生富含必需氨基酸的蛋白质,其含量可超过干重的 60%,优于常规肉类,FDA 确认其为"最好的蛋白质来源之一"。下游加工是微藻产品的主要成本来源,可占总成本的 50%~60%。与复杂的微藻生物炼制相比,微藻全细胞生物质的生产不需要细胞破碎和提取,节省了大量成本,同时,其对健康的益处也是其不可忽视的优势。大量临床研究证明螺旋藻生物质具有抗病毒、抗血脂异常、抗氧化和帮助免疫调节等作用。

微藻生物质是矿物质的潜在来源,与大豆相比,微藻的铁含量非常高(表 7-8)。铁在动物的呼吸、氧运输、酸碱平衡和能量代谢中起着重要作用。微藻还表现出充足的钙磷比例,为 0.6~1.3,比大豆和玉米的钙磷比例(0.3 和 0.1)更均衡(表 7-8)。动物饲养中钙磷比例不平衡会导致动物生长减慢、厌食、骨骼畸形、饲料转化低。

表 7-8 大豆、玉米和一些微藻中存在的矿物质(mg/kg,干重)

来源	Ca	Mg	P	K	Cu	Fe	Mn	Se	Zn
大豆	1 730	—	5 664	15 896	10.8	85.3	23.8	0.5	29.2
玉米	193	880	2 800	3 700	1.6	—	3.7	0.001	14.2
小球藻	3 600	1 100	2 800	4 000	21.9	198	34.6	0.6	25.4
螺旋藻	7 220	670		8 920	69.6	1 116	54.5	0.124	240
微芒藻	3 000	900	3 100	5 100	14.5	256.8	32	0.5	11.5
微绿球藻	1 600	800	2 800	4 400	22	800.4	17.4	—	10.9
绿藻科	2 000	500	2 700	4 000	12.8	883.6	19.4	0.6	11

微藻生物质已成功应用于牛、鱼、山羊、羔羊、家禽、猪和兔子等不同动物的饲料配方中。一般来说,微藻以高达 15% 的浓度添加到饲料配方中。由于饲料适口性较低,使用较高浓度的微藻生物质会导致一些动物采食量减少。此外,在饲料配方中使用微藻可以使动物体重增加、提高产奶量,并增加动物组织、鸡蛋和牛奶中 PUFA 的积累(图 7-8)。

为了减少欧盟对蛋白质饲料进口的依赖,微藻生物质完全替代豆粕已经在奶牛饲养中进行了评估。用青贮饲料和 *C. vulgaris*、*A. platensis* 或 *C. vulgarias* 和 *N. gaditana* 的混合物(1∶1)喂养奶牛,与含有豆粕的饲料相比,生产的牛奶具有更高的不饱和脂肪酸含量。然而,与用豆粕喂养的对照组相比,奶牛更喜欢青贮饲料,因而很大程度上降低了微藻饲料的进食。这可能是由于浓缩物中微藻的适口性较低。因此,有必要筛选和开发具有改善适口性的藻株

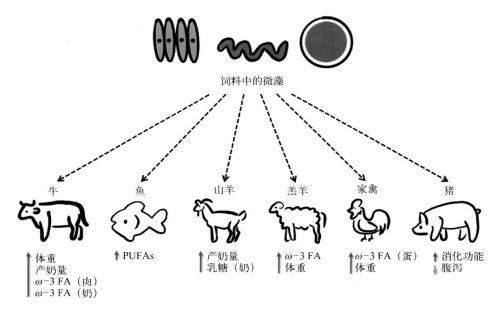

饲料中的微藻

牛　　　　鱼　　　山羊　　　羔羊　　　家禽　　　猪

↑体重　　　↑PUFAs　　↑产奶量　　↑ω-3 FA　　↑ω-3 FA（蛋）　↑消化功能
↑产奶量　　　　　　　　乳糖（奶）　↑体重　　　↑体重　　　　↓腹泻
↑ω-3 FA（肉）
↑ω-3 FA（奶）

图 7 - 8　饲料配方中使用微藻对不同动物营养的影响

或添加可提高其适口性的添加剂，以提高饲料配方中微藻的消耗。

参考文献

[1] Mathimani T，Pugazhendhi A. Utilization of algae for biofuel，bio-products and bio-remediation[J]. Biocatalysis and Agricultural Biotechnology，2019，17：326 - 330.

[2] Xue J，Niu Y F，Huang T，et al. Genetic improvement of the microalga *Phaeodactylum tricornutum* for boosting neutral lipid accumulation[J]. Metabolic Engineering，2015，27：1 - 9.

[3] Ramesh Kumar B，Deviram G，Mathimani T，et al. Microalgae as rich source of polyunsaturated fatty acids[J]. Biocatalysis and Agricultural Biotechnology，2019，17：583 - 588.

[4] Singh R，Upadhyay A K，Chandra P，et al. Sodium chloride incites reactive oxygen species in green algae *Chlorococcum humicola* and *Chlorella vulgaris*：Implication on lipid synthesis，mineral nutrients and antioxidant system[J]. Bioresource Technology，2018，270：489 - 497.

[5] López G，Yate C，Ramos F A，et al. Production of Polyunsaturated Fatty Acids and Lipids from Autotrophic，Mixotrophic and Heterotrophic cultivation of *Galdieria* sp. strain USBA - GBX - 832[J]. Scientific Reports，2019，9(1)：10791.

［ 6 ］ Lu Q A，Li H K，Xiao Y，et al. A state-of-the-art review on the synthetic mechanisms, production technologies, and practical application of polyunsaturated fatty acids from microalgae[J]. Algal Research，2021，55：102281.

［ 7 ］ Santin A，Russo M T，Ferrante M I，et al. Highly valuable polyunsaturated fatty acids from microalgae：Strategies to improve their yields and their potential exploitation in aquaculture[J]. Molecules，2021，26(24)：7697.

［ 8 ］ Wu J H，Gu X Z，Yang D L，et al. Bioactive substances and potentiality of marine microalgae[J]. Food Science & Nutrition，2021，9(9)：5279 - 5292.

［ 9 ］ Raposo M F，de Morais R M，Bernardo de Morais A M. Bioactivity and applications of sulphated polysaccharides from marine microalgae[J]. Marine Drugs，2013，11(1)：233 - 252.

［10］ Kumar D，Kastanek P，Adhikary S P. Exopolysaccharides from cyanobacteria and microalgae and their commercial application[J]. Current Science，2018，115(2)：234 - 241.

［11］ Gantt E. Phycobilisomes：Light-harvesting pigment complexes[J]. BioScience，1975，25(12)：781 - 788.

［12］ Nair D，Krishna J G，Panikkar M V N，et al. Identification, purification, biochemical and mass spectrometric characterization of novel phycobiliproteins from a marine red alga, *Centroceras clavulatum* [J]. International Journal of Biological Macromolecules，2018，114：679 - 691.

［13］ Mungpakdee S，Shinzato C，Takeuchi T，et al. Massive gene transfer and extensive RNA editing of a symbiotic dinoflagellate plastid genome[J]. Genome Biology and Evolution，2014，6(6)：1408 - 1422.

［14］ Chen C，Tang T，Shi Q W，et al. The potential and challenge of microalgae as promising future food sources[J]. Trends in Food Science & Technology，2022，126：99 - 112.

第8章

10种常见的代表性经济微藻

8.1 蓝藻门螺旋藻

螺旋藻属（*Spirulina*），是属于蓝藻门蓝藻纲颤藻科下的一类经济微藻。与细菌一样，细胞内没有真正的细胞核，属于原核生物，故而又称为蓝细菌。蓝藻是地球最早出现的光合生物之一，在地球上已存在了数亿年。螺旋藻是一种多细胞型丝状低等植物，结构原始简单，见图8-1。螺旋藻由作为单列细胞的藻丝体构成无分支、无异型胞的螺旋状丝状体，其在光学显微镜下通常呈蓝绿色。藻丝体具有规则的螺旋状卷曲结构，整体可呈圆柱形、纺锤形或哑铃型；藻丝两端略细，末端细胞钝圆或呈帽状结构；通常无鞘，偶具薄而透明的鞘；细胞呈圆柱状；细胞间有明显横隔，横隔处无或不具明显缢缩。毛状体的螺旋形状是属的特征，但螺旋参数（即节长和螺旋尺寸）因物种和环境参数而异。

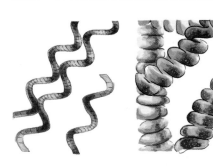

图8-1　螺旋藻

螺旋藻在自然界主要分布于光照充足、温度适宜的盐碱湖中，最早发现于非洲乍得湖，在中国鄂尔多斯盐碱湖也有分布。螺旋藻喜高温，耐盐碱，主要依靠简单的细胞分裂进行增殖，没有有性生殖。螺旋藻是一种无处不在的生物，自1827年Turpin首次从一条淡水溪流中分离出螺旋藻后，螺旋藻的种类已经在各种环境中被发现：土壤、沙子、沼泽、微咸水、海水和淡水。热带水域、北海、温泉、盐田、发电厂的温水、鱼塘等都已分离出螺旋藻。因此可以看出，这种生物适应性较强。

全世界已知的螺旋藻属约有38种，钝顶螺旋藻（*S. platensis*）和极大螺旋藻（*S. maxima*）是螺旋藻中最重要的两个物种，同时它们也是螺旋藻作为商品名称时主要描述的两种藻，是最常见和广泛应用于生产的物种，在医学领域和食品工业中得到了广泛的研究，这两种藻原产地分别是乍得和墨西哥。值得说明的是，节旋藻通常也是指螺旋藻，两者常常混淆使用。螺旋藻是全球栽培量最多的微藻——世界上超过 30％的微藻生物质产量来自螺旋藻。因此，螺旋藻是工业化应用较为成熟的藻类。

螺旋藻主要因其高蛋白质含量而闻名，它是有史以来蛋白质含量最高的藻类之一，蛋白质占干重约 60％以上，并且在最佳条件且不受氮限制的条件下种植时，螺旋藻的蛋白质含量在干重中的含量可以达到 70％。螺旋藻蛋白质的含量相当于大豆的 1.7 倍、鸡肉的 3.1 倍、牛肉的 3.5 倍、蛋类的 4.6 倍，且所含的蛋白质均属于优质蛋白质，易于吸收，其所含人体必需氨基酸的种类齐全，其中的必需氨基酸含量的比例与联合国粮农组织（FAO）规定的最佳蛋白质氨基酸组成比例吻合，是人类最理想的蛋白源。

除了高含量的优质蛋白质，螺旋藻还富含维生素、矿物质、多种生物活性物质（如叶绿素 a、胡萝卜素），以及人体必需的大量元素和微量元素等，并且其细胞壁由多糖组成，消化率为 86％，易于被人体吸收。在自然界，螺旋藻是迄今为止发现的营养最丰富、最全面的绿色食品，被认为是一种高蛋白、低脂肪、低胆固醇、低热值的营养食品，被联合国粮农组织誉为"21 世纪理想的食品和膳食补充剂"，世界卫生组织将螺旋藻描述为"人类最好的健康产品"，美国 FDA 将其称为"最好的蛋白质来源之一"。

事实上，人类食用螺旋藻已经有很久的历史。早在 16 世纪，螺旋藻就已从特斯科科湖中被收获，并在市场上消费。如今，微藻正被纳入许多食品配方中，市场中含有微藻的食品数量显著增加，今天生产的大部分螺旋藻生物质都作为营养补充剂，并作为"超级食品"推广，以干粉、薄片或胶囊形式出售。螺旋藻已被美国 FDA 认证为公认安全（GRAS）-GRN No. 2015，由于其悠久的使用历史，它也可以在欧盟商业化，而无须遵守新型食品的法规（EU）2015/2283。螺旋藻由于其成分和与食用后相关的健康益处，一方面显示出其未来成为重要食品的潜力，另一方面也被用来开发功能性食品。另外，螺旋藻还可以作为饲料以促进动物的生长、免疫和生存能力，同时它具有低成本的特点。例如，含螺旋藻饲料可减少扇贝的养殖时间和死亡率，增加扇贝的壳厚；食用螺旋藻有助于提高高价值鱼类的抗病能力，使其存活率从 15％提高到 30％；在畜禽饲料中添加螺旋藻可提高其生长速度；螺旋藻也可作为观赏鱼的饲料，含螺旋藻的鱼饲料在日本和东南亚等地很受欢迎。

除了用作食品及功能性食品行业,螺旋藻还可以作为药物化合物的潜在来源。许多研究表明,螺旋藻具有许多健康益处,包括抗氧化、帮助免疫调节、抗炎、抗癌、抗病毒和抗菌活性,以及对高脂血症、营养不良、肥胖、糖尿病、重金属化学毒性和贫血有治疗功效。临床试验表明,螺旋藻可作为多种疾病的辅助治疗药物。螺旋藻胶囊已被证明具有降低血脂水平和降低放化疗后白细胞的抑制作用,它还可以提高免疫功能。大量摄入螺旋藻可能可以预防和治疗癌症、糖尿病并发症,以及一系列神经退行性、纤维化或炎症性疾病。螺旋藻可以强烈诱导抗氧化酶活性,有助于防止脂质过氧化和 DNA 损伤,并清除自由基。此外,螺旋藻通过减少氧化应激来预防动物的神经毒性、肝毒性和结肠炎。由于其具有高抗氧化活性,它被认为是治疗心血管疾病(包括动脉粥样硬化、高血压和充血性心力衰竭)的良好选择。尽管在人类中进行的临床研究较少,但螺旋藻确实显示出有效的抗氧化活性。

在 Dangeard 通过观察火烈鸟食用蓝绿藻生存发现了螺旋藻的健康益处后,人们很快开始将螺旋藻商业化并从中获益,第一家螺旋藻加工厂 Sosa Texcoco 由法国人于 1969 年建立。著名的螺旋藻生产公司有:Earthrise(美国)、Cyanotech(美国)、新大泽螺旋藻(中国)、云南绿 A 生物工程(中国)等(表 8-1)。

表 8-1　生产螺旋藻的代表性企业

产　地	公司简称	产品形式	网　　址
中国云南	绿 A 生物	螺旋藻片、螺旋藻粉、螺旋藻蛋白粉	http://www. greena. com. cn/
中国内蒙古	加力	螺旋藻粉、螺旋藻片、螺旋藻多肽片	http://www. jialispirulina. com/
中国江西	新大泽	螺旋藻片、螺旋藻粉	http://xindaze. com/
中国江苏	赐百年	螺旋藻片、螺旋藻粉	http://www. cbnalga. com/
美国加利福尼亚州	Earthrise	螺旋藻片、螺旋藻粉	https://www. earthrise. com/
美国夏威夷	Cyanotech	螺旋藻片、螺旋藻粉	https://www. cyanotech. com/
美国洛杉矶	Spira	食用色素	https://www. spirainc. com/
泰国拉差布里	EnerGaia	螺旋藻酱、冷冻鲜藻	https://energaia. com/food-products/

　　螺旋藻产业作为国家战略规划在中国迅速发展。目前有 80 多家生产工厂（代表性企业如表 8－1 所示），年生产干粉总量超过 1 万吨。螺旋藻产品被用作食品、饲料和药品。中国螺旋藻产业是国家科委重点扶持的国家战略计划，自 1986 年以来发展迅速。在藻种选育、培养优化、下游加工和实际应用等方面取得了很大进展。产业园航拍图如图 8－2 所示。尽管在微藻门类中，螺旋藻产业规模最大，多个株系的基因组已被解析，但目前螺旋藻的遗传转化体系部分难题尚未攻克，这也限制了其在合成生物学领域的应用开发。

图 8－2　螺旋藻产业园航拍图

8.2　绿藻门小球藻

　　小球藻（*Chlorella*）是绿藻门（Chlorophyta），绿藻纲（Chlorophyceae），绿球藻目（Chlorococcales），小球藻科（Chlorellaceae）中一个重要的属，包括 10 余个种，常见的有蛋白核小球藻（*C. pyrenoidosa*）、椭圆小球藻（*C. ellipsoidea*）、普通小球藻（*C. vulgaris*）和索罗金小球藻（*C. sorokiniana*）等。小球藻细胞呈圆形或椭圆形，直径为 2～12 μm，有一个片状或杯状色素体（图 8－3）。小球藻不能形成合子，以无性生殖方式进行繁殖（母细胞形成似亲孢子），母细胞一次可分裂成 4 个或 8 个似亲孢子，独立生活后即成为营养细胞。

　　小球藻含有蛋白质、脂质、多糖、色素和维生素等多种高价值生物活性物质，营养成分全面且均衡小球藻藻粉的基本成分如表 8－2 所示，因而小球藻在保健品、饲料、食品、医药蛋白等方面具有巨大的应用价值。其中最为丰富的是蛋白

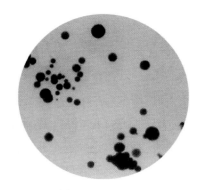 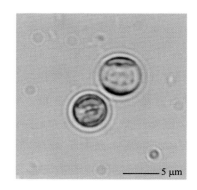

(a) 固体培养基上　　　　　　　　　(b) 显微镜下

图 8-3　蛋白核小球藻

质,例如蛋白核小球藻中的蛋白质含量可达 50% 以上,明显高于其他植物蛋白源。研究表明,小球藻(提取物)具有抗氧化作用、抗肿瘤作用、抑菌活性、提高免疫活性、预防高血脂和防治消化性溃疡等生理活性。

表 8-2　小球藻藻粉的基本成分

基本成分	蛋白质	多　糖	粗纤维	脂　肪	水　分	灰　分	叶绿素
含量/%	62.5	14.0	2.2	3.1	4.0	5.0	3.8

　　小球藻生长速度快、固碳效率高(是植物的 10～50 倍),可解决 CO_2 的点源排放问题,因而利用其光自养生长过程固定 CO_2 已成为近年来国际上碳减排领域中的研究热点。小球藻可以利用光和 CO_2 进行光自养生长,也可以利用葡萄糖等有机物作为唯一碳源进行异养生长。与不同的营养方式相对应,小球藻有光自养培养、异养培养和混合营养培养三种基本培养模式。此外,通过调整培养基和培养工艺,小球藻细胞内可积累高达近 55% 的油脂,并且油脂成分主要为含有 C16-C18 的脂肪酸甘油酯,与从植物中提取的油脂组分相近,可作为生物柴油生产的大宗原料,因此被作为能源微藻广泛用于微藻能源方面的相关基础和应用研究。

　　据统计,小球藻的国际市场年需求量约达 10 000 吨,藻粉价格数万元/吨,但目前全世界小球藻的年生产量仅为 4 000 吨,缺口很大。小球藻在日本、韩国等国家和地区的生产规模较大,而我国目前只有少数几家企业利用光自养培养生产小球藻,且每年产量仅几百吨。由于现有小球藻产业规模小、产量低，根本无法满足巨大的国际市场需求。近年来，利用高密度异养技术，可实现小球藻在发酵罐中的快速生长，有效解决了光自养过程生长慢、品质低的问题。

小球藻 *Chlorella* sp. NC64A 是第一个被测序的品系，全部基因组大小约为 46.2 Mb，含有大约 9 791 个基因模型。小球藻的基因工程研究始于 20 世纪 90 年代，在近几年取得较大的研究进展，到目前为止已有椭圆小球藻和普通小球藻等 5 种小球藻实现了遗传转化，主要由农杆菌（Agro-mediation）和电击（Electroporation）介导，在筛选标记、启动子、报告基因及转化方法等方面已有较多的研究（表 8-3）。合适的选择标记对遗传转化研究至关重要，目前应用于小球藻的主要是代谢突变补偿和抗生素，硝酸还原酶（NR）基因是目前应用较为广泛的代谢突变补偿基因，在小球藻中已有应用。启动子的选用对外源基因的表达具有决定性作用，它控制了转录的起始时间和程度。目前已经应用于小球藻的启动子有 CaMV 35S、RbcS2、Ubiquitin、硝酸还原酶、胭脂碱合酶（Nos）、Actin 和 Tubulin。在小球藻遗传转化研究中应用较多的报告基因是 β-葡萄糖苷酸酶（GUS）和绿色荧光蛋白（GFP）。目前，对小球藻的遗传改造仍不够完善，转化效率偏低，外源表达不稳定，很多基因工程的元件和工具还无法使用，限制了其进一步的开发利用。

表 8-3　小球藻的遗传转化

小球藻藻株	转化方法	抗生素	启动子
Chlorella ellipsoidea	DIANJI	G418	Ubiquitin
Chlorella sp. DT	Agro-mediation	Hygromycin	Rice Actin1
Chlorella vulgaris	Electroporation	Hygromycin	CaMV 35s
Chlorella minutissima	Electroporation	G418	CaMV 35s RbcS2
Chlorella vulgaris	Agro-mediation	Hygromycin	CaMV 35S
Chlorella ellipsoidea	PEG4000	Zeocin	Ubiquitin
Chlorella sp. C95	Electroporation	G418	CaMV 35S
Chlorella ellipsoidea	PEG4000	Phleomycin	CaMV 35S
Chlorella ellipsoidea	Electroporation	G418	Ubiquitin-Ω
Chlorella saccharophila	Electroporation	No	CaMV 35S

8.3　绿藻门雨生红球藻

雨生红球藻(*Haematococcus pluvialis*)是一种淡水单细胞微藻,属于绿藻门(Chlorophyta),团藻目(Volvocales),红球藻科(Haematococcaceae),红球藻属(Haematococcus),其一般分布在各种静止小水体和潮湿土壤中。雨生红球藻细胞一般宽 $19\sim51~\mu m$,长 $28\sim63~\mu m$;原生质体宽 $9\sim15~\mu m$,长 $19\sim21~\mu m$。细胞呈广卵形至广椭圆形,具有 2 条等长的鞭毛,通过前端的叉状胶质管伸出细胞壁。细胞壁和原生质体间充满胶样物质,原生质体呈卵形,前端乳头状突起,除细胞前端外,许多分枝或不分枝的细胞质连丝自原生质体伸出,与细胞壁相连。雨生红球藻细胞具有许多不规则的伸缩泡分布在原生质体内表面附近。其叶绿体呈杯状,成熟时呈网状或颗粒状,具有多个不规则排列的蛋白核。眼点呈橘红色,位于细胞中部一侧。细胞核位于细胞中央,杯状色素体上端的空腔内。

前文已介绍雨生红球藻能积累大量的虾青素而呈现红色或橘红色,具有极高的营养价值、药用价值和广阔的商业应用前景。生活史中(图 8-4),红球藻很少被观测到有性生殖,一般以细胞纵分裂或横分裂进行营养繁殖为主;或无性生殖形成动孢子,还可形成静孢子和厚壁孢子,这两种孢子都含有丰富的虾青素,占类胡萝卜素总含量的 80%。细胞生活周期主要分为两个阶段:绿色游动细胞阶段和红色不动细胞阶段(不动孢子、虾青素积累的不动孢子、厚壁孢子、孢子囊和从孢子囊中释放的动孢子)。红球藻在弱光、氮磷丰富的适合生长的环境中以游动的绿色营养细胞存在,细胞内虾青素含量很低。而在光照应力、pH、温度或营养饥饿等环境胁迫条件下其会失去鞭毛,大量积累虾青素,转化为不动的红色细胞。由于雨生红球藻具有刚性细胞壁结构,细胞破坏和虾青素的提取过程的难度和成本均增加。

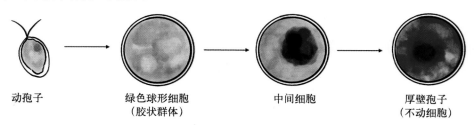

动孢子　　　　绿色球形细胞　　　　中间细胞　　　　厚壁孢子
　　　　　　　　(胶状群体)　　　　　　　　　　　　(不动细胞)

图 8-4　雨生红球藻生活史示意图

雨生红球藻的营养模式也是多样的,可以利用乙酸盐进行异养或者混合营养生长。该藻株的基因组已经完成测序,科学家研究利用三代 PacBio 以及 Hi-C 测序技术辅助组装获得了染色体水平的雨生红球藻高质量基因组图谱。该单倍型基因组大小约 316.0 Mb,包含 32 条染色体,注释到 32 416 个蛋白编码基因。全基因组系统发育分析表明,雨生红球藻与单细胞真核绿藻-莱茵衣藻的分化时间约为 520.4 Mya(百万年前),这为红球藻属种质资源的开发利用和虾青素生物合成途径的分子设计提供了重要参考。此外,分子生物学工具也被应用于增强雨生红球藻类胡萝卜素的生产。一些实验证据表明,通过基因工程方法在雨生红球藻中表达类胡萝卜素合成途径的一些关键酶,可以提升其胞内虾青素的积累(表 8-4)。随着 CRISPR 技术等新型基因编辑工具的问世,未来雨生红球藻具有被改造为高效生产虾青素的细胞工厂的无限潜力。

表 8-4   雨生红球藻生产类胡萝卜素基因工程案例

基因/靶点	方　　法	结　　果
内源性植物番茄红素去饱和酶(PDS)	密码子优化/叶绿体内过表达	虾青素的积累高达 67%
β-胡萝卜素酮化酶(BKT)	克隆和过表达	总类胡萝卜素和虾青素含量增加 2～3 倍
HpDGAT1	表达上调	酯化虾青素(EAST)的增加
β-胡萝卜素酮化酶和 β-胡萝卜素羟化酶	克隆和表达质粒的构建	基因 PSY、PDS、ZDS、LCYB 表达量高 2～4 倍,虾青素含量为 5.56 mg/g 干重

8.4   绿藻门莱茵衣藻

莱茵衣藻属于绿藻门下衣藻属,是一种具有鞭毛的单细胞藻类,其野生型实验室菌株 c137(mt+)源自 1945 年在马萨诸塞州阿默斯特附近由 Gilbert M. Smith 收集的分离株。其细胞壁由纤维素构成,营养细胞有两根等长的鞭毛,叶绿体呈杯状,叶绿体前端或侧面有一个红色的眼点,细胞核位于细胞中央(图 8-5)。藻类学家 Ralph Lewin 在 1992 年第五届国际衣藻会议上发表了一篇开创性的主题演讲,这是衣藻研究史上的一个里程碑。他对光合微藻进行了全面的介绍,包括形态学和遗传学方面的内容,并给这一类微藻命名为 Chlamydomonas。莱茵衣藻的基因组在 2007 年由来自多个机构的研究者联合测序得到的。其核基因组由 17 条染色体组成,总大小约为 121 Mb,编码约 15 000 个基因;叶绿体基因组是圆形的,大小约 203 kb,编码约 100 个基因;线粒体基因组是线性的,大小约 15.8 kb,编码约 13 个基因。基因组序列为研究 *C. reinhardtii* 中各种生物过程的分子基础提供了宝贵的资源。

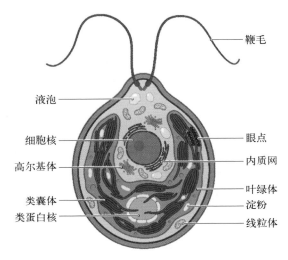

图 8-5　莱茵衣藻结构图

　　莱茵衣藻的单倍体系统具有独特的优势,即可以获取减数分裂产生的四种子代,并且功能丧失突变可以直接表现在二倍体生物体的表型上,这使得这些系统非常适合进行遗传学研究。此外,莱茵衣藻在实验室中可以快速且大量地生长,相比于经典植物模型,它们的生长周期更短,约为 8 小时,这也是它们成为理想模型的重要因素。使用莱茵衣藻作为模式生物的一个优势是目前已拥有了一个由随机插入突变产生的大量突变株库。这些突变株已经被筛选出具有各种表型,例如在光合作用、鞭毛运动、细胞壁合成、应激反应和有性生殖等方面有缺陷的突变株。突变株的插入位点已经被定位到基因组序列上,从而可以确定被打断的基因及其功能。突变株库由位于明尼苏达大学的衣藻资源中心维护和分发,该中心还提供其他资源和服务用于莱茵衣藻的研究。莱茵衣藻也被用作通过遗传工程生产重组蛋白和生物燃料的平台。目前已经开发出多种方法将外源 DNA 导入莱茵衣藻中,例如电穿孔、基因枪法、农杆菌介导法和病毒载体。已经测试了各种启动子、终止子和可选择标记来优化异源蛋白在莱茵衣藻中的表达和分泌。现在,全球 100 多家著名实验室已建立了衣藻实验生物学研究体系,开展了多个研究主题及相应的遗传系统研究工作,奠定了衣藻的学术地位。

在过去的几十年里,对莱茵衣藻的研究兴趣呈指数级增长,涉及多个方面,如细胞周期、光过剩应答和光能耗散、代谢调控、光合作用机制、纤毛生物学、碳浓缩途径、生物合成途径和叶绿体基因表达等。20 世纪初,一项重大的衣藻基因组测序项目启动,揭示了它在基因工程方面的巨大潜力,使其成为一种优秀的 DNA 操作模型系统,莱茵衣藻也被称为"绿色酵母"。然而,由于受限于当时的技术,最初发布的基因注释存在截断或缺失的问题。目前随着分子生物学技术的进步,莱茵衣藻在开发基因工程策略方面发挥了关键作用,它被广泛用于提高生物产品的产量,如多酚类、儿茶素类、黄酮类、糖苷类和单宁类等,在医学和营养保健领域具有广阔的应用前景。莱茵衣藻能够产生大量的初级或次级代谢物,如类胡萝卜素、叶绿素、脂质、多糖和重组蛋白等。最近发现的莱茵衣藻在发酵罐中快速生长的特性为商业规模生产提供了可能性。此外,疫苗亚单位的生产旨在提供稳定的制剂,如冻干微藻颗粒,可以作为替代疫苗,从而降低生产、处理和疫苗管理的成本和难度。美国 FDA 发布的第 773 号通知,认定莱茵衣藻为一种普遍认为安全(GRAS)的生物体,为莱茵衣藻的进一步开发和利用创造了新的机会。

近期的研究表明,将藻类化合物纳入人类饮食对健康有积极的影响。特别是,微藻生物质和提取物已经在降低癌症风险、预防疾病、控制炎症和肥胖等方面显示出具有潜在的效果。2018 年,莱茵衣藻的干燥生物质被认可为食品或食品成分,它是少数几种获得美国 FDA 授予普遍认为安全(GRAS)地位的微藻之一(野生型菌株-THN 6),可以作为食品中的营养成分,用于替代 2 岁以上人群的膳食蛋白质来源。

莱茵衣藻生物质开发企业主要有 Triton Algae Innovations 等,透云生物作为中国国内首座莱茵衣藻工厂,致力于使用先进的发酵罐异养技术生产莱茵衣藻添加食品,并在 2022 年获得国家卫生健康委员会新食品原料认证。莱茵衣藻的另一大优势是其应用维度广泛。目前通过审批的莱茵衣藻属于绿藻,能被添加到面食、代餐粉等多个产品类型中(图 8-6),为它们附上更加健康的绿色和更高的营养价值。在现有的产品中添加莱茵衣藻,多数情况下不会改变现有的生产线,这也降低了应用莱茵衣藻的门槛。不仅有绿色系,莱茵衣藻还拥有红色系、白色系。红色系包含有血红素,而这正是植物肉研发最迫切需要的原料;白色系则不含颜色,也因此提供出植物奶开发的全新路径,这些产品开发赋予了莱茵衣藻广阔的应用可能。

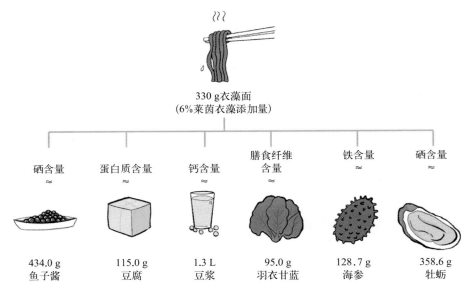

图 8-6 莱茵衣藻营养成分的优势

8.5 裸藻门纤细裸藻

纤细裸藻(*Euglena gracils*),又名小眼虫,是裸藻门(Euglenophyta),裸藻纲(Euglenophyceae),裸藻目(Euglenales),裸藻科(Euglenaceae)中一个重要的物种,它是一种比较集中生活在淡水中的单细胞原生生物。裸藻既能通过光合作用实现自养,又能像动物一样通过异养的方式满足自身生活所需,其在植物学中被称为裸藻,在动物学中被称为眼虫。淀粉核是裸藻中属的分类特征之一(如淀粉核的数量、位置等),可用以区别不同的裸藻种类,如鳞孔藻属(Lepocinclis)和扁裸藻属(Phacus)。

裸藻含有大量的蛋白质、多糖、维生素和多不饱和脂肪酸。研究数据表明,纤细裸藻的蛋白氨基酸评分高达 88 分,蛋白净利用率高达 79.9%,与牛奶中的酪蛋白接近。除优质蛋白外,纤细裸藻还含有多种于人类健康有特殊意义的营养成分,如 β-1,3-D-葡聚糖(副淀粉,paramylon)(图 8-7)、维生素 E 中活性最强的同分异构体 α-生育酚、多不饱和脂肪酸[如二十二碳六烯酸(docosahexaenoic acid,DHA)]、多种矿物质等。因此,2013 年国家卫生和计划生育委员会批准裸藻为 8 种新食品原料之一。含副淀粉的裸藻干粉已经通过美国 FDA 的 GRAS 认证。

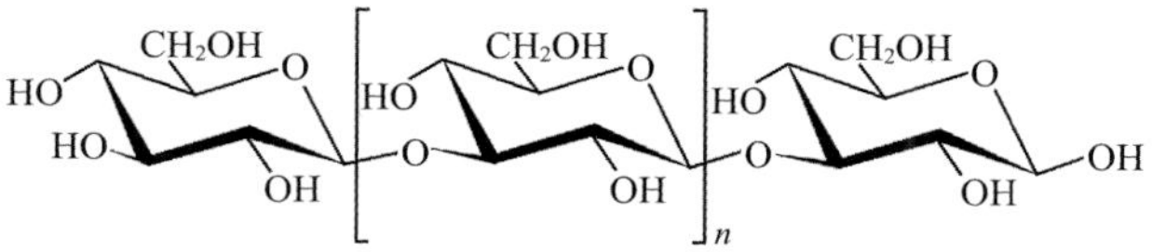

图 8－7　裸藻 β-葡聚糖的结构

裸藻中的 β-葡聚糖含量高,而且 β-葡聚糖具有很高的生物活性,如提高免疫、抗炎、抗菌、护肝、降胆固醇、抗纤维化、抗肿瘤、抗糖尿病和降血糖等(表 8－5),目前裸藻 β-葡聚糖已被广泛应用在食品、化妆品、医药等领域,而且几乎没有毒副作用,因此引起广大学者们的注意。也有科学家实现了利用裸藻中所含的副淀粉和脂肪酸合成了生物塑料,为其开发应用开拓了新方向。

表 8－5　裸藻 β-葡聚糖生理功效

生物活性	口服裸藻 β-葡聚糖具体功效
提高免疫	提高巨噬细胞产生 IL－1、IL－6、TNF－α 等免疫因子的能力
抗炎	缓解过敏性皮炎、类风湿性关节炎等症状
抗菌	显著提高被大肠杆菌感染的小鼠存活率
护肝	显著抑制血清肝酶标志物产生,抑制肝细胞凋亡
降胆固醇	促进大鼠胆固醇随大便排出体外,降低组织中的胆固醇水平
抗肿瘤	诱导 HepG2 肝癌细胞凋亡,使小鼠结肠癌发展降低 50%

除了常见的变形裸藻,易造成水华的血红裸藻(*Euglena sanguinea*)也是裸藻中的优势种群,因其具有裸藻红素,常呈红色或褐红色。血红裸藻形成的水华水会随着光照强度增大,逐步变成铁锈红色。血红裸藻水华水的出现,易造成水质恶化,对渔业养殖、良种保育工作造成影响。

目前围绕裸藻基因组相关研究逐步变多,纤细裸藻含有细胞核、叶绿体、线粒体三套基因组。裸藻基因组巨大而且具有高度复杂的序列结构和高比例的重复序列,给测序拼接带来了极大的困难。据了解,不同裸藻的基因组大小为 1～3 Gb,远远大于已报道的绿藻、硅藻和红藻基因组。已有报道利用基因枪、电转、单细胞显微注射法等成功实现了裸藻的基因改造,已成功实现了将 CRISRP/Cas9 等大分子外源物质递送入纤细裸藻细胞内并实现了基因编辑。

8.6　硅藻门三角褐指藻

硅藻是海洋浮游植物的重要组成部分,现已报道有 250 多个属,包括100 000 多个种,总体上占海洋初级生产力的 30%～40%,在全球碳以及硅固定方面上起到独特而重要的作用。硅藻的色素分布与陆地植物和绿藻中的色素相差很大,硅藻主要含有叶绿素 a 和叶绿素 c,而绿藻和陆地植物主要含有叶绿素 a 和叶绿素 b。此外,硅藻内还含有大量的叶黄素和类胡萝卜素,尤其是一种特殊的类胡萝卜素——岩藻黄素,高含量的色素让它呈现金棕色。由于色素成分差异,与陆地植物和绿藻主要吸收红蓝色区域光不同,硅藻能够在蓝绿色区域收获光。硅藻一般具有硅质的细胞壁,它分为上壳和下壳,壳外层为硅质,内层为果胶质。与壳套相毗连且与壳面垂直的部分叫相连带;上下相连带或者上下相连带同间生带一起称为壳环带,该面整体称为壳环面;在壳套与相连带之间,即壳面与相连带之间存在次级相连带,称为间生带,起加强细胞壁的作用。

三角褐指藻(*Phaeodactylum tricornutum*)是一种硅藻中的模式生物,归属于硅 藻 门 (Bacillariophyta),硅 藻 纲 (Bacillariophyceae),褐 指 藻 科(Phaeodactylaceae),褐指藻属(*Phaeodactylum*)。三角褐指藻能够在没有刚性细胞壁的情况下生长,因而被认为是一种具有独特形态可塑性的藻类。该藻常见的细胞形态通常有卵形、梭形和三出放射形三种,且这三种形态的细胞可以在不同的培养环境条件下相互转变。在正常的液体培养条件下,常见的是三出放射形细胞和梭形细胞,这两种形态的细胞都无典型的硅质细胞壁,不能运动(图8-8)。

梭形细胞整体为直的或者稍有弯曲,一般呈直梭形或新月形,长约 25 μm,两臂大约有 10 μm,略钝而弯曲,含有 1～2 片黄褐色色素体和 1～2 个裸露的蛋白核。三出放射形细胞除了有三个“臂”外,与梭形细胞很类似,两臂间垂直距离为 10～18 μm。三出放射形细胞的“臂”长 6～8 μm,略短于梭形细胞的“臂”,三个“臂”不等长,所形成的两底角通常约短于顶角,且个体之间差异很大。三出放射形细胞中心部分有一个细胞核有 1～3 片黄褐色的色素体,集中缘生于细胞中央部位,仅少数延伸至角突内部。在平板培养基上培养可出现卵形细胞,该细胞长 8 μm,宽 3 μm,胞内基本上被 1～2 个色素体所占据。卵形细胞只有一个硅质壳面,缺少另一个壳面,也没有壳环带,常凭借一个硅质化的壳运动。此外,在一些特殊情况下,三角褐指藻还会出现十字交叉形态。

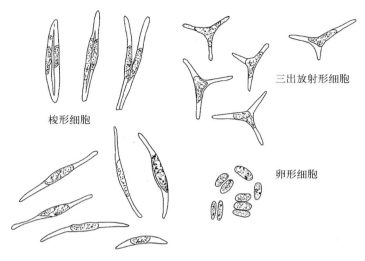

三出放射形细胞

梭形细胞

卵形细胞

图 8-8　三角褐指藻常见形态

　　三角褐指藻以其易养殖、营养丰富的优点，现阶段常被用作水产动物饲料的原料。它生长周期短、速度快，可以进行人工大规模培育，是养殖过程中很好的蛋白质来源，不仅为动物提供丰富的营养，还可提高动物的自身免疫，减少抗生素的添加，提高经济效益。三角褐指藻不仅被应用于水产养殖饵料的生产，还是高价值活性产物开发利用的优质经济微藻。三角褐指藻富含大量多不饱和脂肪酸（PUFA），尤其是二十碳五烯酸（EPA）和二十二碳六烯酸（DHA），因此对人及水产养殖业具有重要的价值。除此之外，三角褐指藻还含有一些特殊的生物活性物质，如岩藻黄素目前被认为是减肥、抗肿瘤的有效活性物质，具有非常好的开发利用前景。

　　目前三角褐指藻的全基因组已得到测序，相应遗传工具也得到了开发（表 8-6），具有作为稳健生产载体的潜力。目前在三角褐指藻中已经证明了核和叶绿体转化，多个质粒可以共转化。Golden Gate 组装可用于克隆多个感兴趣的基因，已知几种组成型和诱导型启动子功能良好，广泛的报告基因（LUC、GUS、GFP、YFP、CFP）已被证明有效。此外，通过 CRISPR/Cas9 系统可对三角褐指藻实现高频率的靶向诱变。各种遗传工具的发展，为提高三角褐指藻天然菌株中含量低的产物的产率水平提供助力，为生产非天然成分的底盘提供可能，包括用于生物塑料的聚羟基丁酸酯（PHB）、单克隆抗体和植物三萜类化合物等非生物体内源性成分。

表 8-6 三角褐指藻基因工程案例

基因/靶点	方　　法	结　　果
GPAT 和 DGAT2 基因	过表达	总脂质含量增加了 2.6 倍,达到 57.5% DCW
ptTES1	转录激活样效应因子核酸酶(TALEN)	TAG 含量增加 1.7 倍
PhyA	过表达	DHA 增加了 12%,EPA 增加了 18%
DXS 和 PSY	转录上调	岩藻黄素含量分别高 2.4 倍和 1.8 倍
八氢番茄红素合酶基因(PSY)	转化和表达	岩藻黄质含量增加约 1.45 倍

8.7　红藻门紫球藻

紫球藻(*Porphyridium*)是属于红藻门(Rhodophyta),红毛菜纲(Bangiophyceae),红毛菜目(Bangiales),紫球藻科(Porphyridiaceae),紫球藻属的一种单细胞海洋红藻,细胞呈球形,大小为 8~15 μm,无细胞壁,已进化了 10 亿年,是多种天然活性成分的来源。紫球藻细胞最显著的特征是胞内呈星状的藻胆体,富含藻红蛋白,故而整个细胞呈深红色(图 8-9)。根据所含藻胆素的不同可分为红色系(*P. purpureum*)和绿色系(*P. sordidium* 和 *P. aerugineum*)。

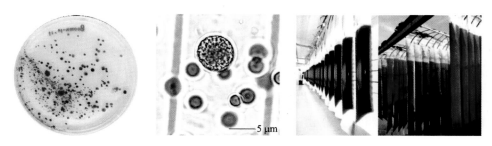

————5 μm

图 8-9　固体平板上、显微镜下和工业化培养的紫球藻

紫球藻富含藻红蛋白、多不饱和脂肪酸和硫酸酯多糖(图 8-10),在医疗、保健品和护肤品领域应用广泛,目前已经在以色列等国家实现了大规模培养。紫球藻藻红蛋白是一种藻胆蛋白,由 α、β 和 γ 亚基组成,α 亚基分子量约为

16.5 kDa、β 亚基分子量约为 18.0 kDa、γ 亚基分子量约为 27.0 kDa。藻红蛋白颜色鲜艳,可以作为天然色素用于食品和化妆品行业。藻红蛋白特有的荧光特性还可以作为荧光探针应用于免疫荧光检测、荧光显微组织化学、流式细胞等。此外,研究表明,藻红蛋白对人宫颈癌 Hela 细胞,人食管癌 EC109 细胞和人血管内皮细胞等细胞具有一定的抑制作用。

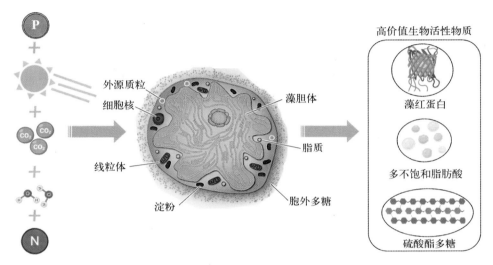

图 8 - 10　紫球藻的生物学特征与胞内活性物质

紫球藻胞外多糖是一种由木糖、半乳糖和葡萄糖等单糖组成的聚合物,富含葡萄糖醛酸和硫酸酯基,分子量为 $(2\sim7)\times10^6$ Da。化学分析和光谱分析结果表明,紫球藻多糖糖链连接方式以 β-(1→3) 为主,存在少量的 1→4 及 1→6 糖苷键,富含硫酸基(14.63%)和糖醛酸(7.8%)。具有抗氧化、抗衰老、抗炎、抗菌、提高免疫活性、降低胆固醇等生理活性(表 8 - 7)。紫球藻提取物已被列入化妆品添加目录,已有多个公司采用管道、吊袋、平板等进行大规模培养,并从中提取了紫球藻多糖用于开发化妆品的原料。

表 8 - 7　紫球藻胞外多糖生理功效

生物活性	紫球藻胞外多糖具体功效
抗氧化、抗衰老	显著的自由基清除能力、较强的抗脂质过氧化的能力
抗炎	拮抗肿瘤细胞培养液对人脐静脉内皮细胞生长的诱导作用
抗菌	有效抑制金黄色葡萄球菌在小鼠体内的感染

生物活性	紫球藻胞外多糖具体功效
提高免疫活性	增强吞噬细胞的吞噬能力,对巨噬细胞合成 NO 有促进作用
降低胆固醇	显著降低大鼠的三脂含量、肝重等指标

紫球藻中的多不饱和脂肪酸以花生四烯酸(ARA)和二十二碳五烯酸(EPA)为主,ARA 在紫球藻中的产量最高可达 211.47 mg/L。研究表明,紫球藻从 C18:2 开始,可同时通过 $\omega-6$ 和 $\omega-3$ 两条途径合成长链多不饱和脂肪酸(LC-PUFA),其中 $\omega-6$ 是主要途径,C18:2 在细胞质中依次经 $\Delta6$-去饱和酶、延长酶和 $\Delta5$-去饱和酶作用生成 ARA,最后在叶绿体中被 $\Delta17/\omega3$-去饱和酶催化生成 EPA。

紫球藻是一种非模式生物,其基因组已经被测序。早在 2013 年、2014 年就陆续公布了其核基因组和质体基因组:核基因组约为 19.7 Mb,编码 8 355 个基因。紫球藻的基因组序列分析发现,其基因编码区域非常密集,而内含子数量少,与细菌的基因组在某种意义上有所相似。目前有关紫球藻基因工程的报道较少,转化方法包括农杆菌介导法和基因枪法。它的遗传基因整合方式多样,研究表明除了藻类细胞中常见的核转化和叶绿体转化外,外源基因还能以质粒样的形式,作为染色体外游离的复制元件在紫球藻中稳定存在。

8.8　金藻门等鞭金藻

等鞭金藻(*Isochrysis galbana*)是一种单细胞海洋微藻,属金藻门,定鞭藻纲,等鞭藻目,等鞭藻科,等鞭藻属。目前已知的等鞭金藻的基因组是等鞭金藻 LG007,基因组大小为 92.73 Mb。体内含有 14 900 个蛋白质编码基因,整个基因组的 GC 含量为 58.44%。通过进化树分析可知,等鞭金藻已经进化了 1.33 亿年。

等鞭金藻通常为球形及卵圆形,平缓期细胞一般为球形,由于体内含有色素,整个细胞呈金褐色。细胞前端有两根等长平滑的鞭毛,两根鞭毛之间有一根退化的定鞭。等鞭金藻无细胞壁,仅有双层膜构成的质膜,质膜外有一层含糖脂类胶质层和鳞层。等鞭金藻含有两个片状金褐色色素体分别位于细胞两侧,每个色素体内部通常含有 1 个蛋白核以及 1 个白糖体,细胞核位于色素体之间。

等鞭金藻的繁殖方式主要以无性生殖为主,采用二分裂的细胞分裂形式;但也进行有性生殖,主要分为细胞分裂繁殖、内生孢子繁殖和胶群相繁殖。

岩藻黄素是一种主要的海洋类胡萝卜素,具有显著的生物学特性,包括抗氧化、抗肿瘤、抗菌、抗病毒等药理作用。岩藻黄素可以与叶绿素组装成具有一定蛋白质的岩藻黄素-叶绿素蛋白(FCP),FCP 存在于藻类的类囊体膜中,作为光捕获天线。岩藻黄素具有出色的蓝绿光收集和光保护能力,可以帮助藻类充分利用海水不同深度不同波段的太阳能。有研究表明在白光和绿光下,等鞭金藻相关合成岩藻黄素的基因表达水平出现了上调或下降,并通过多组学分析得到了等鞭金藻中合成岩藻黄素的关键基因,如 PSY、PDS、IZDS、ZEP 等。

目前等鞭金藻在商业上主要应用于提取多不饱和脂肪酸、生产水产动物饵料、作为抗肿瘤药物以及作为生物能源(图 8 - 11)。由于海洋鱼类资源有限而且海洋鱼油中多不饱和脂肪酸的组成成分和含量变化随着海水鱼的种类、海洋环境、季节等不同而发生变化,因此利用海洋鱼油生产和提取不饱和脂肪酸是远远不够的。目前作为多不饱和脂肪酸初级生产力的球等鞭金藻,已经成为 EPA和 DHA 开发生产的新途径,从藻细胞中提取 EPA 和 DHA 较从鱼油中提取更简易,成本更低。有研究表明将冷冻干燥的等鞭金藻生物质和乙酸乙酯脂质提取物掺入原味酸奶中,可以提高长链多不饱和脂肪酸的含量(主要是 DHA)。等鞭金藻能够提高长链多不饱和脂肪酸的生物可及性,从而可以制备高价值的功能食品。

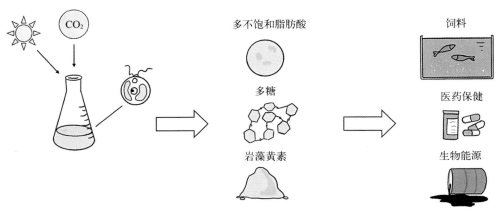

图 8 - 11　等鞭金藻的应用

由于等鞭金藻不含细胞壁,容易被水生生物吞食和消化、吸收。因此等鞭金藻是一种很优良的海洋单细胞饵料。实验证明,它是双壳类等水产动物幼苗的良好的饵料。其显著的营养价值在于其具有较高的 DHA 和 EPA 含量,DHA 作为必需脂肪酸,在提高海水仔鱼的生长率和成活率方面有不可取代的作用,尤其是该微藻同时含有 EPA 和 DHA,因此其是一种不可多得的优质海洋水产饵料,具有很广阔的应用前景。

海洋微藻产生的次级代谢产物中许多含有抗肿瘤、抗病毒、抗菌、抗凝血等药理活性成分。因其具有特殊化学结构,从而具有增强机体免疫、抗病毒、抗恶性肿瘤和抗炎症等多种生物活性,其中硫酸多糖因其独特的药理特性引起人们的关注。通过离子交换层析从等鞭金藻中分离到了 IPSⅠ-A、IPSⅠ-B 和 IPSⅡ 3 种多糖。这 3 种多糖均为碳水化合物,是富含醛酸和硫酸盐的多糖,具有较强的体外自由基清除和抗氧化活性,IPSⅡ比 IPSⅠ-A 和 IPSⅠ-B 具有更强的抗氧化活性。

此外,从等鞭金藻提取物中发现的主要脂质成分是棕榈酸(C16：0),占 22.3%。采用酯化-酯交换法可以制备出生物柴油,获得的生物柴油的黏度、较高的热值和生物柴油的含水量等特性满足 ASTM D6751 标准。该研究证实了微藻生物质作为生物柴油生产原料的可行性,因此其作为汽油柴油的替代品具有广阔的潜力。

8.9　真眼点藻纲微拟球藻

微拟球藻,亦被称为拟微绿球藻,属于绿藻门真眼点藻纲真眼点藻目拟单胞藻科。它最初由 Hibberd 命名,包括 7 个已知物种:在海洋环境中发现的 *N. salina*、*N. australis*、*N. granulata*、*N. oceanica*、*N. oculata* 和 *N. gaditana*,以及分布在淡水和微咸水中的 *N. limnetica*。据报道,*N. oceanica* IMET1 的核、叶绿体和线粒体基因组分别是 31.36 Mb、117.5 kb 和 38 kb,分别编码 9 754 个、126 个和 35 个蛋白质基因。其中核基因组中有 98.9%(9649)的基因可被 mRNA-Seq 验证。微拟球藻的基因组比较小但编码区比较长,平均内含子个数较少,相对比较紧凑。目前围绕微拟球藻有基因组的设计(大片段删减技术)、基因组的编辑(突变体库)以及表型的筛选(微藻单细胞表型组计划)等合成生物学的理性设计手段。

细胞形态简单无鞭毛,为球形到卵形,最大直径小于 5 μm。并且具有类似于植物细胞的质体:一个由类囊体堆叠形成的缺乏蛋白核的黄绿色周生叶绿体,表面有明显的突起,主要色素为叶绿素 a 和叶黄素。细胞壁由两种不同的成分组成:纤维状成分和无定形成分。最常见的纤维状成分是纤维素,而无定形成分是多糖、蛋白质和脂质的混合物。

微拟球藻作为经济微藻的价值主要体现在其包含的脂质上,该藻含有大量的脂质,含量占干重的 37%~60%,远高于其他微藻。主要脂肪酸组成为豆蔻酸(Myristic Acid,C14：0)、棕榈酸(Palmitic Acid,C16：0)、棕榈油酸(Palmitoleic Acid,C16：1)、油酸(Oleic Acid,C18：1)、亚油酸(Linoleic Acid,C18：2)、花生四烯酸(Arachidonic Acid,C20：4)和二十碳五烯酸(Eicosapentaenoic Acid,EPA,C20：5)。富含长链多不饱和脂肪酸(Polyunsaturated Fatty Acid,PUFA),主要以 EPA 的形式存在。

一般 EPA 的来源都是鱼油,主要由鱼类通过摄入藻类积累而来,而藻油 EPA 是纯植物性 ω-3 PUFA 的重要来源,从人工培育的海洋微藻中提取的藻油 EPA,是未经食物链传递的、最纯净、安全的 EPA 来源。拟微绿球藻的 EPA 占其干生物量的 1.1%~11%。这些极性脂质在拟微绿球藻的生物量中非常丰富,它们具有众所周知的生物活性,包括抗炎作用。Kagan 等人证明了富含极性脂质的拟微绿球藻油是人体 EPA 的有效来源,而 Rao 等人观察到补充拟微绿球藻的 EPA 极性脂提取物可增加 ω-3 PUFA 含量,并降低健康个体的胆固醇水平。相关的研究报道拟微绿球藻属的多个品种可以规模化培养,同时在细胞中可以积累一定量的 EPA,它们已被作为 EPA 商业化生产的重要藻株。

高含脂量也是生物柴油的重要潜在来源。微拟球藻能够积累大量的储藏性脂类,特别是三酰甘油(Triacylglycerol,TAG),而三酰甘油是生物柴油生产的重要原料。总脂质中的 TAG 含量可显著影响微藻生物柴油的生产效率。虽然几乎所有类型的微藻脂质都可以提取生物柴油,但只有 TAG 容易通过传统方法酯交换成生物柴油。其他类型的微藻脂质,如极性脂质,由于沉淀和皂化,会导致生物柴油产量的损失,因此 TAG 含量是生物柴油生产藻种选择的一个重要考虑因素。除了高脂含量和 TAG 含量,脂肪酸组成也显著影响生物柴油的燃烧热、润滑性、黏度、低温性能和氧化稳定性等性能。具有较高的单饱和脂肪酸百分比(超过 50%)的 *N. oculata* 和 *N. granulata* 在生产生物柴油方面具有优势。有研究表明,拟微绿球藻的生物柴油性能(包括运动黏度、比重、浊点、十六烷值、碘值和较高热值)均符合美国(ASTM D6751)和欧洲(EN 14214)相关标准的规定。

N. gaditana 在 2021 年 4 月由中国国家卫生健康委员会批准为新食品原

料,标志着微拟球藻可以正式应用于食品行业。通过规模化培养,可以获得大量富含油脂的藻粉用于藻油的提取,并进一步提炼长链多不饱和脂肪酸,剩余的脂肪酸转化为生物柴油,从而为生物柴油的生产提供新的原料。目前国内在广西已建成了最大的微拟球藻养殖基地,建立了从育种、养殖、提取到销售的全产业链生态,同时拥有现阶段最大的藻油产品生产规模,实现了规模化量产 EPA藻油。

另外,微拟球藻作为微藻,同样具有潜在的环境效益,如去除水体中的重金属、生长过程中去除氮和磷等大量营养物质、固定 CO_2、减少 CO_2 排放、对废水进行生物修复等。*N. salina* 主要用于污水处理。这些对环境有益的应用可以与脂质生产相结合,以经济有效的方式同时造福环境和人类。

8.10　沟鞭藻纲寇氏隐甲藻

寇氏隐甲藻(*Crypthecodinium cohnii*)是属于隐甲藻科的一种异养甲藻(Dinoflagellate),是工业生产 DHA 的微藻之一。1887 年之前,寇氏隐甲藻被归属到薄甲藻属,至今对其命名和分类仍存在争议。传统观点认为它是真核动物的一类,但也有学者认为其属于单细胞藻类。寇氏隐甲藻存在两种不同形态的细胞,分别是游泳细胞和囊孢细胞,代表其不同的时期和生理状态,具有不同的大小、功能和表现形式。游泳细胞具有两个不同的鞭毛,一个插入细胞的横沟,另一个沿纵沟向后伸出。通过横向鞭毛,细胞被分为附加体和细胞的下后部[图8-12(a)和(b)]。扫描电子显微镜观察显示,扣带[图 8-12(c)和(d)]并没有完全环绕细胞的身体,只穿过了约三分之二的细胞周长。此外,囊孢细胞是一个独立的卵形结构,在休眠期、存活期或分裂初期存在。

寇氏隐甲藻细胞的细胞核直径约为 5 μm,其核膜为双层且不连续。细胞核内包含着大量在整个生命周期中始终处于凝聚状态的棒状染色体,长度约为0.5 μm,直径为 0.1~0.3 μm。与典型真核生物染色体不同的是,寇氏隐甲藻细胞中并不存在着丝粒。此外,在超薄切片的切面上,纤维的折叠方式也呈现出独特的特点。寇氏隐甲藻的基因组非常大,到目前为止其基因组的绘制工作仍然没有完成,遗传转化体系也并不完善,这限制了对寇氏隐甲藻中油脂和 DHA 积累的分子机制的探索。

寇氏隐甲藻可以积累高含量的 DHA,并且只含有微量的其他多不饱和脂肪酸,这使得从这种微生物中提取 DHA 的纯化过程非常有吸引力,尤其对于药物

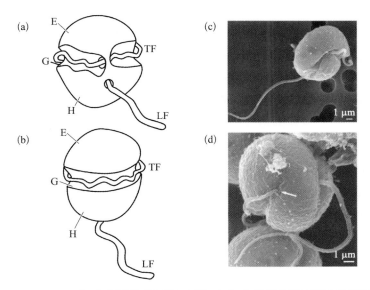

图 8-12　(a) 寇氏隐甲藻腹面示意图；(b) 寇氏隐甲藻背面示意图：
E 为附加体、G 为扣带、H 为下后部、LF 为纵向鞭毛、TF 为
横向鞭毛；(c) 寇氏隐甲藻的扫描电镜图（腹面视图）显示
了特征形态；(d) 寇氏隐甲藻的扫描电镜图（右侧视图）显
示了扣带和横向鞭毛末端（箭头）

应用，因为将多不饱和脂肪酸作为药物成分需要将其纯化到 95% 以上。已有研
究报道了一种从寇氏隐甲藻细胞中浓缩 DHA 的方法，该方法使 DHA 富集率从
47.1% 提高到 97.1%，过程产率为原始藻类油质量的 32.5%。从寇氏隐甲藻藻
泥中纯化 DHA 的替代方法也已被发现，该方法获得了较高的 DHA 比例（总脂
肪酸的 99.2%）。这种方法可以成为一种经济的 DHA 纯化的替代方法，因为提
取步骤是从藻泥中进行的，而不是从冷冻干燥的细胞或提取物中进行，区别于传
统的 DHA 提取和纯化方法，这样可以节约大量时间。

　　DHA 在脑和视觉发育、心脏健康、免疫调节和抗氧化等方面均具有重要的
作用。富含 DHA 的单细胞食用油可用于婴儿配方奶粉、婴儿食品、药物产品和
膳食补充剂（以明胶胶囊的形式）。Martek 公司已经为其从寇氏隐甲藻中提取
的 DHA 混合物申请了专利，并将其主要用于婴儿配方奶粉。提取了脂肪酸后
留下的剩余生物质（即在破裂的细胞中提取脂肪酸后剩余的细胞残骸）可以用作
动物饲料，其中蛋白质含量为 35%～40%，灰分含量为 8%～10%，碳水化合物
含量为 45%～50%。由于这种生物质膏体具有高蛋白质含量和较高的 DHA 水

平,因此可用于水产养殖生物(如虾、牡蛎、鱼)的饲料。

参考文献

［1］胡鸿钧,魏印心. 中国淡水藻类:系统、分类及生态［M］. 北京:科学出版社,2006.

［2］张广伦,肖正春,张锋伦,等. 雨生红球藻中虾青素的研究与应用［J］. 中国野生植物资源,2019,38(2):72-77.

［3］金德祥,程兆第,林均民,等. 中国海洋底栖硅藻类-上卷［M］. 北京:海洋出版社,1982.

［4］陈明耀. 生物饵料培养［M］. 北京:中国农业出版社,1995.

［5］Masi A, Leonelli F, Scognamiglio V, et al. *Chlamydomonas reinhardtii*: A factory of nutraceutical and food supplements for human health［J］. Molecules, 2023, 28(3): 1185.

［6］Dyo Y M, Purton S. The algal chloroplast as a synthetic biology platform for production of therapeutic proteins［J］. Microbiology, 2018, 164(2): 113-121.

［7］Kiran B R, Venkata Mohan S. Microalgal cell biofactory-therapeutic, nutraceutical and functional food applications［J］. Plants, 2021, 10(5): 836.

［8］Gifuni I, Pollio A, Safi C, et al. Current bottlenecks and challenges of the microalgal biorefinery［J］. Trends in Biotechnology, 2019, 37(3): 242-252.

［9］Darwish R, Gedi M A, Akepach P, et al. *Chlamydomonas reinhardtii* is a potential food supplement with the capacity to outperform *Chlorella* and *Spirulina*［J］. Applied Sciences, 2020, 10(19): 6736.

［10］Torres-Tiji Y, Fields F J, Mayfield S P. Microalgae as a future food source［J］. Biotechnology Advances, 2020, 41: 107536.

［11］胡鸿钧,吕颂辉,刘惠荣. 等鞭金藻属(等鞭金藻目)1 新种:湛江等鞭金藻(*Isochrysis zhanjiangensis* sp. nov)及其超微结构的观察［J］. 海洋学报,2007,29(1):111-119.

［12］Danesh A, Zilouei H, Farhadian O. The effect of glycerol and carbonate on the growth and lipid production of *Isochrysis galbana* under different cultivation modes［J］. Journal of Applied Phycology, 2019, 31(6): 3411-3420.

［13］刘晓玲,沈延,翟中和. 一种原始真核细胞:寇氏隐甲藻(*Crypthecodinium cohnii*)超微结构的特殊性［J］. 电子显微学报,1999,18(6):579-583.

第9章
典型的微藻绿色低碳产品与应用

9.1　营养与健康食品

随着全球人口的增加,对粮食需求日渐增加。根据联合国的报告,2050 年全球人口将达到 98 亿,目前的粮食产量必须翻一番,才能满足预计的需求。据预计食物生产如果赶不上需求的增加,未来将会有 1.3 亿人因此而陷入饥饿。此外,传统食品行业导致的温室气体排放、过量农药使用、大量土地和水源占用等环境问题也愈发严重。

微藻是最有前途的新食品原料来源。微藻中含有许多可用作食品的营养成分,如蛋白质、脂质和碳水化合物等。相较于其他传统农产品,微藻的土地占用很少,同时还具有不需要使用杀虫剂、除草剂的优点,对土地条件没有要求,不受季节限制。除此之外,添加微藻制成的功能食品还被认为具有潜在的健康益处,其可以补充蛋白、多不饱和脂肪酸、维生素、多糖等众多生物活性化合物(图 9-1)。其中很多藻类来源的活性化合物已经被明确证实具有抗氧化等功能,对健康有益。

微藻应用于食品的安全性也逐渐得到认可。千年之前,发菜(*Nostoc flagelliforme*)就已经进入到中国人的食谱中,在非洲和墨西哥也有食用螺旋藻的传统。如今,小球藻和螺旋藻以其营养性而在全球范围内广受欢迎。近年来,各国权威机构也逐渐认可各种微藻的安全性(表 9-1)。以微藻为原料的产品很多,其在食品领域应用广泛。微藻既可以作为营养元素来源,又可以提供功能特性。

如果把微藻生物质添加到被广泛接受或经常食用的食物中,就有可能将微藻广泛应用于食品工业中,使更多人受益。通常用于人类消费的微藻株,即小球藻、杜氏藻、红球藻、裂殖壶藻和螺旋藻,被美国 FDA 归类为一般认为安全(GRAS)。因此,一些来自藻类的富含脂质、蛋白质、碳水化合物,以及其他营养

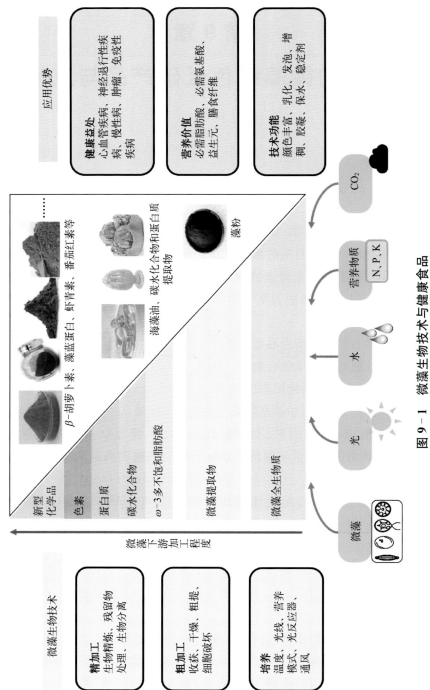

图 9 - 1 微藻生物技术与健康食品

表 9 - 1　各国允许应用到食品领域的微藻

属/种	美　国	欧　盟	中　国
钝顶螺旋藻(*Arthrospira platensis*)	GRAS 2012	非新型食品	普通食品
极大螺旋藻(*Arthrospira maxima*)	GRAS 2003		普通食品
黄绿小球藻(*Chlorella luteoviridis*)		非新型食品	
普通小球藻(*Chlorella vulgaris*)		非新型食品	
原始小球藻(*Chlorella protothecoides*)	GRAS 2012	非新型食品	
蛋白核小球藻(*Chlorella pyrenoidosa*)			新型食品原料 2012
杜氏盐藻(*Dunaliella Salina*)			新型食品原料 2009
杜氏藻(*Dunaliella bardawil*)	GRAS 2011		
雨生红球藻(*Haematococcus pluvialis*)	GRAS 2010	非新型食品	新型食品原料 2010
裂殖壶藻(*Schizochytrium* sp.)	GRAS 2004	非新型食品	新型食品原料 2010
吾肯氏壶藻(*Ulkenia* sp.)	GRAS 2010	非新型食品	新型食品原料 2010
小型无绿藻(*Prototheca moriformis*)	GRAS 2015		
水华束丝藻(*Aphanizomenon flosaquae*)		非新型食品	
朱氏四爿藻(*Tetraselmis chui*)		新型食品 2014	
纤细裸藻(*Euglena gracilis*)		新型食品 2020	新型食品原料 2013
寇氏隐甲藻(*Crypthecodinium cohnii*)			新型食品原料 2010
莱茵衣藻(*Chlamydomonas reinhardtii*)	GRAS 2019		新型食品原料 2022
拟球状念珠藻(*Nostoc sphaeroides*)			新型食品原料 2018
微拟球藻(*Nannochloropsis gaditana*)			新型食品原料 2021
长耳齿状藻(*Odontella aurita*)		新型食品 2005	

注：GRAS—公认安全(Generally Recognized as Safe)；非新型食品—1997 年 5 月之前就已被使用(Non-Novel Food)。

素的食品,可以直接以干粉的形式食用(表9-2)。到目前为止,微藻单细胞蛋白已被添加至各种不同种类的食品中,包括谷物类、乳制品、饮料、肉制品等。添加微藻可以为食品增添营养。微藻富含蛋白质、脂肪酸、多糖、纤维等营养元素,可以作为食品的营养来源。微藻可以作为良好的膳食纤维来源,先前的研究证明在酸奶中添加螺旋藻可以使总膳食纤维含量增加50%。微藻可以为食品提供天然的抗氧化剂,在鱼堡中添加微藻可以显著提高产品的类胡萝卜素和叶绿素含量。食品中天然抗氧化剂含量的增加还带来了潜在的健康益处,越来越多的实验证据表明,这些化合物可以在预防甚至治疗人类疾病方面发挥重要作用。一些研究人员还发现微藻具有促进益生菌生长的效果,在发酵食品中添加微藻可以增加益生菌的生存能力,缩短发酵时间。

表9-2　微藻干粉生物质的潜在工业应用

| 微藻食品 | | | 营养改善 | | 感官效果 | 保存及储存 |
物　　种	添加量	产品				
小球藻 (*Chlorella vulgaris*)	1%~3%	谷物制品	面包	酚类、蛋白质、灰分	—	抗氧化
小球藻和钝顶螺旋藻 (*Chlorella vulgaris*、*Spirulina platensis*)	1.50%		面包	类胡萝卜素、叶绿素	—	—
等鞭金藻和巴夫藻 (*Isochrysis galbana*、*Diacronema vlkianum*)	0.5%~2%		意大利面	多不饱和脂肪酸	降低颜色、气味和质地的吸引力	—
小球藻 (*Chlorella vulgaris*)	1%~3%		羊角面包	纤维素、灰分、脂肪	改善颜色、味道、气味	抗老化、抗菌
极大螺旋藻 (*Spirulina maxima*)	20%		饼干	蛋白质(40%以上)、灰分(70%以上)	没有明显变化(添加量20%)	—
钝顶节旋藻、扁藻、三角褐指藻和小球藻 (*Arthrospira platensis*、*Tetraselmis suecica*、*Phaeodactylum tricornutum*、*Chlorella vulgaris*)	2%~6%		薄脆饼干	酚类、蛋白质、灰分	降低颜色、气味、质地和味道的吸引力	抗潮湿、抗氧化

续　表

微 藻 食 品			营 养 改 善	感 官 效 果	保存及储存
物　种	添加量	产品			
钝顶螺旋藻（*Spirulina platensis*）	0.5%～1.5%	鱼类产品	脂肪、类胡萝卜素、叶绿素、蛋白质、灰分	没有明显变化（添加量1%）	抗氧化、提高持水能力、持油能力和溶胀能力
极微小球藻、等边金藻和三角褐指藻（*Chlorella minutissima*、*Isochrysis galbana*、*Picochlorum* sp.）	0.5%～1.5%		纤维素、灰分、类胡萝卜素、叶绿素	提升颜色、质感和味道	
极微小球藻、等边金藻和三角褐指藻（*Chlorella minutissima* *Isochrysis galbana* *Picochlorum* sp.）	0.5%～1.5%		纤维素、灰分、类胡萝卜素、叶绿素	提升颜色、质感和味道	
小球藻（*Chlorella vulgaris*）	1%～3%	新型食品	纤维素、蛋白质、碳水化合物	没有明显变化（添加量1%）	—
极大螺旋藻、雨生红球藻（*Spirulina maxima*、*Haematococcus pluvialis*）	0.75%～3.75%		—	提高凝胶硬度；改善颜色	—
极大螺旋藻、雨生红球藻（*Spirulina maxima* *Haematococcus pluvialis*）	0.75%			提高凝胶硬度；改善颜色	—
极大螺旋藻、巴夫藻（*Spirulina maxima*、*Diacronema vlkianum*）	0.1%～0.75%		多不饱和脂肪酸	没有明显变化	—
钝顶螺旋藻（*Spirulina platensis*）	1.15%～1.45%	饮料	—	—	抗真菌
钝顶螺旋藻（*Spirulina platensis*）	2.5%～20%		脂肪、类胡萝卜素、叶绿素、蛋白质、灰分	改善颜色、气味、质地和味道	—

产品列（从上到下）：鱼堡、鱼堡、鱼堡、仿干酪、爱玉冻、爱玉冻、爱玉冻、苹果汁、花蜜，果汁饮料

续　表

微 藻 食 品			营 养 改 善	感 官 效 果	保存及储存
物　种	添加量	产品			
钝顶螺旋藻 (*Spirulina platensis*)	0.25%～0.5%	饮料	素酸牛乳酒 酚类、促进益生菌生长	—	提高益生菌的活力、抗氧化
钝顶螺旋藻 (*Spirulina platensis*)	0.25%～1%	乳制品	酸奶 纤维素、类胡萝卜素、蛋白质、促进益生菌生长	降低颜色、气味、质地和味道的吸引力	抗氧化
钝顶螺旋藻 (*Spirulina platensis*)	0.13%～0.5%		酸奶 —	降低颜色、味道的吸引力	提高益生菌的活力、抗氧化
索罗金小球藻 (*Chlorella sorokiniana*)	NA		乳制产品 抗轮状病毒感染	—	提高益生菌活力
钝顶螺旋藻 (*Spirulina platensis*)	0.5%～1%		奶酪 蛋白质、灰分、类胡萝卜素、促进益生菌生长	降低颜色、气味、质地、味道的吸引力	提高益生菌活力

　　微藻的添加有助于食品的保藏和储存。抗氧化是食品保存过程中最重要的因素之一,脂质氧化被认为是肉制品降解的最重要原因。微藻富含天然抗氧化剂,微藻中的类胡萝卜素、酚类化合物、藻胆蛋白等化合物均被证明具有很强的抗氧化能力。Ali 等人的研究表明,微藻的添加可以显著提高鱼堡的 DPPH 清除能力,这可能有助于延长产品的保质期,并提高产品的质量。类似的现象也存在于乳制品、面包、饼干等中(表 9-2)。微藻富含膳食纤维,可以显著提高食品的持水能力和持油能力。微藻生物质的添加可以赋予食品抗真菌和抗微生物的活性。在 Nessrien 等人的研究中,经过 6 天的室温储存,添加了小球藻的仿奶酪中的霉菌数量明显低于对照组。同样的现象在饮料中更为明显,添加 1.45%(质量浓度)的螺旋藻可以在 4 天内完全抑制未经高温消毒的苹果汁中微生物的生长。微藻生物质添加的另一个优势是可以增加发酵食品中益生菌在储存期的生存能力,研究发现,经过 60 天的长期储存,添加螺旋藻的干酪乳杆菌与奶酪的存活率达到 95%。

　　当我们探讨微藻作为食品添加剂对食品产生的影响时,大多数研究直接关注微藻对食品营养价值和储存效果的影响,很少有研究关注微藻对感官特征产生的影响,但事实上,感官特征,尤其是味道,对于消费者至关重要。藻类具有丰富的芳香族化合物,包括硫化物、不饱和脂肪醛、萜类化合物、降异戊二烯类化合物和卤代化合物等,这些化合物会对风味产生巨大影响。在表 9-2 中,总结了添加微藻生物质对食品产品感官特征带来的影响。很遗憾的是,由于微藻本身具有强烈的味道和颜色,所以在感官特征上带来的影响大多是负面的。其中乳制品对微藻的添加最为敏感,在最近一项关于在酸奶中添加螺旋藻的研究中,研究人员发现 0.25%的螺旋藻就会对酸奶的颜色产生显著的影响,0.5%的螺旋藻就会对酸奶的风味评分产生显著的影响。而谷物产品对微藻的添加相对不敏感,一项关于在小麦饼干中添加微藻的研究表明,添加 2%螺旋藻生产的饼干风味被描述为介于轻微令人愉悦和令人愉悦之间。一般情况下,添加微藻产生的风味通常被描述为鱼腥味,因此鱼制品通常可以接受微藻添加,少量微藻的添加通常不会对鱼制品产生不良的感官影响,甚至可以改善风味和口感等。

　　如何应对微藻带来的强烈颜色和味道是微藻干生物质在食品工业中应用面临的主要挑战之一。一种常见的解决策略是使用调味剂来中和微藻的特殊味道。最近的一项研究表明,不同的调味品的添加可以显著影响消费者群体对螺旋藻的接受程度,柠檬罗勒螺旋藻风味比番茄螺旋藻和甜菜螺旋藻风味更容易被消费者接受。喷雾干燥微胶囊技术是一种掩盖微藻不良风味的新兴方案。Suellen 等人证明了以辛烯基琥珀酸酐淀粉作为涂层材料可以很好地掩盖微藻的特殊风味。含有 20%(质量分数)微胶囊螺旋藻生物质的小麦饼干与普通饼干相比,在购买意向和普遍接受度上没有显著差异。更重要的是,在饼干中添加 20%(质量分数)螺旋藻导致灰分增加 40%,这个数字远远超过其他在食品中添加微量微藻的占比。此外,另一项研究表明,与普通螺旋藻相比,微胶囊化的螺旋藻表现出更高的抗氧化、抗炎和热稳定性。针对微藻颜色浓烈的问题也有新的解决方法,葡萄牙 Allmicroalgae 公司培育出两株叶绿素含量极低的小球藻品种,开发出白色和黄色小球藻粉,被欧洲食品安全局(EFSA)批准可作为食品原料和食品补充剂。与传统的深绿色藻粉产品相比,这些最新产品在视觉上更加中性,更容易被消费者接受。除此之外,通过调节微藻的培养条件来生产低色素含量的微藻生物质也是一种可行的解决方案。最近,一些研究人员通过调节培养基的 C/N 比,生产出了藻红蛋白含量很低的黄色紫球藻生物质。

　　还有一点非常重要的是,微藻干燥方法对微藻干生物量影响很大。不良的干燥方法会导致微藻营养物质的大量损失。例如,55℃烘干会导致螺旋藻中80.5%的藻蓝蛋白损失。目前,许多研究人员针对如何干燥微藻这一问题展开了研究,并开发了许多干燥方法。微藻干燥的常用方法有风干、日光干燥、冷冻干燥、真空干燥和喷雾干燥等,还有一些新技术,例如红外辐射干燥和微波联合干燥。一些研究人员认为新鲜的、活的微藻生物质适合直接作为商品出售,因为这样可以完全避免干燥过程对微藻营养成分的影响,但这一想法需要在储存、运输、营销等许多方面进行详细讨论。

除了微藻干物质直接添加外,微藻提取物也时常被应用于食品(表9-3)和保健品生产中。受到微藻强烈味道和颜色的限制,目前的研究通常仅将微藻全生物质作为低含量添加物使用。因此这些添加物往往不会对食物中的主要营养元素含量(如蛋白质和多不饱和脂肪酸含量)产生很大的影响。有研究试图通过添加微藻全干生物质来提高意大利面的营养价值,然而,由于微藻的添加量低(低于2%),多不饱和脂肪酸的总含量仅增加了12%。微藻提取物可以富集微藻生物质中的一类化合物,因此即使是添加很小的剂量也可以对食品产品的特定的营养元素含量产生很大的变化。有研究尝试使用巴夫藻(*Pavlova lutheri*)的脂质提取物来提高酸奶的营养价值,结果显示仅仅是添加0.5%(质量浓度)的脂质提取物,酸奶的多不饱和脂肪酸总含量就增加了近300%。

表9-3 微藻在食品行业中的应用

产品	微 藻	提 取 物	优 点
鱼制品	微拟球藻 (*Nannochloropsis gaditana*)	分解/非皂化脂肪酸 (separating/non-saponified lipid)	营养(EPA、类胡萝卜素)
酸奶	巴夫藻 (*Pavlova lutheri*)	脂质提取物	保鲜和营养(多不饱和脂肪酸)
香肠	钝顶螺旋藻 (*Spirulina platensis*)	溶剂提取物	防腐、增添风味
食用油	螺旋藻(*Spirulina*)	溶剂提取物	防腐、增添风味
牛肉饼	螺旋藻(*Spirulina*)和小球藻(*Chlorella*)	蛋白提取物	营养(氨基酸)
牛肉饼	寇氏隐甲藻 (*Crypthecodinium cohnii*)	藻油	防腐、营养(DHA)

微藻是非常有潜力的食品宏量营养元素(特别是蛋白质)新来源。微藻具有光合效率高、固碳能力强、生长迅速的优势,健康益处是微藻最能吸引消费者的点,目前已经有众多的临床研究表明,微藻作为膳食补充剂可以带来明确的健康益处(图9-2)。

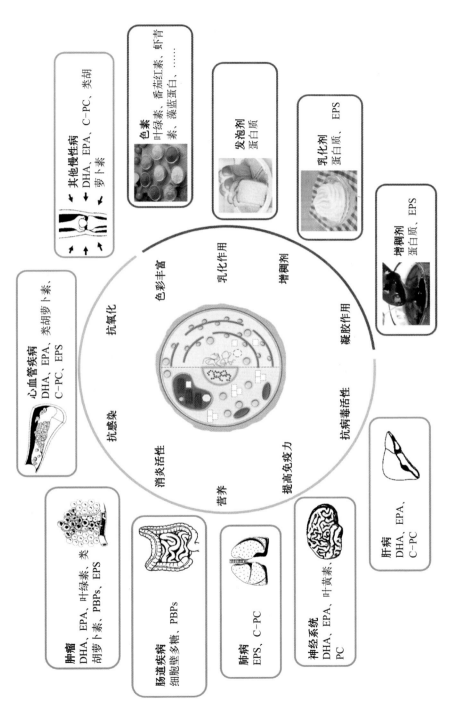

图 9 - 2　微藻高价值化合物的生理活性和技术应用

但是微藻食品能否达到相似的效果是未知的。通常微藻在食品产品中的添加量很低,因此通过食品来源很难达到膳食补充剂的摄入量。并且将微藻掺杂在食品中,还有可能会影响到微藻中生物活性物质的生物利用度和生物可及性,这些都是目前微藻食品发展的道路上需要解决的问题。如何将微藻开发成被消费者广泛认可的食品,使更多人从微藻生物技术的进步中受益,将会是未来食品领域的发展方向。

9.2　生物与医药产品

近年来,大健康产业拥有巨大的发展机遇。天然成分在医疗保健、疾病预防和治疗中的应用取得了可喜的成果,这使得用天然成分取代一些合成产品势在必行。在各种替代品中,微藻生物质资源是天然成分的丰富来源之一,并以其环境友好、成本低、产量丰富而逐渐被人们所认可。

微藻中的生物活性化合物如藻胆素、类胡萝卜素、多糖、多不饱和脂肪酸、维生素、甾醇、蛋白质和酶等引起了人们的广泛兴趣。这些成分在医药和化妆品行业的发展中具有广阔的前景。例如,盐藻可以产生 β-胡萝卜素,β-胡萝卜素本身具有良好的抗炎和免疫调节作用。新的研究发现,β-胡萝卜素也有望用于结肠癌和前列腺癌的预防和治疗。在化妆品行业,类胡萝卜素不仅可以作为天然色素添加到彩色化妆品中,还可以作为抗衰老护肤品中的天然抗氧化剂。用天然微藻提取物代替化学抗氧化剂制成的化妆品满足了人们对安全和环保的需求。

9.2.1　β-胡萝卜素

β-胡萝卜素是一种橙黄色脂溶性化合物,可从微藻中提取,如杜氏盐藻。盐藻的商业化开发始于 20 世纪 80 年代,作为最优秀的天然 β-胡萝卜素生产者,盐藻已经广泛应用于药物开发、功能食品生产、水产养殖和动物饲料工业中。β-胡萝卜素是视黄醇(维生素 A)的天然前体,具有潜在的抗肿瘤和化学预防作用。β-胡萝卜素在免疫调节中起重要作用。人体会自动将 β-胡萝卜素转化为维生素 A,而维生素 A 是孕妇和儿童所必需的。缺乏维生素 A 会导致儿童免疫力下降、夜盲症、干眼症甚至失明。研究结果表明,类胡萝卜素可以预防不同类型的人类癌症,包括膀胱癌、白血病、口腔癌等。例如,Ayna 等人研究了 α-生育酚、β-胡萝卜素和抗坏血酸对 PC-3 前列腺癌症细胞的体外抗癌作用。研究发现,这些分子作为抗氧化剂可以降低细胞活性,增加 PC-3 细胞的活性氧(ROS)和脂质过氧化(LOP)水平。此外,β-胡萝卜素可以改善凋亡基因半胱氨冬酶-3 的表达,促进细胞程序性死亡。在 β-胡萝卜素抑制结直肠癌癌症的研究中,Lee 等人发现,在乙氧基甲烷/葡聚糖硫酸钠的结直肠癌癌症小鼠模型中补充 β-胡萝卜素可以抑制 M2 巨噬细胞标志物的形成和表达。这也证明了 β-胡萝卜素对结直肠癌的潜在治疗作用是通过抑制 M2 巨噬细胞极化和成纤维细胞活化介导的。为了进一步证明胡萝卜素对商业药物疗效的保护作用,学者们通过整合肥胖治疗药物奥利司他和 β-胡萝卜素治疗对小鼠进行了对照实验。β-胡萝卜素和奥利司他联合治疗可减轻奥利司他引起的肝毒性和肝脏结构的可变紊乱。这一结果证实了 β-胡萝卜素等抗氧化剂可以作为辅助药物用于缓解奥利司他在治疗过程中的毒性。

9.2.2　虾青素

虾青素是另一种有效的抗氧化剂。目前商业化的虾青素产品主要来源于雨生红球藻、红法夫酵母和化学合成。人体新陈代谢和环境污染会导致人体产生活性氧和自由基。自由基会破坏生物体内的细胞膜和蛋白质,并导致疾病。在研究中,虾青素的表现几乎是其他类胡萝卜素的十倍。虾青素具有强大的抗氧化特性,可以清除自由基,避免细胞和组织损伤。虾青素还可以通过防止蛋白质的氧化分解来增强身体的有氧代谢,延缓衰老。这些特性符合护肤品对安全性、天然性和良好抗衰老功能的要求,因此虾青素在生产化妆品和个人护理产品方面具有良好的应用前景。

虾青素也被推荐为治疗乳腺癌、结肠癌和肝癌的潜在药物,因为它具有良好的抗炎、抗氧化、促凋亡和抗癌作用。它通过多种途径减少肿瘤的发生,主要是抑制细胞增殖、缩短细胞周期和诱导细胞凋亡。此外,Chen 等人发现虾青素可以抑制基质金属蛋白酶 1、2 和 9 的表达,并影响黑色素瘤细胞的迁移,最终抑制肿瘤生长。在最新发表的研究中,Hao 等人发现,口服虾青素可以促进 KKAy 糖尿病小鼠血糖和脂质水平的改善。对于患有雄性生殖功能障碍(糖尿病的典型并发症)的 KKAy 糖尿病小鼠,研究小组使用口服虾青素对其进行治疗,并使用标准差分析结果。研究发现,口服虾青素可显著改善 KKAy 糖尿病小鼠的精子运动、精子密度和正常精子形态率。这些结果表明,虾青素具有免疫调节、抗氧化、降血糖和降脂活性,因此虾青素作为糖尿病和生殖系统疾病的辅助药物也具有发展前景。

9.2.3　叶黄素

叶黄素在人类和植物中起着天然高能蓝光过滤器和抗氧化剂的作用。这一产品主要在小球藻、万寿菊等中提取。与其他类胡萝卜素相比,叶黄素的研究更多地集中在眼部疾病的治疗上。在氧诱导视网膜病变小鼠的叶黄素研究中,叶黄素可能通过促进内皮顶端细胞的形成和保存星形胶质细胞模板来促进中央无血管区正常视网膜血管的再生。这种作用使叶黄素有潜力作为治疗增殖性视网膜病变的补充剂,从而解决早产儿视网膜病变引起的儿童失明问题。对于一些眼病,如内毒素引起的葡萄膜炎、激光引起的脉络膜新生血管、链脲佐菌素引起的糖尿病,以及实验性视网膜缺血再灌注,叶黄素可以降低炎症模型的表达。在确定了叶黄素的临床疗效和最佳摄入剂量后,其有望成为一种良好的眼部药物。

9.2.4　多糖

多糖是生命活动中必不可少的天然高分子聚合物,广泛存在于植物、微生物、藻类和动物中。结构的差异使多糖的性质和应用也有所不同,海洋微藻的硫酸多糖在抗病毒、抗氧化、提高免疫调节和抗肿瘤方面有效。Rajasekar等人通过高效液相色谱法分析了从钝顶螺旋藻中提取的硫酸多糖的组成和结构,其单糖组合物包括葡萄糖、鼠李糖、木糖、岩藻糖、甘露糖、半乳糖。得到的硫酸多糖对2,2-联苯基-1-苦基肼基具有较强的抗氧化活性。研究还表明,钝顶螺旋藻的硫酸多糖对致病菌创伤弧菌的抗菌效果最好。从海洋金藻 *Isochrysis galbana* 中提取的多糖 IPSⅠ-A、IPSⅠ-B 和 IPSⅡ 与已分离的任何其他微藻多糖具有明显不同的分子量和化学性质。这些富含糖醛酸和硫酸盐的多糖在体外具有优异的自由基清除能力和抗氧化活性,有可能支持一种新的、安全的治疗药物的发展,用于治疗由氧化损伤引起的疾病,如冠状动脉疾病、关节炎、帕金森综合征和阿尔茨海默病。有研究人员通过相变法制备了负载螺旋藻多糖(SPS-NEs)的纳米乳液,并与紫杉醇(PTX)联合进行抗肿瘤试验。结果表明,SPS-NEs 可以有效靶向肿瘤,并在体外和小鼠体内增强 PTX 对 S180 肿瘤的治疗作用,这是一种有前途的肿瘤治疗策略。从紫球藻中提取的多糖,研究证明其抗病毒功效较为显著,同时还有抑菌、抗肿瘤、降血脂、降胆固醇、抗辐射及增强免疫的作用。

9.2.5　肽

微藻是蛋白质来源的可行替代品,目前可从微藻获得的蛋白质产品分为全细胞蛋白质、蛋白质浓缩物、分离物、水解物和生物活性肽。由于细胞壁对微藻全细胞蛋白消化率的负面影响,酶水解获得的肽赢得了科学家的青睐。研究表明,微藻肽具有降血压、调节血脂、抗炎、抗病毒和抗肿瘤的功能。在各种微藻中,小球藻和螺旋藻是研究最广泛的生物活性肽来源。在 BIOPEP 的帮助下,Zhu 等人在硅胶胃肠道中消化了普通小球藻的 43 个蛋白质序列。研究发现,肽 VPA、VPW、IPL 和 IPR 具有 DPP-Ⅳ(肽基肽酶Ⅳ,是治疗 2 型糖尿病的新靶点)抑制作用。这些肽在体外进一步证明了其具有胃肠道稳定性,并且还可以抑制小鼠血清中的 DPP-Ⅳ,其中 VPW 与 DPP-Ⅳ形成最稳定的结合。上述研究成果都表明了小球藻蛋白将是 DPP-Ⅳ抑制肽的良好来源。通过在硅胶胃肠道中消化小球藻蛋白的研究,发现了几种血管紧张素Ⅰ转化酶(ACE)抑制肽。两种对胃肠道消化和 ACE 水解能力稳定的肽 Thr-Thr-Trp(TTW)和 Val-His-Trp(VHW)表现出最高的抑制活性,IC50 值分别为$(0.61\pm0.12)\mu mol/L$和$(0.91\pm0.31)\mu mol/L$。在小鼠实验中,VHW 可以将 28 只自发性高血压大鼠的收缩压(5 mg/kg)降低到 50 mmHg$(p<0.05)$。Carrizzo 等人报道,在动脉高血压的实验模型中,来自螺旋藻的肽 SP6 具有抗高血压作用,可以改善与血清亚硝酸盐水平升高相关的内皮血管舒张。它可能通过 PI3K(磷酸肌醇-3-激酶)/AKT(丝氨酸/苏氨酸激酶 Akt)途径引起一氧化氮释放。这些研究证明微藻肽在医药领域具有广阔的应用前景。

9.2.6　维生素

维生素是除蛋白质、多糖和脂质外,在人类健康中发挥重要作用的微量元素。缺乏维生素会导致很多疾病,近年来,维生素也被研究为治疗许多疾病的潜在药物。经测定,各种微藻的高浓度维生素含量主要包括维生素 A 前体、维生素 E、维生素 B、维生素 C、维生素 D、维生素 K 和叶酸。维生素 B_{12}(氰钴胺)可以在分子水平上预防其标志性的缺乏症状,如贫血或出生缺陷。Buesing 等人进行的动物研究详细阐述了维生素 B_{12} 的各种积极作用,如神经再生、环氧合酶抑制和其他疼痛信号通路。随后的临床试验和动物试验证明,维生素 B_{12} 对治疗背痛和神经痛有效。植物的生长不需要 B_{12},这导致植物不能很好地合成 B_{12},因此研究人员将注意力转向藻类。早在 2002 年就发现,在乳酸杆菌的帮助下,在一些食用藻类和藻类保健食品(小球藻和螺旋藻片)中可以检测到一定量的维生素 B_{12}。

过去,补充维生素 D_3 的主要来源是鱼类,但考虑到动物的生长周期和保护,浮游动物和微藻也被开发用于维生素 D_3 的生态提取。为了探索维生素 D_3 的确切来源,Ljubic 等人进行了一项关于在人工紫外线照射下培养的四种选定微藻的生产力的实验。结果表明,在 UVB 照射下,微拟球藻可产生高达(1 ± 0.3)$\mu g/g$ DM 的维生素 D_3。这一结果为直接使用微藻或其生物活性提取物制备维生素 D_3 补充剂提供了有力支撑。

维生素 K 通常有两种化合物,即叶醌(维生素 K_1)和甲喹酮(维生素 K_2)。维生素 K 对癌症、心血管疾病、慢性肾脏疾病和骨病具有临床治疗作用。由于化学合成的维生素 K_1 具有一定的毒性,因此提取天然维生素 K_1 治疗骨骼和血管疾病十分重要。在 Tarento 等人的研究中,他们筛选了 7 种类型的微藻,发现维生素 K_1 产量最高的是柱胞鱼腥藻,其中维生素 K 的浓度以干重计为 $200\,\mu g/g$,大约是菠菜和欧芹等丰富膳食来源的 6 倍。

维生素 E(生育酚)是一种天然抗氧化剂,是动物膜中主要的内源性抗氧化剂。它可以降低金属蛋白酶 MMP-1 的转录水平,延缓胶原蛋白的分解过程,并可以抑制急性紫外线照射、日晒、光老化、免疫抑制引起的红斑肿胀甚至皮肤癌症。Mudimu 等人分析了 130 株培养微藻和蓝藻的 α-生育酚含量,以及生长期硝酸盐浓度对 α-生育酚含量的影响。结果表明,在雨生红球藻 SAG 34-1a 中 α-生育酚的含量最高,但近缘藻株的维生素 E 含量差异较大。不同的微藻中,α-生育酚的含量变化很大,降低培养基中硝酸盐的浓度可以增加 α-生育酚的产量。寻找最合适的藻类物种以获得生育酚的天然替代来源是未来值得努力的科研方向。

维生素 C(抗坏血酸)是一种水溶性维生素,可刺激胶原蛋白的合成,并有助于抵御紫外线诱导的光损伤。临床试验证明,5%的维生素 C 浓缩液可以修复毛细血管和光老化皮肤,减少红斑和毛细血管扩张,减轻皮肤皱纹。微藻是维生素 C 的潜在生产者。Hernández-Carmona 等人测定了褐藻(*Eisenia arborea*)中六种维生素(A、C、E、D_3、B_2 和 B_1)的含量,据报道,维生素 C 的含量可达到 $34.4\,mg/100\,g$ 干生物量,与柑橘接近。

9.2.7 藻胆蛋白

近几年研究发现,藻胆蛋白因其独特的性质在药物与生物医学(包括抗氧化、抗炎、抗肿瘤、光敏剂)领域也受到极大重视。为了方便读者理解,我们绘制了藻胆蛋白在医药领域的应用示意图(图 9‐3)。

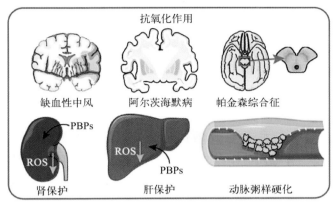

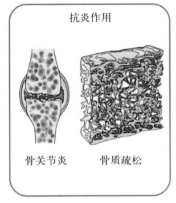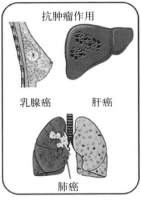

图 9‐3 藻胆蛋白在医药领域的应用示意图

(1) 抗氧化

藻胆蛋白具有清除超氧自由基、羟基自由基、过氧自由基、H_2O_2 和 HClO 的能力,可以起到抗氧化作用。这使藻胆蛋白成为多种器官和组织(包括神经、肝脏、肾脏、心血管等)的保护剂。

藻胆蛋白对神经具有保护作用。这体现在藻蓝蛋白可以用于预防和治疗神经退行性疾病,包括缺血性中风、阿尔茨海默病和帕金森综合征等疾病。Pentón‐Rol 等人发现 C‐藻蓝蛋白可以在中风后诱导髓鞘的再生,抑制 COX‐2 和脑源性神经营养因子(Brain‐derived Neurotrophic Factor),其抗氧化能力是治疗缺血性中风的关键。C‐藻红蛋白抑制了 BACE1 酶,减轻了大脑中神经毒性淀粉样蛋白 β 斑块的聚集,从而改善了阿尔茨海默病的症状,成为治疗阿尔茨海默病的潜在药物。研究发现口服 C-藻蓝蛋白可以抑制钾盐镁矾的神经毒性,通过减轻 MPTP 性帕金森综合征中多巴胺能神经元的损失来预防帕金森综合征。

藻胆蛋白对肝脏具有保护作用。Gammoudi 等人研究表明,在镉诱导导致的大鼠肝脏损伤中,C-藻蓝蛋白的加入降低了丙氨酸转氨酶、天冬氨酸转氨酶和胆红素的水平,清除了氧自由基,提高了抗氧化酶活性水平,可以有效保护肝脏。Gabr 等人研究表明,随着 C-藻蓝蛋白的摄入,血糖水平、脂质水平和 α-淀粉酶活性下降,从而能够改善肝功能,所以从宏观而言,C-藻蓝蛋白是潜在的糖尿病治疗药物。

藻胆蛋白对肾脏具有有效的保护作用。C-藻蓝蛋白可以预防顺铂(Cisplatin)引发的肾毒性。体内试验表明 C-藻蓝蛋白可以降低顺铂诱导的氧化应激水平,保持抗氧化酶的活性,可预防肾病变。Zheng 等人观察到 2 型糖尿病小鼠在口服 C-藻蓝蛋白后,氧化应激水平和 NADPH 氧化酶水平回归正常,这表明 C-藻蓝蛋白抑制了超氧化物的产生,体现出了抗氧化性,而口服 C-藻蓝蛋白也成了预防肾病的潜在方式。Blas-Valdivia 等人先用 $HgCl_2$ 诱导,使小鼠患有急性肾损伤,再用 C-藻红蛋白喂食小鼠,发现 C-藻红蛋白抑制了氧化应激水平,降低了细胞凋亡,起到了保护肾脏的作用。

藻胆蛋白对心血管具有保护作用。心血管疾病具有较高的致死率。它的触发因素之一是体内活性氧(ROS)的含量快速增加。为了预防心血管疾病,抗氧化剂的摄入是必不可少的。研究发现,患有急性心肌梗死的大鼠在摄入 C-藻蓝蛋白后,活性氧水平、Bax 蛋白表达水平和 caspase-9 释放水平明显被强烈抑制,这说明 C-藻蓝蛋白的抗氧化性是保护心脏的关键。Kavitha 等人发现 B-藻红蛋白中的多肽 Glycine-Proline 具有较强的抗氧化性,可以通过抑制泡沫细胞的形成和胞内脂质的积累来缓解动脉粥样硬化。

(2) 抗炎

藻胆蛋白在抗炎方面已经取得了不错的成果。C-藻蓝蛋白可以减少 MMP-3、TNF-α、白介素-6(IL-6)、NO 和硫酸化糖胺聚糖等各种炎症细胞因子,所以它可以作为治疗骨关节炎的潜在药物。研究发现 C-藻蓝蛋白可以抑制破骨细胞的分化和生成,却又不破坏成骨细胞,是治疗牙周炎和骨质疏松的潜在药物。Lee 等人发现患有足肿胀的小鼠在口服 R-藻红蛋白 β 链后,炎症因子的释放减少,炎症反应有所减轻,证明了 R-藻红蛋白具有抗炎活性。

(3) 抗肿瘤

藻胆蛋白在抗肿瘤方面已经取得了很多的研究进展,如治疗乳腺癌、肝癌和肺癌等疾病。Kefayat 等人发现用 C‑藻蓝蛋白处理小鼠乳腺癌细胞 4T1 后,肿瘤体积明显减小,肿瘤转移状况明显改善,这说明 C‑藻蓝蛋白可能对乳腺癌的治疗起到帮助。研究人员发现 R‑藻红蛋白表现出抗氧化和抗肿瘤的效应,对 N‑diethylnitrosamine 诱导的肝细胞癌有保护作用,可恢复大鼠肝脏和 HepG2 细胞的健康状态,是治疗肝癌的潜在药物。Hao 等人利用 C‑藻蓝蛋白对非小细胞肺癌(Non-small Cell Lung Cancer,NSCLC)的 H358、H1650 和 LTEP‑a2 细胞进行处理。研究发现,C‑藻蓝蛋白可以降低丝氨酸/苏氨酸蛋白激酶 I 的活性,影响 NF‑κB 的信号表达,从而诱导癌细胞的凋亡。因此 NSCLC 细胞的生长速度和转移能力被 C‑藻蓝蛋白抑制。

(4) 光敏剂

光动力治疗(Photodynamic Therapy,PDT)是一种新兴的肿瘤治疗技术,其与其他传统疗法(如手术、化疗和放疗等)相比,PDT 具有治疗精准、副作用小和治疗效果好的优势。PDT 利用激光照射光敏剂,光敏剂从基态上升至激发态会产生能量和活性氧物质,专门杀伤肿瘤细胞,从而达到治疗疾病的目的。研究人员在小鼠体内培养人乳腺癌细胞(MCF‑7)时,发现在 He‑Ne 激光照射下,C‑藻蓝蛋白处理可以加速 caspase‑9 因子的表达,诱导细胞色素 c 释放,并抑制 Bcl‑2 的表达,在诱导凋亡的同时,抑制乳腺癌细胞的增殖,因此 C‑藻蓝蛋白可以成为潜在的光敏剂材料。

9.3　饵料与饲料

根据联合国经济和社会事务部 2019 年 6 月 17 日发布的《世界人口展望 2019:发现提要》预计到 2050 年,世界人口将达到 97 亿。因此,粮食需求也会增加。农业用地和水资源将受到各种因素的严重影响。可持续农业以可持续资源为基础,可以满足不断增长的粮食需求并提供粮食安全。牲畜和鱼类提供的肉类是蛋白质的主要来源,占蛋白质总需求的 43%。畜牧业需要为动物提供充足的饲料,饲料采购约占生产成本的 70%。此外,动物性蛋白质和脂质中存在传染病病原体和毒素流行的潜在风险,因此需要用植物性原料替代饲料。在水产养殖中,大约 16% 的野生捕获的鱼类被转化为鱼饲料,出于饲料目的过度捕捞鱼类会导致海洋生境的生态扰乱。因此,畜牧业和水产养殖业需要一种可持续的饲料生产资源,且不会对当前的农产品造成压力。

核污染水可能会影响海洋渔业的产量和质量,导致鱼类和贝类等传统的饲料原料的供应不足。微藻作为一种高营养、低成本、可再生的饲料资源,可以有效地填补这一缺口,并提高养殖业的效益和可持续性(图9-4)。微藻不仅可以提供丰富的蛋白质、脂肪、碳水化合物、维生素、矿物质等营养成分,还可以提供多种生物活性物质,如抗氧化剂、抗炎剂、免疫增强剂、生长促进剂等,可以改善养殖动物的生长性能、健康状况及肉质。微藻还可以作为一种功能性饲料添加剂,用于调节养殖动物的肠道菌群、增强其对环境应激的抵抗力、降低其对抗生素和激素的依赖性等。同时微藻由于其优异的固碳能力,在生产生物量时并且不会受到耕地和水等农业资源的干扰。从安全和环境角度来看,微藻是有效

图9-4 微藻饵料在养殖业中的功能

的饲料成分。目前每年有22 000~25 000吨微藻生物质用于为人类和动物供给营养,其中大约30%用于饲料生产。

9.3.1 微藻饵料的营养功能成分

微藻可以作为水产和动物饲料成分的关键是其含有高蛋白质、有益色素(如叶绿素、叶黄素、虾青素和β-胡萝卜素)、多不饱和脂肪酸、抗炎药物、营养化合物、维生素和矿物质等。氨基酸中同化的光合产物碳和氮构成了微藻细胞的构建模块,其中光合产物碳在生物分子中的分配比例大致为:50%为蛋白质、15%为碳水化合物、15%为甘油三酯、5%为核酸、1%为类异戊二烯。表9-4总结了在动物和水产养殖饲料中添加的常用饵料藻粉的化学成分。可以参考动物的营养需要,选择两种或两种以上的微藻对动物进行混合投喂,饵料效果可以得到更好的发挥。

表9-4 常用饵料微藻的主要化学成分(%干重)

组　成	螺旋藻	小球藻	等鞭金藻	紫球藻	裂殖壶藻
蛋白质/%	60.3~65.8	37.7~47.8	27.0~45.4	29.7~38.5	12.1
氨基酸/%	53.2~86.1	51.5	29.5~46.6	NA	12.1

续　表

组　成	螺旋藻	小球藻	等鞭金藻	紫球藻	裂殖壶藻
碳水化合物/%	17.8～22.6	18.1～27.5	13.3～18.0	26.5～57.0	32.0
纤维/%	0.5～1.8	0.4～1.4	<18.0	0.3～0.5	0.6
脂质/%	1.8～7.3	13.3～20.9	17.2～27.3	6.1～14.0	38.0～71.1
DHA/(g/kg)	<3.0	<26.0	<34.0	<2.0	104～204
EPA/(g/kg)	<2.5	<4.0	<3.5	12.7～28.0	<20.0
Ash/%	6.5～9.5	6.2～7.3	9.7～16.1	17.6～22.4	8.2
Ca/(g/kg)	1.3～14.0	0.1～5.9	5.6	12.4	NA
Fe/(mg/kg)	580～1 800	400～5 500	14.6	6 600	NA
K/(g/kg)	6.4～16.6	0.5～21.5	11.9	11.9	NA
Mg/(g/kg)	2.0～3.2	3.6～8.0	9.6	6.3	NA
Mn/(mg/kg)	19～37	20～100	801	471	NA
Na/(g/kg)	4.5～10.5	13.5	16.0	11.3	NA
P/(g/kg)	1.2～9.6	9.6～17.6	0.3～26.5	<25.0	NA
Zn/(mg/kg)	21～40	6～50	19.2	3 730	NA
类胡萝卜/(mg/kg)	330～5 040	8～80	760	NA	8～1 800
叶酸/(mg/kg)	0.9	269	NA	NA	1
维生素 B_1/(mg/kg)	5～50	15～24	NA	NA	44
维生素 B_6/(mg/kg)	4～50	10～17	NA	NA	14
维生素 E/(mg/kg)	50～190	200	885	NA	<1

(1) 多糖

多糖是微藻通过光合作用产生的主要代谢物,微藻多糖根据其在细胞中的位置和结构特征具有不同的用途。作为饲料成分,微藻多糖以可消化和可代谢糖的形式提供主要能量,并具有提供健康益处的生物活性。微藻多糖的结构多样性主要归因于单糖组成、各类官能团、聚合度以及糖苷键的类型和构型不同。微藻细胞壁中存在结构多糖,如纤维素和半纤维素(木聚糖、葡聚糖、甘露聚糖、半乳聚糖及其硫酸化衍生物),它们为细胞提供抵御环境干扰的刚性屏障。微藻结构多糖由于其良好的流变特性在食品工业中作为胶凝剂得到广泛应用。一类结构多糖为 β-葡聚糖,β-葡聚糖的免疫刺激功能表现出潜在的功能特性,例如用干燥的纤细裸藻生物质(55% β-葡聚糖)喂养的肉鸡可以表现出更好的预防球虫病的能力。β-葡聚糖还可以通过吞噬细胞的增殖表现出免疫刺激作用,并在白来航鸡中表现出针对脂多糖攻毒的抗炎活性。

(2) 脂质

脂质具有能量密集型的特性,所以在动物和水产养殖饲料中添加脂质/脂肪可通过增加饲料的热值来满足膳食需要。微藻脂质根据其组成和功能可分为结构脂质(磷脂、糖脂和甜菜碱脂质)、能量或储存储备脂质(甘油酯或三酰甘油)和功能性脂质(ω-3、ω-6 脂肪酸、中链脂肪酸和植物甾醇)。富含多不饱和脂肪酸(PUFA)的微藻已被用作水产养殖的饲料,以改善油性鱼类的脂肪酸状况。其中,亚油酸(LA)、α-亚麻酸(ALA)、γ-亚麻酸(GLA)、二十碳五烯酸(EPA)、二十二碳六烯酸(DHA)等必需脂肪酸仅可以从饮食中获得。基于微藻的PUFA 基本上可以替代水产养殖中鱼油的使用,并且藻油不会影响养殖鱼类自身的 PUFA 含量特征。金藻、扁藻、三角褐指藻等都是长期以来水产养殖中的优质饵料,无法替代。裂殖壶藻属(*Schizochytrium* sp.)的全细胞中脂肪酸和蛋白质作为水产饲料的消化率超过 95%,可直接作为大西洋鲑鱼脂肪酸和多不饱和脂肪酸的来源,无须任何细胞破坏和脂质提取的前处理工艺。在 0.3~1.2 g/100 g 饲料范围内添加冻干裂殖壶藻生物量,在不影响猪肉的感官品质的前提下可显著提高里脊肉和火腿的 PUFA 含量。在法兰西岛羊的饲料中添加 2%~4% 的裂殖壶藻属饵料可以降低肉类的总胆固醇含量,并提高 EPA、DHA 和脂肪酸的含量。

(3) 蛋白质、多肽和氨基酸

微藻中特别是绿藻和蓝藻中富含蛋白质,其蛋白质含量一般在 18%~46%,柱状鱼腥藻的蛋白质含量高达 69%。各类氨基酸中,人类和动物不能靠自身合成从而必须从饮食中补充的氨基酸被称为必需氨基酸(EAA)。微藻蛋白是必需氨基酸的丰富来源。微藻的必需氨基酸含量(色氨酸、蛋氨酸、苯丙氨酸、亮氨酸、异亮氨酸、赖氨酸、组氨酸、缬氨酸和苏氨酸)与其他蛋白质来源(如鸡蛋、肉类、牛奶和大豆)相当。此外微藻蛋白在蛋白质品质、消化吸收等方面也满足作为动物饲料原料的要求。

对商业螺旋藻粉的氨基酸含量分析表明,总游离氨基酸含量为 11.49~56.14 mg/100 g,而 EAA 含量为 2.06~31.72 mg/100 g(占总氨基酸的 17%~39.18%)。亮氨酸含量占 EAA 含量的 30%。色氨酸和赖氨酸是两种不同螺旋藻粉末中的限制性 EAA,而异亮氨酸是蛋白核小球藻粉末中的限制性 EAA。

巴甫洛藻作为双壳类软体动物活饲料培育的微藻饵料,其蛋白质含量为 66%,EAA 指数为 0.82~1.06,EAA/非 EAA 比率为 0.91。小球藻 SAG 211-19 的总蛋白含量为 53%,其中 EAA 为 38%,以丙氨酸(10.7%)和谷氨酸(10.3%)为主。目前芬兰艾尔夏牛使用三种微藻,即钝顶螺旋藻、念珠藻,以及小球藻的混合物来代替豆粕作为蛋白质来源。用微藻粉替代豆粕在不影响奶牛的体重增加和采食量的情况下,可以使牛奶的脂肪含量从 41 g/kg 增加到 45 g/kg,PUFA 含量(ALA 和 EPA)从 3.44 g/kg 增加到 4.85 g/kg,同时减少尿氮损失,但微藻粉会影响适口性。提取油脂后留下的脱脂微藻或用过的微藻生物质也是极好的蛋白质来源。栅藻的全脂和脱脂生物质的粗蛋白含量分别为 41% 和 39%。用该微藻粉投喂的肉鸡的生产性能和肠道健康方面没有表现出任何差异,并且使肉鸡的体重增加了 13%~40%。

(4) 色素

叶绿素、虾青素、α-胡萝卜素、β-胡萝卜素、番茄红素、叶黄素、玉米黄质、岩藻黄素、多甲藻黄素是各种藻类中常见的色素。虾青素是饲料工业中重要的类胡萝卜素,主要用作鲑鱼、蟹、虾和观赏鱼的着色剂。此外,虾青素提供了强大的抗氧化和抗炎活性,促进动物体重增加,并刺激免疫反应。用虾青素饲料喂养的大西洋鲑鱼,其基因表达存在显著差异,涉及与肝脏、肠道和骨骼肌等相关的 553 个基因。其中 119 个与炎症和应激反应相关,揭示了除了着色作用之外,补充虾青素对鱼类免疫功能的重要性。此外,由 Cyanotech Corporation 公司提取的来自雨生红球藻天然虾青素被证明优于合成衍生物(SIGMA:9335),它具有的高单线态氧猝灭和自由基清除活性,与合成的衍生物相比,分别高出 50 倍和 20 倍。在亚洲鲈鱼饲料中添加雨生红球藻衍生的虾青素(每克含 37.94 mg 虾青素的冻干生物质粉末),可以提高其对溶藻弧菌感染的存活抵抗力。喂食虾青素的鱼在感染后的存活率、免疫反应的激发、免疫标记物方面均显著优于未喂食虾青素的鱼。

9.3.2　微藻饵料的技术功能特性及优势

微藻生物质成分除了众所周知的营养益处外还表现出潜在的生物活性,这些生物活性包括抗氧化活性、免疫调节活性、抗菌活性和益生元活性等,从而可以使养殖作物获得更好的免疫保护,各种微藻饵料对农场动物的健康益处见表 9-5。上述活性由一系列化合物表现出来,包括多糖、脂质、脂肪酸、多酚化合物、蛋白质、肽、色素等。

表 9 - 5　微藻饵料的生物活性成分对农场动物的健康益处

养殖动物	藻、株	喂 养 条 件	动物状况影响
荷斯坦牛犊	裂殖壶藻	断奶前 45 天、30 天和 15 天以 6 g/天的速度添加	减少氧化应激,增加了代谢重量
长白猪	裂殖壶藻	从妊娠第 75 天开始喂养含有 3.12% 微藻的母猪妊娠日粮	增强了对于细菌内毒素的免疫应激反应
黑虎虾幼苗	裂殖壶藻	在饲料中添加 1% 和 2% 的藻类粉,持续 2 天	提高了幼苗后阶段的生长、存活、营养和胁迫耐受性
黑虎虾	杜氏盐藻	喂食 125～300 mg/kg 的杜氏盐藻提取物,连续 8 周	提高了对白斑综合征病毒的抗性
塞内加尔鳎鱼	微拟球藻	幼苗用微拟球藻提取物处理 2 h,孵化后培养 32 天	对病毒的免疫反应增强,趋化因子和抗病毒转录本的增加
石斑鱼	钝顶螺旋藻	鱼粉中添加 0%、2%、4%、6%、8% 和 10% 钝顶螺旋藻粉,饲喂 8 周	显著提高了生长性能、特定的增长率和体重增加率

(1) 抗氧化活性

微藻被认为是抗氧化剂的丰富来源,大多数微藻的抗氧化剂含量与水果等植物性来源相当,甚至更高。微藻的抗氧化能力是由多种化合物带来的,包括多不饱和脂肪酸、光合色素、类胡萝卜素、酚类化合物、代谢中间体、藻胆蛋白、硫酸化脂类/多糖和维生素等。在四种常见的微藻饲料,即三角褐指藻、微拟球藻、裂殖壶藻、小球藻中,三角褐指藻富含类胡萝卜素最全,ε-岩藻黄质和酚类化合物的抗氧化活性最高;小球藻含有大量酚类化合物,例如没食子酸、咖啡酸、对香豆酸和阿魏酸,含量为 0.13～0.86 mg/g 生物质。用作水产养殖饲料的常见海洋藻(如等鞭金藻、褐指藻和丝藻)具有较高的多酚含量(＞3 mg/g 没食子酸当量)。

(2) 抗菌活性

大多数牲畜饲养中心采用的集约化养殖方式由于各种原因容易对养殖动物造成免疫抑制。长期接触预防性抗生素增加了动物多重耐药的风险。微藻具有多种抗菌化合物的化学成分,包括脂质和脂肪酸、蛋白质和肽、色素,以及许多其他未鉴定的化合物。微藻中的脂质主要是游离脂肪酸,其具有有效的抗菌活性。蓝藻来源的棕榈酸、油酸、亚油酸和 EPA 被证明可以有效抑制大肠杆菌、铜绿假单胞菌、金黄色葡萄球菌和沙门氏菌。小球藻属、栅藻属和等鞭金藻的脂质提取物对单核李斯特菌、金黄色葡萄球菌、表皮葡萄球菌、枯草芽孢杆菌和粪肠球菌等重要病原菌具有生长抑制活性，其最低抑制浓度为 $500\ \mu g/mL \sim 1\ mg/mL$。已知水产养殖介质中微藻的存在可以减少致病菌弧菌，表明水产养殖中微藻辅助"绿色培养"技术能有效帮助提高生产力。

（3）免疫调节活性

目前微藻的免疫调节活性作用一般通过刺激动物模型（体内）或血细胞培养物（体外）中的免疫细胞来评估。虽然还未鉴定出在受体动物中负责免疫调节活性的主要活性成分，但研究报道中藻类多糖也同样表现出具有显著的免疫调节活性。从海洋藻类黄绿藻中分离出的富含半乳糖的硫酸化杂多糖对巨噬细胞系具有免疫刺激活性。当用 $200\ \mu g/mL$ TSP 处理巨噬细胞时，IL - 6、IL - 10 和 TNF - α 显著增加。源自裂殖壶藻的胞外多糖在极低浓度下也能刺激 B 细胞增殖。从球粒藻属中提取的多糖可以激活鸡外周血单核细胞活性以应对传染性法氏囊病病毒，协调免疫反应的激活，增加免疫系统细胞（如脾淋巴细胞和淋巴细胞）的增殖。

（4）益生元活性

益生元化合物可以有效促进有益细菌的生长和增殖，进而抑制病原菌并控制传染源。微藻多糖难以在上消化道消化，并构成膳食纤维。它们在结肠中选择性发酵，促进结肠 pH 降低，增加粪便量，发酵后产生短链脂肪酸，促进肠道菌群产生特定的变化。因此在水产养殖的饲料中添加微藻也能提高肠道菌群的多样性。在罗非鱼的饮食中添加 1.2% 的裂殖壶藻后，改善了鱼肠道中厚壁菌门的丰度以及促进了乳酸杆菌的出现。在虹鳟鱼的饲料中添加 5% 的裂殖壶藻可促进乳杆菌、乳球菌、链球菌、等乳杆菌的生长和增殖。给断奶仔猪补充 1% 的小球藻和钝顶螺旋藻可降低腹泻发生率，促进肠道发育，并控制轻度消化系统疾病。这种益生元活性以及抗炎活性，同时提高了拟杆菌/厚壁菌比率和肠绒毛长度，避免使用了抗生素、阿莫西林等药物带来的负面影响。

9.3.3　微藻饵料与饲料的前景和挑战

随着人们对植物性产品的需求以及消费者对微藻健康益处认知的增加，全球微藻市场呈爆炸式增长。其中，在饲料市场方面，由于动物饲养法的要求以及与肉类消费相关的安全问题，具有药物和营养价值的天然微藻成分比其人工有机合成来源产物更受青睐。目前全球微藻生物质产量中，饲料行业采购了约 30%。尤其是部分微藻富含虾青素和 β -胡萝卜素，在饲料领域用作着色剂方面的市场价值在 2020 年已达到了 8 亿美元。尽管如此，目前微藻作为饲料的最大化利用还存在一些挑战。

微藻有作为替代人工饲料的潜力,是因为其成分中富含天然的功能性生物活性成分,但对于具体的微藻细胞代谢产物的结构功能和作用机制并不了解,还需要持续对胞内生物活性成分进行鉴定和表征。同时来自微藻的生物抗菌、抗炎活性成分是抗生素和免疫调节剂合成衍生物的天然替代品,其强大的抗菌和免疫调节活性,可以改善密集养殖场中水产作物的生长和质量。值得一提的是,微藻在水产养殖的应用场景大多靠近各类养殖场,饲料微藻在我国不同地区不同季节均能做到连续生产,因此,必须形成可在我国某一地区不同季节均可以进行户外大规模光自养培养,且适应不同温度的系列藻种的组合(原则上分为海水藻种和淡水藻种两大系列,并须通过毒理学评估等)。此外,目前微藻较高的生产成本是阻碍大规模应用的主要瓶颈,针对不同类型的微藻培养需要对光源、光生物反应器、养分供应和环境适应性能进行调控,最后从培养体系中分离和浓缩微藻,因此还需要离心、过滤、絮凝或浮选等多种方法完成微藻的采收。全细胞微藻生物质可以提供多种营养物质,但微藻的细胞壁阻碍了动物对细胞内营养物质的释放和吸收,因而后续微藻的下游高效提取加工技术仍有待开发。微藻生物质提取物可以提供特定的生物活性化合物并增强饲料性能或功能,然而微藻生物质的单独提取也可能使全细胞微藻生物质中存在的一些有益成分流失,进而失去其协同作用。因此,如何将微藻生物质掺入饲料中,需要对微藻生物质与其他饲料成分的最佳剂量、组成、形态、稳定性和相互作用进行系统性的深入研究。此外开发便于微藻饲料产品长期贮藏和运输的保存方法,也能有效促进微藻生物基的广泛应用。

目前的政策和法规也对微藻作为水产饲料或添加剂的创新和商业化构成障碍和限制。目前,饲料成分目录中仅包含少数藻类物种,这限制了微藻作为水产饲料原料或添加剂的多样性、可用性、降低其竞争力。因此,需要持续更新、协调和规范政策法规,以促进微藻作为水产饲料原料或添加剂的开发和应用。

9.4 生物能源

微藻是地球上最早进行光合作用的生物,其可以利用光和二氧化碳进行光合作用,释放氧气的同时合成有机物质,是自然界中光合效率最高的生物种类之一,其消耗二氧化碳的效率是高等植物的 10 倍以上,光合效率可达 10%~20%,远超大部分陆地植物(1%~2%),并且微藻对光照强度的需求相对较低,在较低光照强度下也可以实现快速生长。由于微藻具有生长速度快、光合效率高、固定 CO_2 能力强、节约耕地面积等特点，近年来它受到越来越多的关注。

9.4.1　厌氧消化生产生物燃料

目前，生物质能是最有潜力的可持续能源和清洁能源之一。通过合理的开发利用，可以达到与传统能源相似的效果。与其他生物质相比，微藻具有生产力高、含油量高、易于培养等特点，可作为传统化石能源的有效补充。此外，利用微藻生产生物柴油已有 50 多年的悠久历史，技术成熟。根据计算，全球未利用土地上微藻的年平均总生物量约为 1.985×10^{11} 吨。基于微藻生物油的典型热值为 29 MJ/kg，标准煤约为 29.26 MJ/kg，如果假设微藻生物质的含油量为 40%，那么每年从未开垦地上的藻类生物质中获得的能量将约等于 7.87×10^{10} 吨标准煤。鉴于微藻生物质中含有高浓度的生物分子，微藻可用作能量转换的底物。特定生物燃料的生产在很大程度上依赖于微藻基质的生化组成。例如，脂质含量质量分数较高的各种微藻为生物柴油生产提供了最佳原料。此外，碳水化合物含量较高的微藻更适合生产乙醇。值得注意的是，研究人员已经找到了在基因工程技术的帮助下改变微藻物种生化结构的方法，以改善某些藻株的特征。并且通过在培养过程中开发和应用光生物反应器，可以显著提高所选微藻物种的生长速度。具有高浓度脂肪酸的微藻物种被认为是补充传统石油基燃料和鱼油的潜在来源。根据微藻的特性，当它们用作食用油来源投入生产时，微藻中生物质和脂质的含量可能会有很大差异。尽管已经对增加微藻脂质含量的最佳培养条件进行了研究，但如果所选藻种不适合转化为食用油，则不太可能获得同样理想的结果。因此，选育微藻时，其种类很重要，因为它是影响脂肪酸、碳水化合物、脂质和蛋白质等主要成分的生产力和组成的主要因素。

利用微藻生物质生产生物燃料（表 9-6）的方法主要包括提取、水热液化、热解和厌氧消化。值得注意的是，提取、水热液化和热解的过程是能源密集型的过程，因为微藻浆需要在进一步转化过程之前脱水。此外，在提取过程中只能使用脂质，这会造成碳水化合物和蛋白质的浪费。水热液化和热解过程通常在极高的温度或压力条件下进行，这需要复杂的系统和操作。而厌氧消化可以直接使用湿微藻生物质来产生甲烷，降低了脱水步骤所需的能量，从而减少了沼气生产过程中的总能耗。此外，微藻生物质中的大多数有机成分可用于 35℃ 的厌氧消化。微藻的生命周期评估（LCA）表明，微藻生物质的厌氧消化获得了正的净能量输出，因此，厌氧消化具有从微藻生物质中生产生物燃料的潜力。

表 9-6 微藻生物质用于生物燃料生产

微藻类型	生化法	条件反应	生物燃料类型	产量
铜绿微囊藻	醋酸丁酸厌氧污泥	37℃		31.42 mg/L
栅藻/丝藻	醋酸丁酸酯嗜热接种物	37℃;pH=5.5		0.72 mg/L
小球藻	醋酸丁酸厌氧污泥	35℃;pH=7		45 mg/L
螺旋藻	用醋酸丁酸盐发酵	pH=3.5 时为 6℃		85 mg/L
小球藻	厌氧污泥	55℃	生物氢	90.12 mg/L
栅藻	用丁酸梭菌发酵	58℃		116.3 mg/L
小球藻	光发酵	30℃		48%体积分数
小球藻	暗发酵	pH=6		47.2 mg/L
栅藻	发酵	30℃		56.8 mg/L
小球藻	热处理厌氧污泥	60 C		135 mg/L
三角褐指藻	超声预处理后的厌氧消化	—		284~287 mg/L
小球藻	厌氧消化	40℃;pH=6.5		411 mg/L
小球藻	酶预处理后的厌氧消化	—		86.6~200.8 mg/L
小球藻/栅藻	酶预处理后的厌氧消化	—	生物甲烷	170~250 mg/L
小球藻/栅藻	厌氧消化	35℃		237 mg/L
栅藻	厌氧消化	35℃		222 mg/L
小球藻属	厌氧消化	35℃		547 mg/L
小球藻/栅藻	厌氧消化	37℃		560 mg/L
螺旋藻	发酵	20 h		4.2 g/L
硅藻	发酵	—		14.9 g/L
四爿藻	发酵	50 h		15.7 g/L
小球藻	水解	—	生物乙醇	0.076 1 g/g
螺旋藻	糖化和发酵	72 h		73 g/L
莱茵衣藻	发酵	37℃,96 h		61 g/L
水网藻	发酵	30℃,48 h		93.50%

续　表

微藻类型	生化法	条件反应	生物燃料类型	产　量
小球藻	糖化和发酵	32℃,84 h	生物乙醇	0.28 g/g
微囊藻	发酵	30℃,43.6 h		18.57 g/L
佐夫色绿藻	发酵	—	生物丁醇	4.2 g/L
小球藻	发酵	37℃		13.1 g/L
微拟球藻	经酸预处理后发酵	—		10.9 g/L
小球藻	经预处理后发酵	—		3.86 g/L
小球藻属	发酵	37℃		6.23 g/L
莱茵衣藻	发酵	37℃,20 h		12.67 g/L
小球藻	经预处理后的酸生成阶段发酵	—		0.58 mol/mol

9.4.2　光合产氢

　　生物氢是微生物代谢反应的生物产物。与其他生物燃料生产相比,可再生生物氢提供了更具吸引力的选择。生物氢被视为一种潜在的替代燃料,被认为更清洁、更可持续,同时热值相对较高(142 MJ/kg)。生物氢可以通过不同的生物技术生产,包括光发酵、暗发酵和电生物氢化。但在可行性、可持续性和能源效率方面,这些方法中的每一种都有明显的优缺点。微藻已成为生产可再生生物氢的潜在第三代生物质原料。在能源领域,微藻可利用光能生物降解水生产氢气,是较理想的氢气生产过程。微藻光合产氢利用了光合作用,以太阳光为能量来源,水为电子供体,通过微藻的代谢活动经氢酶生成氢气。迄今为止,已有众多的绿藻以及蓝藻被证明具有光合放氢能力,包括斜生栅藻、莱茵衣藻、小球藻、集胞藻等。以莱茵衣藻为原料可以实现微藻的长效产氢,可以在一个月的时间内持续产氢,最高产氢率达 1.34(mmol/L)/d。微藻可以利用光能,将空气中的碳积累下来,形成大量的微藻生物质,这些微藻生物质也是重要的生物质资源。将微藻生物质应用于暗发酵产氢,结果表明,微藻生物质的最佳有机负荷为 10 g/L,相应的氢气产量为 18.6 mL/g(每克挥发性有机质产气量),进一步研究表明蛋白酶预处理能进一步将水解酸化相中的氢气产量提高至 35.5 mL/g。

9.4.3　生产生物柴油

微藻生物质同时也是制备生物柴油的原料。以微藻为原料,用近临界醇解(SRCA)工艺制备得到的微藻生物柴油,其大多数指标可以满足国家标准。作为生产生物柴油的替代原料,微藻与大豆等常规油料作物相比具有以下优点。① 虽然微藻结构简单,但其光合效率高,生长倍增时间短至 24 h,且微藻可以全年生产。一些数据显示,微藻是有可能完全取代化石柴油的唯一生物柴油来源。② 微藻可养殖于淡水、富营养化的咸水湖泊、海洋、边缘土地、沙漠等多种环境中。与其他脂质原料相比,微藻在广谱气候和地理区域具有物种丰度和生物多样性,因此季节和地理位置对微藻的影响要小得多。③ 微藻能有效去除废水中的氮磷等营养物质和重金属。④ 微藻通过光合作用可以封存大量碳,例如普通小球藻的碳固定效率高达 260(mg/L)/h。因此,通过大型微藻生产设施从火力发电厂吸收二氧化碳,可以有效减少温室气体的排放。⑤ 微藻生物柴油在生产和使用过程中,基本上不排放 CO_2 和硫化物。⑥ 微藻可以生产许多有价值的产品,如蛋白质、多糖、色素、动物饲料、肥料等。

然而,由于存在生产成本高、效率低等问题,微藻生物质和生物燃料生产的商业化仍面临重重困难。面对这些挑战,研究人员正在不断进行深入研究,以提高微藻生物质和脂质产量,降低下游加工成本。

传统的基于光自养模式的微藻培养方法存在许多缺点,其中细胞密度低是导致生产力低、收获困难、相关成本高,以及技术经济性能差的主要问题。因此,将微藻生物质生产商业化的主要挑战之一是开发高密度培养工艺。微藻的脂质含量因不同种类和菌株而异,脂质含量通常为 20%～50%,在某些情况下可高达 80%。选择高脂质含量和快速生长的微藻,是使用微藻提取生物柴油过程整体成功的重要一步。筛选高脂质含量微藻的传统方法依赖于耗时且费力的脂质提取过程,该过程涉及细胞壁破坏,且需要用相当大量的溶剂来进行提取。最近,相关研究人员正在开发采用亲脂性荧光染料染色和荧光显微镜或流式细胞术的高通量筛选技术,这些新技术可使样品量和制备时间将大大减少,因为无须提取即可原位测量藻类细胞的脂质含量。需要注意的是,脂质含量和脂质生产率是两个不同的概念,前者是指微藻细胞内的脂质浓度,无须考虑整体生物量产生;而后者须要同时考虑细胞内的脂质浓度,以及这些细胞产生的生物量。因此,脂质生产率是评估藻株在脂质产生方面的性能的更合理的指标。目前对微藻高脂质含量的研究主要集中在微藻种类的选择、微藻的遗传修饰、营养管理、代谢途径、培养条件等方面。

微藻细胞很小(通常为 $2\sim70~\mu m$),培养液中的细胞密度低(通常为 $0.3\sim5~g/L$)。从培养液中收获微藻,并对其进行脱水,这个过程是能源密集型的,是微藻商业规模生产和加工的主要障碍。许多收获技术,如离心、絮凝、过滤、重力沉降、浮选和电泳等技术都已经过测试。收获技术的选择部分取决于微藻的特性(例如它们的大小和密度)和目标产品。利用微藻生产生物燃料是绿色可持续的,具有巨大的二氧化碳固定潜力和废水净化能力,必须开发先进技术以实现大规模的藻类生物质生产。微藻生物柴油生产未来的研究方向应侧重于降低大规模藻类生物质生产系统的成本。

9.4.4　微藻生物燃料的发展现状与未来

20 世纪后半叶以来,文化、政治和经济等多种因素正在推动人类社会向绿色可持续发展方向发展。与传统化石燃料相比,生物燃料更具吸引力,它更清洁、更可持续,已成为传统化石燃料可能的替代品之一。近年来生物燃料研究较多的国家和地区主要有美国、欧盟、日本、韩国、印度、澳大利亚、加拿大、巴西、南非及中国等。为了加快微藻能源的产业化进程和总体部署,美国于 2010 年 6 月正式发布了《藻类生物燃料技术路线图》;其他各国政府及相关组织为加速微藻能源产业化进程,也对其研发给予了巨额的资金支持。目前国内外所有的公司和研究机构均处于原创技术开发、工程技术产业化和示范项目建设阶段,需要不断地投入研发和项目建设资金,企业实现净利润创收还比较困难,很多公司开始转向"微藻能源、固碳、高附加值产品和废物资源化利用耦联"的微藻能源生产技术模式。

微藻光能利用率高,可利用非耕地和非淡水资源进行快速生长,能源物质(油脂、烃)含量高且其面积产率远超过其他油料作物,是最具发展潜力的第三代生物能源原料。此外,微藻的固碳效率是植物的 10 倍以上,可解决 CO_2 的点源排放问题,是国内外公认的生物固碳之首选;微藻生长过程需要大量的 N、P 等营养,因此其是净化富含 N、P 废水的有效途径;除能源物质外,微藻含有大量蛋白质、多糖、色素和萜类等生物活性成分,其应用面广、价值高。微藻生长所需要的阳光取之不竭,所需碳源是人类亟待大量固定的 CO_2,所需营养是造成我国水体大面积富营养化的 N 和 P,而利用微藻可加工的能源产品、动物饲料、食品等市场需求量极大,所以有广阔的发展前景。

鉴于微藻的上述独特优势,微藻在生物能源、生物固碳、富含氮和磷的废水处理、动物饲料及食品方面具有广阔的应用前景。与其他能源相比,特别是与其他生物质能源相比,微藻能源的生物质来源不具有既得性,即其他能源的原料是由别的领域提供的原料,如纤维素乙醇的原料由农业领域提供,而微藻能源加工所用的原料——能源微藻细胞,必须由该领域人员利用阳光在户外大规模培养而获得;此外,能源微藻不仅仅是农业生产的结果,而且是悬浮于低密度、大体积的水相状态,这与能源作物等其他能源原料完全不同。再者,利用高效的光合作用所获得的微藻,其生物质的化学组分非常复杂(油脂只占不到一半,其余为蛋白、多糖等生物活性物质),这也是其备受人们青睐的另一重要原因,也为微藻炼制能源提出挑战,因此,微藻能源的生产过程,必然伴随着大量的基于营养及生物活性的生物制品的生产,这两类产品的耦合是目前微藻能源产业化发展的必由之路。

9.5　节能减排与环境修复

随着社会的不断发展、人口的逐渐增长,城市化和工业化导致的全球变暖和环境污染等问题已经成为当今世界关注的热点。微藻生长过程可用于生物修复策略,微藻细胞可以在含有高浓度氮和磷的废水中繁殖,清除废水中过量的氮和磷,还能以其为营养物质生产生物燃料、生物活性化合物等。藻类商业化生产是近年来新兴的生产模式,其在为下游产品可持续地提供蛋白质和生物燃料等产物的同时,还可以吸收大量的 CO_2 和废水中的氮、磷等物质,从而达到节能减排和环境修复的作用。这种微藻养殖模式不仅可以保护环境,而且在一定程度上有助于推进循环经济和未来可持续发展。

9.5.1　节能减排

CO_2 排放的增加被认为是地球变暖的主要原因,因此 CO_2 减排已成为亟待解决的全球性问题。2009 年联合国哥本哈根气候大会,标志着一个以减少碳排放和提升碳吸储能力为核心的低碳经济时代的来临。

藻类可以有效地利用光合作用吸收 CO_2 并转化为有机化合物。微藻具有易于大规模培养、生长速率快、固碳效率高等优点,利用微藻进行生物 CO_2 固定可以与废水处理等其他工艺相结合,将有利于提供更多的经济可行性和环境可持续性。我国《科技支撑碳达峰碳中和实施方案(2022—2030 年)》中,就明确提到要重点研发微藻肥技术,研究盐藻/蓝藻固碳增强技术等内容。

　　从表 9－7 的数据中可看出在实验室规模及中试规模中,利用微藻进行 CO_2 封存均具有可靠的性能,CO_2 捕获率最高达 90％以上。

表 9－7　微藻的固碳性能

藻　　种	固碳效率	生物质产量	培 养 条 件
蛋白核小球藻(*Chlorella pyrenoidosa*)	92％	90.25 g/d	6 级串联藻反应器,纯化对苯二甲酸废水,光-暗循环 12/12,25℃,pH＝4.4～7.4,2 天
索罗金小球藻(*Chlorella sorokiniana* UTEX1602)、小球藻(*Chlorella* sp. L166)、栅藻(*Scenedesmus* sp. 336)	52.21％	900.04 mg/L	间歇式锥形烧瓶,明暗循环 24/0,25℃,pH＝6.8,10 天
小球藻(*Chlorella* sp. L166)	93.7％	—	混合低温等离子体系统,BG11 介质,30℃,10 天
栅藻(*Desmodesmus* sp.)	210 mg/(L·天)	1.1 g/L	间歇式光生物反应器,光暗循环 12/12,pH＝6.5～8,8 天

　　如图 9－5 所示,微藻产业可以串联起人类社会产业链的上下游,微藻工业的上游能够处理人类生产活动排放的废水、废气,并在下游生产人类社会需要的产品。

　　污水处理厂难以处理的生活污水、畜禽养殖场排放的污水等含有某些特定物质的废水可以作为藻类生长的培养基。汽车排放的尾气、传统火力发电厂及各种其他化工厂产生的大量以 CO_2 为主的废气作为微藻生物固碳的对象,被输送进微藻光自养培养系统(即光生物反应器)。在光生物反应器中,微藻利用太阳光,通过光合作用固定废气中的 CO_2,并以废水中的物质为营养源来进行生长繁殖,生产生物质。随后可以通过各种分离方法将藻细胞与培养基分开,收集得到生物质和经过微藻生物净化过的水。该净化过的水可以返回火力发电厂进行循环利用,也可以在绿化灌溉、畜牧业清洗等方面发挥价值。收集到的微藻生物质通常包含大量蛋白质和不饱和脂肪酸等营养物质,对微藻生物质进行初步加工可以用作水产养殖的饲料、肥料;而经过进一步的萃取提炼,将微藻细胞中某些或某种特定的物质浓缩,得到的产物可以用于生物质燃料厂制备生物柴油,该生物柴油作为洁净的新能源,可以进一步减少 CO_2 排放;产物也可以用于化工厂制备化妆品,或用于食品厂制备功能性健康食品,或用于药品厂制备抗生素、

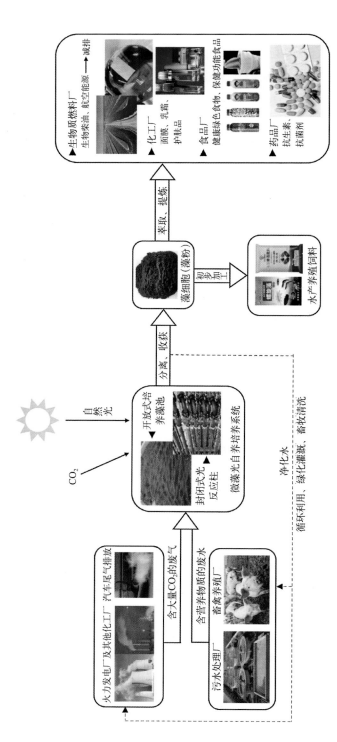

图 9 - 5 微藻工业示意图

抗菌剂等医疗药物。

微藻生物固碳下游最重要的产业就是微藻生物能源产业,作为具有巨大发展潜力的生物新能源,微藻生物能源从 20 世纪 70 年代开始便受到科技工作者、企业和政府的重视。最著名的研究微藻生物柴油的项目是美国在 1978 年开始的“水生物种计划——藻类生物柴油”(Aquatic species program — biodiesel from algae,ASP),由于当时国际原油供应紧张,美国开始大力资助微藻产油项目,由美国国家可再生能源实验室(National Renewable Energy Laboratory,NREL)牵头并联合多家单位进行的 ASP 计划应运而生。随着全球能源的进一步消耗,对于能源枯竭的担忧和当前国际上减少碳排放的呼吁促使微藻生物固碳成为热点,政府和国内外大量企业纷纷在该领域投入大量资金进行产业和技术研发。我国政府也对微藻能源和固碳方面给予了高度重视,科技部于 2009 年开始启动微藻能源方面的“863 计划”重点项目,“十二五”期间,在“973 计划”“863 计划”和“科技支撑计划”中从不同角度对微藻能源和微藻固碳予以大力支持,资助总额近 2 亿元人民币。此外,国家海洋局,以及广东省、山西省、上海市政府等也对微藻能源给予了大力支持。据不完全统计,近年来美国政府和军队已经在微藻能源和固碳领域累计投入超过 10 亿美元,亚太地区各国家累计投入约 6 亿美元。

9.5.2　环境修复

使用藻类进行环境修复具有太阳能驱动、低能源需求、减少污染物和病原体、减少污泥形成、遏制温室气体、运营投入低、生态友好等优势。另外,它能够通过生物质的生物精炼来回收资源以进行有益的再利用并生产一系列有价值的产品,例如藻类塑料纤维和生物燃料,以及富含蛋白质的饲料肥料。最关键的是藻类光合作用使得藻类进行环境修复不需要另外输入碳、能量、营养来源和其他补充剂,因此经济效益更高且运行上更加简便。

近年来,新兴污染物受到人们越来越多的关注,因为其在环境中被广泛检测到,且具有持久性、难降解性、生物积累性的特点,会对生态系统及其中的动植物包括人类造成毒性和不利影响。传统的环境修复手段对于这类物质的处理能力有限,并且可能在环保方面造成额外负担,因此藻类介导的新兴污染物环境修复技术受到广泛关注。实验室和中试规模的相关研究如表 9-8 所示。

表 9-8 藻类环境修复新兴污染物相关研究

微 藻 种 株	污染物种类	去除效率/%	机 制
普通小球藻(*Chlorella vulgaris*)	甲硝唑	100	生物吸附
小球藻(*Chlorella* sp.)	氟苯尼考	97	生物吸附、生物积累和降解
索罗金小球藻(*Chlorella sorokiniana*) 栅藻(*Scenedesmus obliquus*)	双氯芬酸、布洛芬、扑热息痛、美托洛尔	60~100 >95	生物吸附、生物降解 生物吸附、生物降解
蛋白核小球藻(*Chlorella pyrenoidosa*)	黄体酮、诺孕酮	26	生物积累、生物降解
栅藻(*Scenedesmus obliquus*)	曲马多	91	生物吸附
微绿球藻(*Nannochloris* sp.)	三氯生	100	生物吸附、生物积累、生物降解
普通小球藻(*Chlorella vulgaris*) 栅藻(*Tetradesmus obliquus*)	水杨酸	>90	生物降解、生物吸附

在上述研究成果的基础上,微藻环境修复也逐步迈入产业化进程,最典型的案例是利用微藻进行废水处理(图 9-6)。微藻是高效处理废水的常用策略,因为它们不仅能提取和积累营养,修复废水中存在的磷酸盐、硝酸盐、氨基氮和其他有机和无机污染物,而且还可以从废水中吸收和降解各种有毒和持久性污染物,如重金属、内分泌干扰素、抗生素等。Matamoros 等发现,使用 *Chlorella* sp. 和 *Scenedesmus* sp. 这两种微藻联合培养可成功去除城市污水和合成污水中 20% 的卡马西平。Hena 等从奶牛场废水中筛选出的微藻可以去除奶牛场废水中 98% 以上的污染物。通常利用微藻处理废水时,还耦合藻菌共生、光催化等策略,可以大幅增加处理的效率。

图 9-6 微藻处理废水实际图片

由于微藻能进行光合作用消耗 CO_2 产生 O_2，因此其也被用于城市房屋和道路的空气净化。2014 年瑞士日内瓦展示了利用微藻吸收公路上汽车排出尾气的微藻养殖示范系统，经过藻液的过滤和净化作用可以减少 CO_2 和固体尘埃，实现空气净化。2018 年墨西哥的 BiomiTech 创业公司生产的微藻空气净化器，即 BioUrban 空气净化系统，可以吸收 CO_2、NO_x、$PM_{2.5}$、PM_{10} 尘埃颗粒。

另外，微藻还能依靠其生命代谢活动进行土壤修复。通过光合作用固定空气中的 CO_2，蓝藻还可以固氮，增加土壤中有机质的含量，提高土壤肥力，同时为其他微生物提供营养，促使土壤形成不同数量及种类的微生物群落，重构土壤微生物群落，促进土壤进入良性循环。我国已有一些企业和科研院所探索了使用绿藻或固氮蓝藻对矿山进行生态修复，促进矿区植被生长。

9.6　微藻肥与生态农业

目前许多国家的农业土壤存在着土壤酸化、重金属污染、农药污染和自然肥力下降等问题，这些问题会引起粮食产量下滑、质量降低，进而对人类健康造成不良影响，并产生严重的经济和环境危机。传统的农业生产经营模式中化肥的不合理使用会导致土壤酸化、硬化、土壤物理结构被破坏，以及有益微生物数量降低，这是导致土壤肥力的下降的关键因素。为了克服化肥对环境和健康造成的不利影响，人们开始从传统化肥转向对生态友好的生物肥料。

生物肥料是一种高效、无污染和无公害的新型肥料，长期使用有助于减少化肥使用，并且可以建立土壤的良性循环，从而获得更好的经济效应和生态效应。在不同类型的生物肥料中，具有很多优势的微藻生物肥受到了广泛关注。微藻通过光合作用将碳、氮、磷等元素转化为油脂、碳水化合物和蛋白质等物质，其作为生物肥料的优点如下：首先，较小的土壤团聚体容易受到风蚀的侵害，微藻可以通过形成鞘和细丝促进土壤颗粒的聚集，改善土壤的稳定性和结构；其次，微藻通过产生生物活性物质和增加土壤生物量，促进植物的生长和发育；最后，微藻通过改善土壤的微生物生态系统，并与土壤中微生物共同促进土壤中宏量和微量元素的溶解，促进植物对营养物质的吸收的利用。

9.6.1　微生物肥的功能

微藻作为生物肥料对环境、土壤的健康和农作物的生长有着多方面的益处（表 9 - 9），包括：一些微藻的鞘和细丝特殊结构能够提高土壤孔隙度，同时会产生黏附物质提高土壤的持水能力;微藻通过产生植物激素、氨基酸和维生素等活性物质调控农作物的生长,协助农作物应对环境胁迫;微藻同时通过光合作用积累生物量和分泌活性物质促进土壤其他菌群的生长,同时提高了土壤中的有机质含量;微藻将难以利用的有机磷转化为易于利用的游离磷,促进了植物的生长;微藻也可以通过分泌有机酸或铁载体来矿化化合物,进而促进植物更好地吸收利用。

表 9 - 9　用于微藻生物肥的常见藻种

藻　　种	作 用 效 果
念珠藻/鱼腥藻	固氮,提高土壤孔隙度,产生黏附物质
杜氏盐藻(*Dunaliella salina* MS002) 普通小球藻(*Chlorella vulgaris*)	产生生物活性物质
索罗金小球藻(*Chlorella sorokiniana*)	增加土壤微生物丰度和有机质含量
普通小球藻(*Chlorella vulgaris* CCAP 211/12) 微囊藻(*Microcystis* sp. CCAP 1450/13)	提高土壤中磷的有效性
眉藻(*Calothrix elenkinii*)	促进宏量和微量元素的矿化和溶解

(1) 提高土壤孔隙度,产生黏附物质

土壤的功能与其结构有着内在的联系,土壤团聚体是决定土壤结构特征的基本单位。土壤颗粒可以形成不同大小的团簇:小团簇($2\sim20~\mu m$)、微团簇($20\sim250~\mu m$)和大团簇($250\sim2~000~\mu m$)。较小的土壤团聚体容易受到风蚀的侵害。在侵蚀和退化的土地上,微藻通过形成鞘和细丝来聚集松散的土壤颗粒,强化土壤团聚体,从而增强了土壤的机械稳定性。此外,微藻和土壤中其他微生物能够产生细胞外聚合物,这些聚合物主要由多糖、蛋白质、脂质和核酸组成,具有黏附特性,能够改善土壤结构和维持土壤团聚。这种土壤团聚体具有很好的通气性,即提高土壤孔隙度,有利于植物种子的萌发和植物根系的生长。

(2) 产生植物激素、维生素和氨基酸等

微藻和高等植物一样,可以产生各种植物激素,如生长素、细胞分裂素、赤霉素、茉莉酸、脱落酸和乙烯等,这些激素在农业生产中通常被用作调节农作物的生长和抗逆性。生长素、细胞分裂素、茉莉酸等生长激素在农业中可被用作生物刺激素。生物刺激素在少量的应用下,能够刺激一些作物的生长和发育。在上述生物刺激素中,生长素是第一个被发现的主要植物激素,是决定细胞分裂和伸

长、组织分化、趋化性、顶端优势、衰老、脱落和开花的关键调节因子,它在不同的
生长和发育过程中均发挥关键作用,因此其也是研究得最多的植物激素。

此外,微藻细胞含有丙氨酸、精氨酸、甘氨酸、脯氨酸和谷氨酸等多种氨基
酸,其中脯氨酸和甘氨酸甜菜碱有助于微量营养素的流动和获取,同时通过螯合
作用和抗氧化活性减轻植物受到的环境胁迫。微藻细胞内的维生素 C 和维生
素 E 是一类具有抗氧化性的化合物,能够促进植物的抗氧化活性;维生素 B_{12} 能
够促进植物根系的生长。

(3) 增加土壤微生物丰度和有机质含量

微藻通过增加总体土壤微生物活性,以及促进微生物的相互作用来增加土
壤肥力。保持足够的土壤有机质水平和适当的土壤结构对可持续农业至关重
要。蓝藻和绿藻是农业生态系统中重要的有机质来源,它们通过光合作用,直接
参与将大气中的 CO_2 同化到有机藻类生物量的过程中。

微藻被用作生物肥料添加到土壤中后,增加了土壤有机质含量,丰富了土壤
的营养。微藻中含有糖、氨基糖和醛酸等不稳定化合物,添加到土壤中可能会增
加利用这些不稳定化合物的异养微生物的活性和丰度。微藻与植物的根部,以
及土壤微生物组形成内共生关系,能够促进土壤中有益微生物的生长,增加土壤
基质中的微生物的生物量。这些土壤中的微生物通过氧化、硝化、固碳等作用,
促进土壤有机质的分解和养分的转化,对土壤的形成发育、物质循环和肥力演变
等均有重大影响。

(4) 提高土壤中磷的有效性

磷是作物生长过程中必需的营养元素之一,是核酸、蛋白质等大分子物质的
合成物质,有助于植物进行光合作用,促进植物将体内无机物转化为有机物。土
壤中的磷素按存在形态可分为有机态磷和无机态磷,有机态磷大多数以化合物
形式存在,大部分的有机态磷在植物体内不能被化解、吸收、利用,土壤中的无机
态磷是植物的主要利用形式。提高有机态磷的利用率是提高磷素利用率的一个
重要途径。一些微藻能够在不溶性磷酸盐培养基中生长,并通过分泌有机酸促
进磷的增溶,同时,一些微藻能够分泌磷酸酶将有机磷酸盐分解为游离磷,从而
被植物有效利用。

(5) 促进宏量和微量元素的矿化和溶解

光合生物还有助于土壤中主要宏量和微量养分的矿化和溶解,这对植物生
长很重要。由生物体通过生物大分子的调控生成无机矿物的过程称为生物矿
化。有机酸在矿物的风化过程中发挥着重要作用。研究发现蓝藻通过分泌有机

酸促进了天然碳酸镁的形成。铁载体是由微生物产生的有机化合物,有助于在缺铁条件下螯合铁,供微生物和植物使用。Goldman 等发现鱼腥藻能产生二羟酸铁载体分裂素以促进铁的吸收。一些由蓝藻、细菌和绿藻组成的联合体能够帮助植物富集铁、锰、铜和锌等微量营养素,这促进了植物的生长。

9.6.2　微藻作为生物肥的方式

培养微藻获得的生物质可以直接作为生物肥应用到农田中。这种方式的优势在于微藻可存活且具有活性。微藻直接应用到农田中有两种形式,一种是将生物质按照一定比例用水稀释后,通过浇灌或者喷淋的方式作用于植物,通过微藻自身代谢活动促进植物生长;另一种方式是将微藻与稻草堆肥、动物废弃物一起施加到农田中,这种方式增强了微藻在不同环境下的适应能力。

微藻生物量的干燥既避免了有害微生物的滋生和微藻生物质降解,也节约了运输、储存和使用过程的成本,是生产和应用微藻肥料的一种方式。常规的干燥方式包括自然光干燥、对流干燥、冷冻干燥、喷雾干燥等。各种微藻干燥方式有着不同的优缺点。通过自然光干燥是获得固体微藻的最简单和最便宜的方法,然而这种方式受到天气因素的影响,仅适用某些地区,同时还需要占用大面积土地资源。烘箱干燥和微波干燥是对流干燥的常见形式,这种方式适合大规模应用,但是应用过程需要大量的能耗,经济性较差。冷冻干燥被普遍认为是保留细胞组分最完全的方式,这是因为微藻在冷冻干燥时,细胞生物活性及内部的降解酶活性较低。但大规模干燥过程需要高昂的安装和运营成本,工业化应用在微藻干燥方面不太现实。喷雾干燥是将微藻浆液向下喷射,并使热气通过垂直柱进行干燥,这种方式也存在效率低、成本高的问题。

生物炭是生物质在真空或缺氧条件下经热解炭化后产生的一种富炭物质。微藻生物质通过热解、焦化和水热碳化等转化为生物炭。微藻生物炭含有 N、P、K、Ca、Mg 等营养元素,能够提高土壤的肥力水平。微藻生物炭表面含有碱性基团,并且随着温度的升高和热解时间的延长,碱性基团也会随之增加。微藻生物炭呈现碱性,能够改良酸性土壤。微藻生物炭具有疏松的孔隙结构。炭化条件下,生物炭出现许多孔径大小不一的孔隙,导致孔隙度和比表面积增大,其吸附力和持水力因此增强,能够提高土壤对养分的吸附和保留能力。Chu 等将废水培养的微囊藻进行水热炭化处理后,促进了可溶性磷和交换性磷转化为中速效磷(铁/铝结合态磷),具有丰富的中速效磷库的炭处理比化肥处理释放磷更慢,使得土壤磷更持久有效,有助于土壤中磷的充分利用。

9.6.3　利用废水培养微藻作为生物肥

废水主要包括城市废水、农业废水、食品工业废水和其他工业废水。废水中含有大量的碳、氮、磷和其他矿物质，如果不及时处理，会导致水体富营养化和其他环境问题。多种物理、化学和生物方法被用于废水处理，然而这些废水处理过程需要较高的成本。微藻在废水处理中同时实现了生物量的增殖和污染物的去除。利用废水中的营养物质生产微藻，再将其用作生物肥，这是一种可持续的方式，实现了减少环境污染和促进作物生长的环境和经济双赢的局面。

Suleiman 等研究了废水培养的微藻作为生物肥料对农作物生长和品质的影响，此外还研究了其对环境的影响。结果表明，微藻生物肥施加和无机肥料施加都显著提高了小麦的生物量和生产力，微藻生物肥处理的总产量增幅略高于无机肥料处理，但差异不显著，同时两种处理丰富了相似种类的细菌和原生动物，但在植物发育的不同阶段分布不同。Alvarez 等研究了废水培养获得的微藻及无机肥料的结合对罗勒作物的影响。研究人员分别用微藻肥、微藻肥＋无机肥和无机肥三种方式处理罗勒作物生长的土壤，结果表明，微藻肥处理获得了最高的叶鲜重，无机肥处理作物的根系更长，微藻肥和微藻肥＋无机肥处理的根系较宽，微藻肥处理的叶绿素含量低于其他两组，无机肥处理作物叶片中的常量营养元素含量更高。微藻肥＋无机肥获得了比无机肥处理更高的叶片重量和比微藻肥处理更高的叶绿素和营养元素含量，因此微藻肥与无机肥的结合是一种有前景的处理方式。

9.7　微藻基生物材料

生物产业是战略性新兴产业，现代生物技术正在推动新的科技革命并引领着生物科技领域的重大突破。生物基材料已成为科研领域的研究热点之一，国外发达国家已将生物基材料产业化作为新的经济增长点。近年来，我国对生物基材料重视程度日趋增强，利用丰富的生物质资源开发环境友好和可循环利用的生物基材料，以最大限度地减少对塑料等传统工业产品的需求，这对于替代化石资源、推动循环经济、建设资源节约型和环境友好型社会具有重要意义。

微藻作为一类单细胞生物，具有强大的繁殖和生存能力，广泛存在于海洋或湖泊中，其中部分藻类也可存在于严苛的自然环境中。微藻易获得、易培养，在生物塑料、生物成像、伤口愈合、靶向给药等方面具有巨大优势，微藻生物材料作为生物医药领域的新宠,正受到越来越多的关注。

9.7.1　有关生物基材料现行政策

在推动微藻生物材料领域的创新发展进程中,政策的支持和引导发挥着至关重要的作用。2011 年,我国科学技术部印发《"十二五"生物技术发展规划》,规划中明确指出了以下几个重点:研究生物基材料的产业化瓶颈问题;着手研发微藻生物固碳核心关键技术;积极开发高附加值的系列微藻产品。2017 年,科技部印发《"十三五"生物技术创新专项规划》,该规划提出了以下任务:推进可降解生物材料、可再生化学品、生物基合成材料、天然产物等生物合成制造的基础研究、推动关键技术创新与产业应用示范。2022 年,国家发展改革委印发了《"十四五"生物经济发展规划》,规划中强调了以下几点:生物产业融合发展实现新跨越,生物基材料替代传统化学工艺取得明显进展,围绕生物基材料等构建生物质循环利用技术体系,完善生物基可降解材料评价标准和标识制度。2023 年,工业和信息化部等六部门联合印发了《加快非粮生物基材料创新发展三年行动方案》。该方案明确了 2025 年的发展目标:非粮生物基材料产业基本形成自主创新能力强、产品体系不断丰富、绿色循环低碳的创新发展生态,非粮生物质原料利用和应用技术基本成熟,部分非粮生物基产品竞争力与化石基产品相当。可以看出,我国政府通过一系列政策文件,为生物基材料的研发、应用和产业化提供了坚实支撑,在资金、税收、人才等多个方面对微藻产业给予了有力支持。因此,未来微藻基生物材料领域必将获得大幅创新和发展。

9.7.2　微藻生物材料的类型与应用

(1) 生物塑料

生物塑料是一种不依赖化石资源的新型绿色生物材料,易于生物降解。聚-(R)-3-羟基丁酸酯(PHB)是一种具有热塑性的脂肪族聚酯,于 1925 年首次在大型芽孢杆菌中被发现。现已有公司专门从事 PHB 的商业化生产(如 Metabolix),但目前通过细菌发酵生产 PHB 的成本仍然较高。微藻具有作为新型低成本表达载体的巨大潜力,尤其是在生物合成许多用于工业和医疗领域的重组蛋白方面。Hempel 等人在硅藻三角褐指藻($P.\ tricornutum$)的细胞质中,表达了罗尔斯通氏菌($R.\ eutropha$ H16)的 PhaA(酮硫醇酶)、PhaB(乙酰乙酰-CoA 还原酶)和 PhaC(PHB 合成酶)基因以生产生物塑料 PHB,使 PHB 含量高达藻类干重的 10.6%。此外,还有多个利用工程蓝藻合成可降解材料的例子。

(2) 生物成像与靶向治疗

微藻中富含叶绿素、藻胆素等光合色素，具有良好的荧光特性，能够在无荧光标记的情况下实现体内无创追踪，因此可应用于医学影像引导下的诊断和治疗。这不仅可以增强治疗效果，还能持续监测病灶的发展情况。浙江大学周民团队提出了光合生物杂交微纳泳体系统（Photosynthetic Biohybrid Nanoswimmers System，PBNS），其可以作为癌症靶向治疗策略。该系统利用经过超顺磁性的 Fe_3O_4 纳米粒子修饰的螺旋藻（*Spirulina platensis*）作为驱动器，可以实现肿瘤模型小鼠的靶向治疗，并具有磁共振成像特性。PBNS 还能作为氧气发生器，通过光合作用在缺氧的实体瘤中原位生成氧气，从而调节肿瘤微环境，提高放疗的效果。此外，经放疗处理的 PBNS 可以释放叶绿素，可作为光敏剂在激光照射下产生具有细胞毒性的活性氧，实现光动力疗法。PBNS 还具有基于叶绿素的荧光和光声成像能力，可以用于监测肿瘤治疗和肿瘤微环境的变化。

微藻生物质因其高效的光合作用和强大的碳捕获能力等优点，引起越来越多学者的关注。通过水热液化（Hydrothermal Liquefaction，HTL）技术，微藻生物质可以转化为四种产品：生物原油、水性产品、气态产品和固体残留物（肥料）。大连理工大学李文翠团队开发了一种基于水热工艺的新方法，利用微藻生物质同时生产亲水性碳量子点和多孔碳。这些微藻衍生的碳量子点可以标记 MCF-7 乳腺癌细胞的细胞膜和细胞核，在 800 nm 的激发波长下可产生明显的荧光。这种基于微藻生物质制备的碳量子点具有高效的细胞摄取能力、强双光子荧光特性、低细胞毒性和良好的生物相容性，可用于体内成像和生物传感器。

(3) 伤口愈合

微藻作为天然的光合生物在加快伤口愈合方面具有得天独厚的优势。南京大学陈欢欢等人开发了一种贴片式伤口敷料（Alga-gel Patch，AGP），用于覆盖糖尿病伤口并建立局部湿润的高压氧环境，以输送溶解氧，促进伤口的愈合。该敷料中填充了含有活性聚球藻（*Synechococcus elongatus* PCC 7942）的水凝胶，并采用亲水性聚四氟乙烯（PTFE）膜作为内衬，具有双向渗透性和细菌过滤性。敷料和伤口之间形成了密封系统，通过微藻消耗碳酸盐（CO_3^{2-} 和 HCO_3^-），产生氧气，增加伤口处的含氧量、促进细胞增殖和血管生成，实现全时、有氧和湿愈合的修复。此外，这种敷料无毒无刺激，可作为新一代治疗糖尿病慢性伤口的药物。

Rocio 等人在海藻酸盐水凝胶中加入莱茵衣藻（*Chlamydomonas reinhardii*），可用来局部输送氧气和其他生物活性分子。在光照下，水凝胶的氧气释放能力至少保持了7天,该水凝胶与人成纤维细胞和斑马鱼共培养,并在志愿者的健康皮肤上进行了验证,表现出良好的细胞活力、生物相容性和幼鱼的高存活率。实验中也用到了转基因莱茵衣藻(UVM4 - VEGF),将其用于释放人血管内皮生长因子,实验结果显示了其在人体皮肤上的安全性及其进一步释放治疗药物和重组生长因子的潜力,具备一定的临床应用可能性。近年来微藻在水凝胶中的应用进展如表9-10所示。

表 9 - 10 微藻在水凝胶中的应用进展

藻　株	水凝胶主要成分	功能成分	表　现
螺旋藻(*Spirulina platensis*)	羧甲基壳聚糖 海藻酸钠	叶绿素 药物载体	光动力疗法加速伤口愈合,减轻感染 MRSA 的糖尿病小鼠的炎症反应
紫球藻(*Porphyridium* sp. UTEX 637)	壳聚糖 Zn^{2+}	硫酸化多糖	功能化水凝胶对阳性菌和真菌具有广谱抗菌活性
小球藻(*Chlorella vulgaris*)	蚕丝纤维	/	可持续产生氧气至少 60 天(共 151 mL)
紫球藻(*Porphyridium* sp.)	苝基-9-甲氧羰基二苯丙氨酸	硫酸化多糖	制备的水凝胶表现出可调节的机械性能
小球藻(*Chlorella vulgaris*)	海藻酸钠 羧甲基纤维素 氯化钙	纳米纤维素	亚甲基蓝的吸附容可达到 109.03 mg/g,染料去除率为 93.7%
小球藻(*Chlorella vulgaris* FBCC - A49)	海藻酸钠 羧甲基纤维素 氯化钙/氯化铁	小球藻产生的电子的高效传输提高发电量	生物光电电池的最大功率密度是黑暗条件下的 3.5 倍

(4) 复合材料

荷兰代尔夫特理工大学 Srikkanth 等人利用 3D 打印技术,创造了一种新型的、可生物降解、可循环利用的生物材料。他们将莱茵衣藻封装在海藻酸钙水凝胶中,以该材料作为 3D 打印的生物墨水。这种水凝胶具有良好的透光性、选择性和渗透性,确保了有效的光传输、物质运输和气体交换。他们将制备的生物墨水通过 3D 打印机打印在细菌纤维素膜上,细菌纤维素可促进营养物质的扩散,支持微藻细胞的生长。值得注意的是,打印后生物微藻可以从细菌纤维素中分离出来,并重新附着在新的细菌纤维素表面,并保持与新表面的附着力。该复合材料具有藻类的光合特性和细菌纤维素的韧性,且具有生物可降解性和微藻细胞的可回收性,是一种可持续的生物材料。这种创新为新产品的应用提供了多种可能性,例如人造叶子、光合生物服装等。

同济大学设计创意学院研发出电能共生体(Power Mutualism)可穿戴自驱动型蓝藻发电材料。该材料主体由单向导湿的织物和蓝藻组成,通过参数化设计,生成了可穿戴式电池图谱,并结合人体汗液图谱和热力图算法,最大化利用人体汗液加速电池阴阳极之间的离子交换,经过 3D 建模等设计制作,实现了功能性的成衣。该材料能够从人体汗液、阳光和空气中获取养分,通过负载的蓝藻进行光合作用和呼吸作用,释放电能,为可穿戴小型智能设备提供绿色能源。这项技术满足了未来可穿戴传感网络的分布式能源需求,为物联网和可穿戴传感网络时代的小型智能设备提供绿色能源,摆脱了对外部电源充电等需求的限制。该项目也荣获 2021 年戴森设计大奖中国区总决赛冠军,展示了其在可穿戴技术和可再生能源领域的创新潜力。

9.7.3　微藻生物材料的机遇和挑战

微藻基于其高效的光合作用效率和富含高价值生物质的特性,在生物塑料、生物成像、伤口愈合及新型复合材料等领域具有显著应用优势。然而,我国生物基材料正处于从科研开发走向产业化规模应用的关键时期,尚存在多个亟待攻克的难点:微藻的开发、培养和规模化生产是微藻生物技术产业发展的瓶颈之一;生物基材料成本普遍高出同类石油基产品,市场替代优势不足、推广应用困难;低浓度产物高效提纯分离技术、生物基聚合物合成等技术仍待突破;目前微藻在医用领域的研究多局限于动物模型,距离真正临床应用还需更多数据支持,需继续开展新的藻种资源,特别是具有生物材料潜力和工业应用特征的藻种;需通过基因工程和代谢工程等手段开发出高光合活性、捕光效率的工程藻种;在利用微藻生产高附加值产品的过程中,需使生产更加简便、廉价,并对经济和环境条件进行综合研究。

尽管存在挑战,微藻生物材料作为具有巨大潜力的新兴领域,受到了社会各界的支持,并在国内外取得了显著的研究成果。随着科技的进步和政策的推动,微藻生物材料有望在未来发展成为一个重要的生物技术产业。在政策和技术的合力推动下,微藻生物材料有望乘着低碳与可持续发展的东风,释放出巨大的能量,成为未来生物材料的主要供给。

参考文献

［1］ Kusmayadi A，Leong Y K，Yen H W，et al. Microalgae as sustainable food and feed sources for animals and humans — Biotechnological and environmental aspects［J］. Chemosphere，2021，271：129800.

［2］ Chen C，Tang T，Shi Q W，et al. The potential and challenge of microalgae as promising future food sources［J］. Trends in Food Science & Technology，2022，126：99－112.

［3］ Koyande A K，Chew K W，Rambabu K，et al. Microalgae：A potential alternative to health supplementation for humans［J］. Food Science and Human Wellness，2019，8(1)：16－24.

［4］ Luo A G，Feng J，Hu B F，et al. *Arthrospira* (*Spirulina*) *platensis* extract improves oxidative stability and product quality of Chinese-style pork sausage［J］. Journal of Applied Phycology，2018，30(3)：1667－1677.

［5］ Hao S，Li S，Wang J，et al. C-phycocyanin suppresses the *in vitro* proliferation and migration of non-small-cell lung cancer cells through reduction of RIPK1/NF－κB activity［J］. Marine Drugs，2019，17(6)：362.

［6］ Peter A P，Khoo K S，Chew K W，et al. Microalgae for biofuels，wastewater treatment and environmental monitoring［J］. Environmental Chemistry Letters，2021，19(4)：2891－2904.

［7］ Lim H R，Khoo K S，Chew K W，et al. Perspective of *Spirulina* culture with wastewater into a sustainable circular bioeconomy［J］. Environmental Pollution，2021，284：117492.

［8］ Nagarajan D，Varjani S，Lee D J，et al. Sustainable aquaculture and animal feed from microalgae-Nutritive value and techno-functional components［J］. Renewable and Sustainable Energy Reviews，2021，150：111549.

［9］ Gohara-Beirigo A K，Matsudo M C，Almeida Cezare-Gomes E，et al. Microalgae trends toward functional staple food incorporation：Sustainable alternative for human health improvement［J］. Trends in Food Science & Technology，2022，125：185－199.

［10］ Patel A K，Albarico F P J B，Perumal P K，et al. Algae as an emerging source of bioactive pigments［J］. Bioresource Technology，2022，351：126910.

［11］ Xie S W，Wei D，Tan B P，et al. *Schizochytrium limacinum* supplementation in a low fish-meal diet improved immune response and intestinal health of juvenile *Penaeus monodon*［J］. Frontiers in Physiology，2020，11：613.

［12］ Ighalo J O，Dulta K，Kurniawan S B，et al. Progress in microalgae application for CO_2 sequestration［J］. Cleaner Chemical Engineering，2022，3：100044.

［13］ Zakir Hossain S M，Sultana N，Razzak S A，et al. Modeling and multi-objective optimization of microalgae biomass production and CO_2 biofixation using hybrid intelligence approaches[J]. Renewable and Sustainable Energy Reviews, 2022, 157: 112016.

[14] Mishra A, Medhi K, Malaviya P, et al. Omics approaches for microalgal applications: Prospects and challenges[J]. Bioresource Technology, 2019, 291: 121890.

[15] Álvarez-González A, Uggetti E, Serrano L, et al. Can microalgae grown in wastewater reduce the use of inorganic fertilizers? [J]. Journal of Environmental Management, 2022, 323: 116224.

索　引